高等院校信息技术规划教材

C++面向对象
程序设计基础教程

周法国 高文超 编著

清华大学出版社
北京

内 容 简 介

本书以 C++ 11 标准为指导,结合 C++ 14 和 C++ 17,深入浅出地介绍标准 C++ 面向对象程序设计的相关知识。书中范例均在 GCC 8.3.1 下运行通过,凡是带有 main 函数的程序都是完整的程序,可以直接在计算机上编译运行。

本书先从 C++ 基础知识开始,全面细致地介绍了程序设计及 C++ 语言的发展史、使用 C++ 语言进行数据输入输出以及 C++ 面向过程的基础语法知识;接着详细阐述了面向对象程序设计的基本特征——封装、继承与多态,以及这三大特征的 C++ 实现;然后介绍了 C++ 与数据类型无关的泛型编程基础知识;最后介绍 C++ 异常处理机制。

全书本着易于理解、实用性强的原则组织内容和案例,引导读者快速掌握面向对象程序设计的基本思想、技术与方法。

本书取材新颖,内容全面,通俗易懂,可作为高等院校计算机类、电子信息类及其他理工科相关专业的教学用书,也可作为 C++ 语言自学者和应用程序开发人员的参考书。

图书在版编目(CIP)数据

C++ 面向对象程序设计基础教程/周法国,高文超编著.—北京:清华大学出版社,2020.9(2024.8重印)
高等院校信息技术规划教材
ISBN 978-7-302-56108-8

Ⅰ.①C… Ⅱ.①周… ②高… Ⅲ.①C++ 语言－程序设计－高等学校－教材 Ⅳ.①TP312.8

中国版本图书馆 CIP 数据核字(2020)第 137025 号

责任编辑:白立军
封面设计:常雪影
责任校对:时翠兰
责任印制:宋 林

出版发行:清华大学出版社
      网　　址:https://www.tup.com.cn,https://www.wqxuetang.com
      地　　址:北京清华大学学研大厦 A 座 邮　编:100084
      社 总 机:010-83470000 邮　购:010-62786544
      投稿与读者服务:010-62776969,c-service@tup.tsinghua.edu.cn
      质量反馈:010-62772015,zhiliang@tup.tsinghua.edu.cn
      课件下载:https://www.tup.com.cn,010-83470236
印 装 者:天津鑫丰华印务有限公司
经　　销:全国新华书店
开　　本:185mm×260mm 印　张:22.75 字　数:526 千字
版　　次:2020 年 10 月第 1 版 印　次:2024 年 8 月第 3 次印刷
定　　价:65.00 元

产品编号:068441-01

前言

　　C++ 是一种广泛使用的面向对象程序设计语言,常用于系统开发、算法设计等领域,是迄今为止最受广大程序员喜爱的、最强大的编程语言之一。它既支持面向过程的程序设计,也支持封装、继承或多态等面向对象的重要特征。

　　目前市面上很多优秀的 C++ 或面向对象程序设计书籍都是以 C++ 的基础语法为出发点,或侧重于语言的具体应用,或侧重于纯面向对象程序设计基本原理的阐述,造成了面向对象程序设计学习人员不能全局领略 C++ 的详细内容。本书作者以具有一定 C 语言或程序设计基础的初学者为对象,使用简洁易懂的语言,力求让读者轻松学习面向对象程序设计的基本原理与方法。

　　全书共 10 章,分为四部分。第一部分为 C++ 基础篇,由第 1~3 章组成,包括 C++ 概述、数据输入输出以及 C++ 非面向对象的基础语法知识。第二部分为面向对象程序设计基础特征篇,由第 4~7 章组成,包括类与对象、组合与继承、多态以及运算符重载,主要介绍面向对象程序设计的三大特征及其 C++ 实现。第三部分为泛型编程篇,由第 8 章和第 9 章组成,包括模板与泛型编程、标准模板库。第四部分为异常处理篇,即第 10 章,主要介绍 C++ 的异常处理机制与异常类。

　　本书第 1~4 章由高文超编写,第 5~10 章由周法国编写,最后由周法国负责定稿。

　　本书在编写过程中,得到了清华大学出版社的具体指导与大力帮助,另参考文献中涉及的专家学者为我们提供了学习的机会,在此一并致谢!

　　由于编者水平有限,书中难免有疏漏之处,敬请赐教!

作者
2020 年 5 月于北京

目录 *contents*

第1章

C++ 与面向对象程序设计概述

面向对象程序设计(object oriented programming，OOP)是一种程序设计范型，也是一种程序设计思想与方法。其核心概念是对象和类，用对象来模拟客观世界中的事物及其行为，对象之间以消息传递的方式进行通信，从而模拟对象之间的相互作用。它将对象作为程序的基本单元，将程序和数据封装在对象中，以提高软件的重用性、灵活性和扩展性。

本章主要介绍面向过程与面向对象程序设计的基本概念、面向对象程序设计的基本特征、程序设计语言和 C++ 语言的发展史、C++ 的标准化等内容。

1.1 面向过程与面向对象程序设计

面向过程程序设计与面向对象程序设计是两种不同的程序设计思想和方法，面向过程程序设计也称作结构化程序设计或结构化编程。面向过程就是分析出解决问题所需要的步骤，然后用函数把这些步骤一步一步实现，使用时一个一个依次调用即可。面向对象是把构成问题的事物分解成各个对象，建立对象的目的不是为了完成一个步骤，而是为了描述某个事物在整个解决问题的步骤中的行为。

1.1.1 面向过程程序设计

面向过程(procedure oriented)是一种以过程为中心的编程思想，是以需要解决的具体问题为主要目标进行编程的程序设计方法。早期的计算机程序主要用于解决科学计算问题，大多数程序的规模都比较小，主要开发方式为个人设计、个人使用，缺少组织原则，仅需将相应的程序代码组织起来，再让计算机去执行，即可完成相应的程序功能。随着计算机的普及和计算机技术的发展，程序的规模越来越大、复杂度越来越高，到了 20 世纪 60 年代初，基于个人软件的开发方法已不能满足社会需求，虽然针对很多数学问题可以解决，但当应用软件功能庞大、程序复杂时就难以开发和维护。造成开发成本超出预算、开发周期超出预期、软件质量不能满足要求、软件维护困难等问题，这就是软件危机。

软件危机表明个人手工编程方式已经跟不上软件开发的需求了，这就迫切需要改变软件的生产方式，缩短软件开发周期，提高软件生产效率。例如，微软早期的操作系统 Windows 1.0 的开发设计工作花费了 55 个开发人员整整一年，这显然不是个人手工作坊式软件开发方式能够实现的。20 世纪 60 年代后期出现了影响深远的面向过程的结构化程序设计(structure programming，SP)思想(最早由荷兰计算机科学家 Edsger W. Dijkstra 在 1965 年提出)。

结构化程序设计采用"自顶向下、逐步求精、模块化(设计)、结构化(编码)"的方法进行程序设计,亦即采用模块分解(细化)、功能抽象、自顶向下、分而治之的方法,将一个复杂、庞大的软件系统分解为许多易于控制处理的、可独立编程的子模块。各模块可由结构化程序设计语言的子程序(函数)来实现,子程序(函数)则由顺序、分支(选择)、循环 3 种基本结构编码完成。结构化程序设计从软件工程的观点出发,把软件的开发看成一项系统的工程,有严格的规范,按一定的步骤展开。结构化程序设计的思想是一种面向过程的概念,它把一个实际问题分成两部分,即数据和过程,通过动态的程序执行过程来对静态的数据进行存储、分析、处理,最后得出正确的结果。

结构化程序设计具有如下特点。

(1) 整个程序模块化。

(2) 每个模块只有一个入口和一个出口。

(3) 每个模块都应能单独执行,且无死循环。

(4) 采用自顶向下、逐步求精的方法。

结构化程序设计的基本原则可表示为

程序=算法+数据结构(Programs－Algorithms+Data Structures)

该公式由瑞士计算机科学家 Niklaus Wirth 给出。算法是一个独立的整体,数据结构(包含数据类型与数据)也是一个独立的整体。两者分开设计,以算法(函数或过程)为主。从而导致了算法和数据结构的分离(代码和数据的分离)。

一个复杂问题,肯定是由若干个稍简单的子问题构成。模块化就是把程序要解决的总目标分解为子目标,再进一步分解为具体的小目标,把每一个小目标称为一个模块。结构化程序设计是一种以功能模块化为中心的面向过程的程序设计方法,首先将要解决的问题分解成若干功能模块,再根据各模块的功能设计出一系列用于描述数据的数据结构,并编写相关的函数(或过程)对这些数据进行操作,最终的程序就是由许多这样的函数(或过程)组成的。结构化程序设计模型如图 1.1 所示。

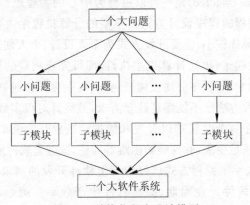

图 1.1 结构化程序设计模型

【例 1-1】　新学年伊始,班委换届,现班中有 n 名同学竞选班长,每位同学(包含候选人)仅可给其中一位候选人(编号 $1\sim n$)投票,要求编写一个投票管理的程序,实现班长的选举,假设最多 10 名候选人。

　　从结构化程序设计的方法出发,要选举班长,需要确定候选人信息的数据结构、确定候选人、依次投票(输入候选人的编号)、统计排序、确定班长建议人选。针对该问题,以 C 语言为例进行设计,需要设计 4 个函数:input、vote、sort 和 print,分别用于实现候选人信息的录入、投票、排序和输出等功能。有许多技术可以实现候选人信息的存取,如数组、链表等,以数组作为数据存取的数据结构,基本程序框架如下。

```
typedef struct Candidates{              //用于描述候选人信息的数据结构
    int num;                            //候选人编号
    char name[20];                      //候选人姓名
    int count;                          //候选人得票数
} Candi;
void input(Candi * p, int n) { … }      //录入候选人信息,完成初始化
void vote(Candi * p, int n, int yourselect) { … }  //投票
void sort(Candi * p, int n) { … }       //排序
void print(Candi * p, int n) { … }      //输出所有候选人得票
int main(){
    int nums;
    scanf("%d", &nums);                 //确定实际候选人数目
    Candi cds[nums];                    //存储候选人信息的数组
    ⋮                                   //调用前面编写的函数,完成选举
    return 0;
}
```

　　上面是一个典型的结构化程序设计实例,在结构化程序设计中,应尽可能避免使用全局变量。此例中定义了一个数组,用来存储候选人信息,4 个函数通过此数组共享数据,并相互影响,通过参数传递实现相关操作。在功能相似的情况下,这些函数可以提供给其他程序使用,前提是要采用相同的数据结构。

　　当要解决的问题比较复杂时,难免要使用一些全局变量来存储数据,如一个网络游戏一般会以一些全局变量来记录当前战场上有多少个玩家,以及每个角色在地图上的位置等。这些全局变量往往会被很多函数访问或修改,如选择角色前进路径的函数可能就会需要知道当前地图上有哪些敌人以及敌人的位置。在程序规模庞大的情况下,程序中可能有成千上万个函数、数以千计的全局变量,要搞清楚函数之间的调用关系,以及哪些函数会访问哪些全局变量,是很麻烦的事情。

　　在结构化程序设计中,代码和数据被分离为相互独立的程序实体,用数据表示问题空间的客体,表达实际问题中的信息;程序代码则是用于体现和加工处理这些数据的算法。在设计软件时,必须时时考虑所要处理数据的结构和类型,对不同格式的数据进行相同的处理,或者对相同格式的数据进行不同的处理,都必须编写不同的程序,导致代码的可重用性较差。此外,代码和数据的分离还会导致程序的可维护性也较差,主要原因

是数据结构改变时,所有与之相关的处理过程都要进行修改,从而增加了程序维护的难度。同时,采用结构化程序设计方法开发的大型软件系统往往涉及各种不同领域的知识,在开发需求模糊或需求动态变化的系统时,所开发出的软件系统往往不能真正满足用户的需要,此时进行程序的修改和扩充将难上加难。

1.1.2 面向对象程序设计

随着计算机和网络技术的发展,软件应用的领域更加广泛,需求越来越大。同时,软件的规模和复杂度也在不断增加,软件维护的成本持续提高,版本升级(功能扩充)的时间要求越来越短,面向过程的程序设计技术已不能满足软件开发在效率、代码重用以及更新维护等方面的需求,取而代之的就是面向对象的程序设计技术。

面向对象(object oriented)是指以对象为中心,分析、设计和构造应用程序的机制。其基本观点:计算机求解的都是现实世界中的问题,它们由一些相互联系且处于不断运动变化的事物(即对象)组成。如果在计算机中能够用对象描述问题域中的各种客观事物,用对象之间的关系描述客观事物之间的联系,用对象之间的通信描述客观事物之间的相互影响与相互作用,就能够将客观世界中的问题直接映射到计算机中,实现计算机系统对现实环境的真实模拟,从而解决问题。

面向过程的程序设计方法是把数据和数据的处理分开,而面向对象的方法把这两者封装在一起,作为一个相互依存、不可分离的整体,就叫作对象。对同类型对象抽象出其共性,就形成了类。类通过一个简单的外部接口,与外界产生联系。对象与对象之间通过消息进行通信。

面向对象程序设计(object oriented programming,OOP)方法即使用面向对象的观点来描述、模仿并处理现实问题。要求高度概括、分类和抽象。采用面向对象的方法解决现实问题,主要就涉及三方面的问题:一是如何把客观事物表示为计算机中的对象;二是如何用对象之间的关系反映客观事物之间的联系;三是如何用对象之间的作用反映客观事物之间的相互影响与相互作用。

对于客观事物在计算机中的表示问题,面向对象技术的解决方法:对于任何一个客观事物,用数据(也称作属性)描述它的特征,用函数(操作,也称作方法)描述它的行为,并把两者结合成一个整体,就称之为对象,一个对象代表一个客观事物。由此可以看出,一个对象由数据和函数两部分组成。数据常被称为数据成员,函数则被称为成员函数。一个对象的数据成员往往只能通过自身的成员函数进行修改。对象真实地描述了客观事物,它将数据和操作数据的过程(函数)组合在一起,形成一个相互依赖、不可分割的整体(即对象),从同类对象中抽象出其共同特征,形成类。同类对象中的数据原则上只能使用本类提供的方法(成员函数)进行处理。

针对第二个问题,面向对象技术提供了组合与继承机制来描述客观事物之间的父子关系、事物及其组成部分之间的包含关系等。

针对第三个问题,则通过对象之间的消息传递机制描述客观事物之间的相互影响与相互作用。禁止一个对象以任何未经允许的方式修改另一个对象的数据,如果它需要向另一个对象传递数据,或者要得到它的服务,可以向该对象发送消息,对方会响应该消息,执行特定的函数来完成消息发送者的操作要求。

面向对象程序设计技术能够实现对客观世界的自然描述,反映客观世界的本来面目,程序模块间的关系更为简单,程序模块的独立性、数据的安全性就有了良好的保障。通过继承与多态,可以大大提高程序的可重用性,使得软件的开发和维护都更为方便,有利于实现软件设计的产业化。面向对象程序设计模型如图 1.2 所示。

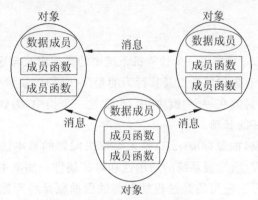

图 1.2　面向对象程序设计模型

面向对象程序设计方法是尽可能模拟人类的思维方式,使得软件的开发方法与过程尽可能接近人类认识世界、解决现实问题的方法和过程,亦即使得描述问题的问题空间与问题的解决方案空间在结构上尽可能一致,把客观世界中的实体抽象为问题域中的对象。

面向对象程序设计以对象为核心,该方法认为程序由一系列对象组成。类是对现实世界的抽象,包括表示静态属性的数据和对数据的操作,对象是类的实例化。对象间通过消息传递相互通信,来模拟现实世界中不同实体间的联系。在面向对象的程序设计中,对象是组成程序的基本模块。

面向对象程序设计技术提高了软件的可靠性、可重用性、可扩展性和可维护性。因为某类数据的改变只会引起该类对象程序代码的改变,而与其他类型的对象无关,这就把程序代码的修改局限在了一个很小的范围内。由于数据和操作它的函数是一个整体,因此易于被重用。在扩展某个对象的功能时,无须考虑它对其他对象的影响,软件功能的扩展更容易。

1.2　面向对象程序设计的主要特征

面向对象程序设计作为一种程序设计方法,其本质是以建立模型体现出来的抽象思维过程和面向对象的方法。模型是用来反映现实世界中事物特征的。任何一个模型都不可能反映客观事物的一切具体特征,只能是对事物特征和变化规律的一种抽象,且在它所涉及的范围内更普遍、更集中、更深刻地描述客体的特征。通过建立模型而达到的抽象是人们对客体认识的深化。

面向对象程序设计的一条基本原则是计算机程序由单个能够起到子程序作用的单元或对象组合而成。面向对象程序设计达到了软件工程的 3 个主要目标：重用性、灵活性和扩展性。面向对象程序设计＝对象＋类＋继承＋多态＋消息，其中核心概念是类和对象。

面向对象程序设计技术有 3 个重要特征，即封装、继承和多态。

1.2.1　封装

封装(encapsulation)是指将一个计算机系统中的数据以及与这个数据相关的一切操作语言(即描述每一个对象的属性以及其行为的程序代码)组装到一起，一并封装在一个有机的实体中，把它们封装在一个"模块"中，也就是一个类中，为软件结构的相关部件所具有的模块性提供良好的基础。

封装的前提是抽象，抽象(abstract)是人类解决问题的基本法宝。良好的抽象策略可以控制问题的复杂程度，增强系统的通用性和可扩展性。抽象主要包括过程抽象和数据抽象。结构化设计方法应用的是过程抽象。过程抽象是将问题域中具有明确功能定义的操作抽取出来，并将其作为一个实体看待，在 C 语言中学习的函数就是典型的过程抽象。这种抽象级别对于软件系统结构的设计显得有些武断，并且稳定性差，导致很难准确无误地设计出系统的每一个操作环节。一旦某个客体属性的表示方式发生变化，就有可能牵扯已有系统的很多部分。而数据抽象是比过程抽象更高级别的抽象方式，将描述客体的属性和行为绑定在一起，实现统一的抽象，从而达到对现实世界客体的真正模拟。

在面向对象技术的相关原理以及程序语言中，封装的最基本单位是对象，从而使得软件结构的相关部件实现"高内聚、低耦合"的"最佳状态"，这便是面向对象技术的封装所需要实现的最基本的目标。对于用户来说，对象是如何对各种行为进行操作、运行、实现等细节是不需要刨根问底了解清楚的，用户只需要通过封装外的通道(接口)对计算机进行相关方面的操作即可。这极大地简化了操作的步骤，使用户操作起来更加高效、更加得心应手。

1.2.2　继承

继承(inheritance)是面向对象技术中的另外一个重要特征，其主要指的是两种或者两种以上的类之间的联系与区别。继承，顾名思义，是后者延续前者的某些方面的特点，而在面向对象技术中则是指一个对象针对另一个对象的某些独有的特点、能力进行复制或者延续。如果按照继承源进行划分，则可以分为单继承(一个对象仅仅从另外一个对象中继承其相应的特点)与多继承(一个对象可以同时从另外两个或者两个以上的对象中继承所需要的特点与能力，并且不会发生冲突等现象)；如果从继承中包含的内容进行划分，则继承可以分为 4 类，分别为取代继承(一个对象在继承另一个对象的能力与特点之后将父对象进行取代)、包含继承(一个对象在将另一个对象的能力与特点进行完全的继承之后，又继承了其他对象所包含的相应内容，结果导致这个对象所具有的能力与特点大于或等于父对象,实现了对于父对象的包含)、受限继承、特化继承。

1.2.3　多态

从宏观的角度来讲,多态(polymorphism)是指在面向对象技术中,当不同的多个对象同时接收到同一个完全相同的消息之后,所表现出来的动作是各不相同的,具有多种形态;从微观的角度来讲,多态是指在一组对象的一个类中,面向对象技术可以使用相同的调用方式来对相同的函数名进行调用,即便这若干个具有相同函数名的函数所表示的函数是不同的。

1.3　程序设计语言的发展史

程序设计语言是人们与计算机进行沟通的工具,利用程序设计语言描绘需要让计算机解决的问题称为程序,它是用程序设计语言提供的语句编写的命令序列,这些命令序列经过与之相关的语言处理器编译(解释)之后就能被计算机理解和执行,完成规定的任务。同人类自然语言一样,随着计算机应用的普及和技术的发展,程序设计语言也在不断地发展变化,以适应新的应用需求,解决更复杂的问题。概括而言,程序设计语言的发展过程大致经历了机器语言、汇编语言和高级语言 3 个阶段。

1.3.1　机器语言

机器语言是最早的程序设计语言,它由计算机能够识别的二进制指令系统构成。指令是指计算机能够识别的命令,它们是一些由 0 和 1 组合成的二进制编码。一台计算机能够识别的全部指令的集合,就是它的指令系统——机器指令系统。机器语言的一个优点是执行速率比较高,但是移植性特别差。为了编写机器语言程序,需要记住各种操作的机器指令代码;为了读取数据,还要知道数据在内存中的地址。这种需要记住大量具体编码来编写程序的方法不但难以实现,而且容易出错。

1.3.2　汇编语言

为了解决机器语言编程困难、难以记忆之类的缺点,人们用一些便于记忆的符号代替机器语言中的二进制指令代码,这就是汇编语言。用汇编语言编写的代码不能马上执行,需要一个翻译过程,将源程序翻译成机器能够直接执行的目标程序,这个过程就称为汇编过程。同机器语言一样,它仍然是与机器相关的。不同机器系统的汇编语言并不相同,要在不同硬件系统(其指令系统不同)的计算机上完成相同的任务,需要编写不同的汇编程序。所以它还是存在移植性差的缺点。在效率上,它需要转换,就比机器语言低,只是在编写上简单了一些。

机器语言与汇编语言统称低级语言,它与人类的自然思维习惯存在较大区别,编写程序比较困难。此外,低级语言是与机器相关的,即使在不同的机器系统中完成相同的任务,也需要编写不同的程序,所以存在移植性差的缺点。

1.3.3　高级语言

随着计算机技术的发展和应用的普及,人们发明了高级语言。高级语言与人类自然语言的思维习惯很接近,它屏蔽了与机器硬件相关的细节,提高了语言的抽象层次,采用与日常用语相接近的命名符号(如 if、and、for 和 while 等)和容易理解的程序语句进行程序设计,大大降低了程序设计的难度,使程序易被人理解。高级语言与机器无关,同一程序可以在不同计算机上运行,提高了程序的可移植性和通用性。

用高级语言编写的程序必须转换成机器语言版本。这个翻译过程在高级语言中分两种:一种是解释方式,另一种是编译方式。

在解释方式下,每条语句解释后直接执行,再解释下条语句再执行。优点是每解释一条语句有问题可以马上修改,交互性好。缺点是速度慢,每解释一句运行一句。

在编译方式下,首先通过一个编译程序编译成目标程序,运行时直接拿目标程序运行。只要程序编译正确之后,以后再执行时就不再需要编译可以直接运行了,运行效率比解释方式下要高。

自高级语言产生以来,它的发展变化从未停止过,可以将它的发展划分为 4 个阶段。

1. 以数学计算为特征的语言

以数学计算为特征的语言具有强大的数学表达式处理能力。代表语言是 20 世纪 50 年代的 FORTRAN 和 20 世纪 60 年代的 ALGOL 60。FORTRAN 将变量、数组和控制结构等重要概念引入程序设计语言,称得上是程序语言发展史上的里程碑。ALGOL 60 中最早提出了块结构的概念,并对块与块之间的变量实行隔离保护,一个块中的变量可与另一块中的变量同名而不冲突,还提出数据保护和封装的概念。

2. 结构化程序设计语言

结构化程序设计语言提供了顺序、分支和循环三大结构的语言机制,支持结构化程序设计。其中,典型代表是 C、Basic 和 Pascal 语言。Pascal 是第一个提出结构化程序设计的语言,由于自身的局限性,Pascal 未被推广到应用领域而成了当时大学课堂里理想的教学语言。C 语言具有丰富的数据类型和运算符,提供了结构化的控制语句,能以函数形式实现程序功能的模块化,是理想的结构化程序设计语言,到目前为止仍是使用非常广泛的一门程序设计语言。目前,Basic 和 Pascal 语言基本上已经很少有人使用了。

3. 引入抽象数据类型的程序设计语言

Ada 就是其中的代表,它具有定义新数据类型、函数和过程的语言机制。它是基于对象的,支持封装、重载和多态等面向对象的语言机制,但不支持继承。所以,该语言不能算是严格意义上的面向对象程序设计语言。

4. 面向对象的程序设计语言

面向对象的程序设计语言提供了类、对象、继承和多态等语言机制，支持面向对象的程序设计方法，是当前的主流程序设计语言，如 Smalltalk、Object-C、Java、C++ 和 C# 等。

1.4　C++ 语言

C++ 语言是对 C 语言的继承与扩展，是一门面向对象的程序设计语言。

1.4.1　C++ 的产生

在计算机发展的早期，操作系统之类的软件主要用汇编语言编写。由于汇编语言依赖于计算机硬件系统，用它编写的软件系统的可移植性和可读性都比较差。UNIX 系统最初也是用汇编语言编写的，为了提高 UNIX 系统的可移植性和可读性，美国 AT&T 贝尔实验室的研究者在前人工作的基础上设计开发出 C 语言。C 语言的产生最早还要追溯到 1960 年出现的一种面向过程的高级语言 ALGOL 60。

1963 年，英国剑桥大学推出了 CPL(combined programming language)语言。CPL 在 ALGOL 60 的基础上更接近硬件一些，但规模比较大，难以实现。

1967 年英国剑桥大学的 Matin Richards 对 CPL 语言做了简化，推出了 BCPL(basic combined programming language)语言。

1970 年美国贝尔实验室的 Ken Thompson 以 BCPL 语言为基础，又做了进一步简化，设计出很简单的而且很接近硬件的 B 语言(取 BCPL 的第一个字母)，并用 B 语言写出了第一个 UNIX 操作系统，并在 PDP-7 上实现了它。但 B 语言是一种无类型的语言，直接对机器字进行操作，过于简单，功能有限。

1972 年至 1973 年，贝尔实验室的 Dennis M. Ritchie 在 B 语言的基础上设计出了 C 语言(取 BCPL 的第二个字母)，用于描述和实现 UNIX 操作系统。C 语言既保持 BCPL 和 B 语言的优点(精练、接近硬件)，又克服了它们的缺点(过于简单，数据无类型等)。并在 1973 年和 Ken Thompson 用 C 语言重写了 UNIX 90%以上的代码，这就是 UNIX5。在此之后，人们对 C 语言又进行了多次改进，1975 年用 C 语言改写的 UNIX6 发布后，C 语言突出的优点引起了世人的普遍关注。

1977 年，出现了不依赖于具体机器指令的、可移植的 C 语言，这推动了 UNIX 在各种机器上实现。

C 语言简洁、灵活，具有丰富的数据类型和运算符，具有结构化的程序控制语句，支持程序直接访问计算机的物理地址，具有高级语言和汇编语言的双重特性。1978 年以后，C 语言已先后被移植到大、中、小及微型计算机上。伴随着 UNIX 系统在各种类型计算机上的实现而普及，C 语言逐渐成为最受欢迎的程序设计语言之一。

但是，C 语言本身也存在一些缺陷，主要体现在类型检查机制较弱，缺乏支持代码重用的语言结构，不适合大型软件系统的开发设计，当程序规模大到一定程度时，很难控制程序的复杂性。

1979 年 4 月,贝尔实验室的 Bjarne Stroustrup 博士等人负责分析 UNIX 内核,但当时没有合适的工具能够有效地分析由于内核分布而造成的网络流量,将内核模块化,因此他们的工作进展缓慢。1979 年 10 月,Bjarne Stroustrup 借鉴了 Simula(较早的一种面向对象程序设计语言)类的概念,并设计开发了一个预处理器 Cpre,来处理这些添加的元素和 C 语言对应,并对 C 语言进行了扩展和创新,将 Simula 的数据抽象和面向对象等代入 C 语言。在这个过程中,Bjarne Stroustrup 产生了创建一门新语言的想法,这就是 C++ 语言的萌芽。

1980 年,C++ 的早期版本诞生,称作"带类的 C"(C with classes)。1983 年 Rick Mascitti 建议将带类的 C 命名为 C++ (C plus plus)。在此之后,C++ 经过不断的修改和完善,增加了许多新特征,逐渐发展成为今天的 C++ 程序设计语言。从此,C++ 作为一门优秀的程序设计语言被广为人知。

C++ 是在 C 语言的基础上开发出来的,是 C 语言的超集,同时参考了很多其他语言的特性,例如 Simula 中的类概念,ALGOL 68 的运算符重载、引用及在任何地方声明变量的特性,BCPL 的单行注释或行尾注释(//…)和 Ada 语言中的模板、命名空间以及 Ada、CLU 和 ML 中的异常概念,它既具有 C 语言的高效性和灵活性,也提供了程序组织的高层特性。此后,C++ 逐渐发展成为主流的程序设计语言。

1.4.2　C++ 的发展与标准化

1983 年之后,C++ 的使用爆炸式增长。传统的面向用户遇到的问题及基于同事间讨论的演化方式已无法满足需求,迫切需要对 C++ 语言进行规范化和标准化。1989 年,*The Annotated C++ Reference Manual* 发布,成为 C++ 标准的基础。同年 12 月,美国标准化委员会(ANSI)的 X3J16 委员会成立并在华盛顿召开第一次技术会议,ANSI C++ 标准的制定开始提上日程。C++ 语言的标准化经历了若干次修订,每次修订都增加和修改了一些内容,以适应计算机及程序设计技术发展的需要。

在"带类的 C"阶段,研制者在 C 语言的基础上加进去的特征主要有类及派生类、公有和私有成员的区分、类的构造函数和析构函数、友元、内联函数、赋值运算符的重载等。

1985 年,C++ 引入了虚函数的概念,添加了一些重要的特征,如常量、引用、函数重载和运算符重载等,此为 C++ 语言的 1.0 版。

1989 年推出的 C++ 2.0 版形成了更加完善的支持面向对象程序设计的 C++ 语言,新增加的内容包括类的保护成员、多重继承、对象的初始化与赋值的递归机制、抽象类、静态成员函数和 const 成员函数等。

1993 年的 C++ 语言 3.0 版本是 C++ 语言的进一步完善,其中最重要的新特征是模板(template),此外解决了多重继承产生的二义性问题和相应的构造函数与析构函数的处理等。

1991 年 7 月,ANSI C++ 标准化成为 ISO 标准化工作的一部分。1995 年 4 月,C++ 标准草案提交公众审阅,1998 年 C++ 标准得到了国际标准化组织和美国标准化协会的批准,标准 C++ 语言及其标准库更体现了 C++ 语言设计的初衷。命名空间的概念、标准模板库(STL)中增加的标准容器类、通用算法类和字符串类型等使得 C++ 语言更为实用。此后 C++ 是具有国际标准的编程语言,该标准通常简称 ANSI C++ 或 ISO C++ 98 标准,简称 C++ 98,这是真正意义上的 C++ 标准第一版。比 Bjarne Stroustrup 最初定义的 C++ 要大得多、复杂得多,以后满足此标准的 C++ ,都称作标准 C++ 。为了与标准 C++ 相区别,将之前的 C++ 版本称为传统 C++ 。此后每 5 年视实际需要更新一次标准。

2003 年,C++ 标准委员会对 C++ 98 中的问题进行了修订,于当年 10 月 15 日,发布了 C++ 标准第二版(ISO/IEC 14882:2003),该版本并没有对核心语言进行修改,仅是一次技术修订,对第一版进行了整理——修订错误、减少多义性等,没有改变语言特性。这个版本常被称为 C++ 03。

2011 年 9 月 1 日,新的 C++ 标准第 3 版(ISO/IEC 14882:2011)面世,称作 C++ 11。该标准引入了大量非常有用的特性,使代码更直观、安全、简洁、方便。包含了核心语言的新机能,拓展了 C++ 标准程序库,增加了多线程支持、通用编程支持等。标准库也有很多变化,集成了 C++ 技术报告 1(C++ technical report 1, C++ library extensions(函数库扩充))库中的大部分内容,包括正则表达式、智能指针、哈希表和随机数生成器等。

2014 年 12 月 15 日,发布了 C++ 标准第 4 版(ISO/IEC 14882:2014),称作 C++ 14。C++ 14 是对 C++ 11 的小范围扩展,主要内容是修复 bug 和略微提高性能。增加了一些新的语言特性(如对 Lambda 函数的改进,增加了两种类型推断的方式以及 constexpr 限制等)和标准库特性(如增加了一类共享的互斥体和相应的共享锁等)。

2017 年 12 月,ISO 发布了 C++ 标准第 5 版(ISO/IEC 14882:2017),称作 C++ 17,这也是到目前为止的 C++ 标准最新版。对 C++ 核心库、并发技术、并行技术、网络规范、大规模软件系统支持、语言用法简化等方面进行了修订或扩展。

1.4.3　C++ 语言的特点

C++ 保留了 C 语言的所有特征和优点,支持 C 语言程序设计。同时,C++ 还对 C 语言进行了扩展,增加了面向对象的新特征和语言处理机制,支持面向对象的程序设计,是 C 语言的超集。总的来说,C++ 语言具有如下特点。

1. 高效性

C++ 允许直接访问物理地址,能进行位运算,支持直接对硬件进行操作,能够实现汇编语言的大部分功能,生成目标代码的质量高,程序运行效率高。C++ 虽然是一种高级语言,但兼具低级语言的许多功能和特征,这使得 C++ 非常适合于编译底层数据结构、算法和库等。它是系统软件开发和数学模型构建的有力武器库。

2. 灵活性

C++ 语言可以应用于诸多领域,在程序中几乎可以不受限制地使用各种程序设计技术,设计出各种特殊类型的程序。同时,C++ 提供丰富的数据类型和运算符,不仅具有 int、char、bool、float 和 double 等基本的内置数据类型,还允许用户通过结构体、共用体、枚举和类等自定义数据类型,对用户自定义的数据类型还支持对 C++ 系统定义运算符的重载等。

3. 可移植性

C++ 是一门跨平台的程序设计语言,具有较强的可移植性。基于标准 C++ 开发的程序,在不同的操作系统平台上,不需要太大的修改即可成功编译。这使得 C++ 程序能够比较容易地从一种类型的计算机系统中移植到另一种类型的系统中。

4. 支持面向对象技术

C++ 对 C 语言的最大改进就是融入了面向对象程序设计的思想,提供了把数据和对数据的操作封装在一起的抽象机制,支持类、继承、重载和多态等面向对象的程序设计,使 C++ 在软件复用和大型软件的开发和维护等方面变得更容易、高效,提高了软件开发的效率和质量。

总之,C++ 保留了 C 语言简洁、高效和接近汇编语言的特性,对 C 语言的数据类型进行了改进和扩充,比 C 语言更安全、可靠。但 C++ 最重要、最有意义的特征是支持面向对象程序设计。

1.4.4 C++ 程序结构

C++ 兼容 C 语言程序设计,它们的程序结构相同,这里通过一个简单例子来说明。

【例 1-2】 在计算机屏幕上打印"Hello World!"。这个例子虽然很简单,但它包含了 C++ 程序的所有基本组件。

```
//ch1-2.cpp This is my first simplest C++ program.    //L1
# include <iostream>                                    //L2
                                                        //L3
int main()                                              //L4
{                                                       //L5
    std::cout <<"Hello World!" <<std::endl;             //L6
    return 0;                                           //L7
}                                                       //L8
```

这个程序非常简单,就是在屏幕上输出一行字符"Hello World!"。先对程序进行逐行说明。

第 1 行是一行注释,C++ 注释形式与 C 语言相同,有两种。一种是形如/ * … * /的注释形式,可以注释多行,也可以注释行中的一部分,称为块注释符。另一种就是形如//…的注释形式,//其后的内容均为注释,往往用于注释一行或用于行尾,出现在一行中其他内容的右侧,称为单行注释符或行尾注释符。

第 2 行 ♯ include <iostream> 是预编译指令,在 C++ 中以符号 ♯ 开头的行都是预编译指令。它们是在本程序编译之前需要预处理的特殊行。在这种情况下,指令 ♯ include <iostream> 指示预处理程序包含一个标准输入输出文件,从而允许执行标准输入和输出操作,例如此程序将"Hello World!"输出屏幕。

第 3 行是一个空行,空行对程序没有影响。它们的目的只是为了提高代码的可读性。

第 4 行 int main()是启动程序的声明,main 函数是所有 C++ 程序中最特殊的一个函数,它是程序开始运行时调用的函数。不管 main 函数在代码中的实际位置如何,所有 C++ 程序的执行都从 main 函数开始。这里的 int 是 main 函数的返回类型,int 作为 main 函数的返回类型是 C++ 标准建议的。

第 5 行和第 8 行的左右花括号在这里是函数开始和结束的标志,它们之间的内容是函数体,本例中定义了调用 main 函数时会发生什么。C++ 中的所有函数都使用花括号来表示其定义的开始和结束。

第 6 行是一行 C++ 语句。在 C++ 程序中,语句是一个实际能够产生某种效果的表达式或操作。它是程序的核心,指定了它的实际行为。语句的执行顺序与它们在函数体中出现的顺序相同。本例中,该行执行输出操作,在屏幕上输出一行字符"Hello World!"(双引号不是输出的内容)。此语句包含 7 部分内容:第 1 部分,std 是标准 C++ 中命名空间的名字,使用某命名空间中的标识符需要使用该命名空间名称进行限定;第 2 部分,::是 C++ 中的一个运算符,称为作用域限定符;第 3 部分,cout 是 std 命名空间中的标识符,已经绑定了标准输出设备(显示器);第 4 部分,<<是输出运算符,也称为插入运算符,表示将后面的内容插入标准输出中;第 5 部分,引号中的内容(Hello World!)是插入标准输出中的内容;第 6 部分,endl 是 std 命名空间中的标识符,表示换行,相当于换行符(\n);第 7 部分,行最后的分号(;),表示语句的结束,C++ 中的语句都是以分号(;)结尾的。该行和下面两行的内容是等价的。

```
std::cout <<"Hello World!";
std::cout <<std::endl;
```

第 7 行是函数返回行,当 main 函数执行结束前将整数 0 作为函数值返回。

上面只是一个非常简单的 C++ 程序,大多 C++ 程序都比上述程序复杂得多,归纳下来,C++ 程序的结构有如下特点。

1. 一个程序由一个或多个文件组成

一个 C++ 程序可以仅由一个文件组成,也可以由多个文件组成。C++ 程序包含两种类型的文件:一类是头文件(扩展名为 h 或无扩展名,如上例中的 iostream);另一类扩展名为 cpp 的源文件。一个小程序往往只包含一个源文件。

2. 一个源文件一般包括 3 部分内容

(1) 预处理指令,如 #include <iostream>,可以缺省。

(2) 全局声明,在函数之外进行的声明,包括变量的定义和声明、类型的定义和声明以及函数声明等,可以缺省。

(3) 函数定义,每个函数用来实现一定的功能,可以缺省。

3. C++ 语句书写格式自由

一行内可以写多个语句,也可以将一个语句写在多行上。为清晰起见,习惯上每行只写一个语句。

4. 程序应当包含注释

注释可以增加程序的可读性,提高程序的可维护性。

5. 程序块应使用缩进

缩进是保证代码整洁、层次清晰的主要手段。

1.4.5　标准 C++ 程序设计

符合 C++ 98 及之后 C++ 标准的 C++ 语言,称作标准 C++。基于标准 C++ 的程序设计均称为标准 C++ 程序设计。C++ 98 标准之前的 C++ 称作传统 C++。传统 C++ 和标准 C++ 中存在很多名称相同的函数,其用法也完全相同,部分编译器同时提供对标准 C++ 和传统 C++ 支持,而且允许在程序中同时调用标准 C++ 和传统 C++ 中的函数。为了区分程序所调用库函数的来源,C++ 一般采用如下解决方案。

1. 头文件命名格式不同

传统 C++ 保留与 C 语言相同的头文件命名方式(以 h 作为头文件的扩展名),而标准 C++ 则采用无扩展名的头文件。在标准 C++ 中对 C 语言函数库的头文件命名以字符 c 开头,取消其扩展名 h。

传统 C++ 的头文件有 iostream.h、fstream.h、stdio.h 和 math.h 等。对应的标准 C++ 的头文件则为 iostream、fstream、cstdio 和 cmath 等。

2. 命名空间限定

调用传统 C++ 的库函数和 C 语言一样,直接通过函数名来调用就行了。标准 C++ 中的任何内容(不包括来源于 C 标准库头文件中的函数)则要用"std::"做前缀来限定访问,其使用方法为 std::x,这里 x 可以是函数、常量、数据结构和变量等名称。这样,std 把标准 C++ 中的内容统一管理起来了。能够有效地区别于传统 C++ 中同名的标识符,std 也被称为 C++ 标准库的命名空间。

如例 1-2 中,cout 和 endl 都由 std::做前缀来限定,若不加此前缀则程序连编译都通不过。每次使用标准 C++ 中的标识符都需要使用 std::做前缀来限定,若调用次数非常多则显得很烦琐,此时可以使用"using namespace std;"一次性引入整个命名空间 std。这时就可以直接使用 std 命名空间中的标识符了。

需要注意的是,现在许多最新版本的 C++ 编译器已经不再支持传统 C++ 的编程了。本书也仅针对标准 C++ 进行讲解。

1.5　小　　结

C++ 是对 C 语言的继承和发展,是一门优秀的面向对象程序设计语言,它既可以进行 C 语言的过程化程序设计,又可以进行以抽象数据类型为特点的基于对象的程序设计,还可以进行以继承和多态为特点的面向对象的程序设计。C++ 不仅拥有计算机高效运行的实用性特征,同时还致力于提高大规模程序的编程质量与程序设计语言的问题描述能力。

第 2 章

chapter 2

数据与输入输出

C++ 具有一个功能强大的 I/O 类的继承体系，用于处理数据的输入输出问题。在 C++ 程序中，输入输出都是通过"流"来处理的。流实际上是一种对象，它在使用前被建立，使用后被删除。数据的输入与输出操作就是从流中提取数据或者向流中插入数据。

本章主要介绍 C++ 的数据类型、C++ 字面值常量及其类型确定、C++ 输入输出流类库、标准输入输出流、标准输入输出操作与文件流以及文件的读写。

2.1　数据与数据类型

一般来说，计算机程序是为了得到所需结果而对一组数据进行加工处理的过程。因此，计算机程序设计语言必须提供相应的元素或机制来描述程序要处理的数据以及对这些数据的处理过程，于是就有了各种描述数据结构的数据类型、描述对数据进行处理的运算、描述复杂处理过程的语句和控制结构。也就是说，数据是程序运算处理的对象，有不同的类型之分。数据类型决定了能够对数据进行的操作，同类型的数据具有相同的描述方式，占据相同大小的存储空间，具有相同的运算方法，而不同类型的数据具有不同的表示方法和运算规则。有些语言（如 Smalltalk 和 Python）在程序运行时检查数据类型，称为动态数据类型语言。但 C 语言与之相反，它是一种静态数据类型语言，它的类型检查发生在编译时，编译器必须知道程序中每个变量的数据类型。

C++ 是从 C 语言继承和发展过来的，保留了 C 语言的类型系统和程序结构，所以兼容 C 语言程序的设计和运行。C++ 区别于 C 的最主要的特征就是引入了面向对象的程序设计技术，引入了类、继承以及多态的特性，使得程序员可以自定义数据类型，允许运行时动态确定数据的类型。

2.1.1　C++ 的数据类型

C++ 除了 class 和标准模板库 STL 中的类型（如 string、vector 和 list 等），其余类型与 C 语言基本相同，C++ 中的数据类型如表 2.1 所示。

表 2.1 C++ 中的数据类型

大类	类型	关键字	长度/B	范　　围	备　　注
内置类型	整型	int	4	$-2^{31} \sim 2^{31}-1$	允许类型修饰符
	字符型	char	1	$-128 \sim 127$	允许类型修饰符/小整型
		wchar_t	2	没有取值范围	宽字符
		char16_t	2	没有取值范围	Unicode 字符
		char32_t	4	没有取值范围	
	单精度	float	4	$-3.4 \times 10^{38} \sim 3.4 \times 10^{38}$	6 位有效数字
	双精度	double	8	$-1.7 \times 10^{308} \sim 1.7 \times 10^{308}$	15 位有效数字,允许类型修饰符 long
	逻辑型	bool	1	true(1)/false(0)	
	空类型	void	没有长度	没有取值范围	
派生类型	数组	T[]			
	指针	T *	T 可以是上述任意内置类型,也可以是结构体、共用体和类等自定义数据类型		
	引用	T&			
自定义数据类型	结构体	struct			
	共用体	union	除枚举类型外,各种自定义数据类型都可以包含若干个其他类型定义的成员		
	枚举	enum			
	类	class			
STL 提供类型	字符串	string	具有强大的字符串存取与计算能力		
	其他	vector、list、deque、set、multiset、map 和 multimap			

1. int 允许的类型修饰符

int 类型允许使用 short、long、long long、signed 和 unsigned 等类型修饰符用来扩展整型 int。char 也是一种整型,占 1B。扩展后的所有整型类型如表 2.2 所示。

表 2.2 整型类型

类　　型	关　键　字	长度/B	范　　围	备　　注
小整型	[signed] char	1	$-128 \sim 127$	
短整型	[signed] short [int]	2	$-32\,768 \sim 32\,767$	
整型	[signed] int	4	$-2^{31} \sim 2^{31}-1$	
长整型	[signed] long [int]	4	$-2^{31} \sim 2^{31}-1$	
双长整型	[signed] long long [int]	8	$-2^{63} \sim 2^{63}-1$	C++11 增加

类　　型	关　键　字	长度/B	范　　围	备　注
无符号小整型	unsigned char	1	0～255	
无符号短整型	unsigned short [int]	2	0～65 535	
无符号整型	unsigned [int]	4	0～$2^{32}-1$	
无符号长整型	unsigned long [int]	4	0～$2^{32}-1$	
无符号双长整型	unsigned long long [int]	8	0～$2^{64}-1$	C++11 增加

2. long double

C++ 共有 3 种浮点类型,分别为单精度浮点类型 float、双精度浮点类型 double 和长精度浮点类型 long double。C++ 标准并没有规定每种浮点类型的精度,但是限定了 double 类型的精度不能低于 float,long double 类型的精度不能低于 double。不同的编译器在具体实现上略有不同,但 float、double 分别占 4B 和 8B 基本上是一致的。long double 在不同平台可能有不同的实现,有的是 8B,有的是 12B,有的是 16B,针对具体的编译器的情况,可以通过 sizeof(long double) 获得。

在 GCC 编译器下,float、double 和 long double 分别占 4B、8B 和 16B,可表示的数据范围分别为$-3.4\times10^{38}\sim3.4\times10^{38}$、$-1.7\times10^{308}\sim1.7\times10^{308}$ 和 $-1.2\times10^{4932}\sim1.2\times10^{4932}$,有效数字分别为 6、15 和 19。

3. 关于类型修饰符 register

在 C++17 标准中,类型修饰符 register 已不再使用,但该关键字仍然保留。

2.1.2　C++ 字面值常量

当一个形如数值 123、字符串"C++ "等的值,出现在程序代码中时,就被称作字面值常量(literal constant)。“字面值”是指只能用它的值称呼它,“常量”是指其值不能修改。每个字面值常量都有其相应的类型,其类型由它的形式和值来决定。

1. 整数字面值

整数字面值可以写成二进制、八进制、十进制和十六进制的形式。从 C++14 标准开始,C++ 允许 0B 或 0b 为前缀表示二进制整型字面值,例如 37 可以写成如下几种形式。

```
0B100101        //二进制,以 0B 或 0b 开头,后跟 1 个或多个二进制数字
045             //八进制,以数字 0 开头,由若干个八进制数字 0~7 组成
37              //十进制,以非 0 数字开头,由 0~9 组成
0X25            //十六进制,以 0X 或 0x 开头,由数字 0~9 和字母 a~f 或 A~F 构成
```

无论二进制、八进制、十进制还是十六进制的字面值整数,编译器都能够根据字面值

整数的大小,自动识别其类型为 int、long 还是 long long。其他情况下,用户可以使用后缀指定其类型。用后缀 u 或 U 表示无符号整型、l 或 L 表示长整型、ll 或 LL 表示双长整型,例如:

```
37                  //int,无后缀默认为 int 类型
371234567801234     //long long,编译器根据字面值大小自动确定
37U                 //unsigned
37L                 //long int
37LL                //long long
37LU                //unsigned long
37LLU               //unsigned long long
```

从 C++ 14 标准开始,数值型字面值常量可以使用单引号(')作为分隔符,该分隔符不仅限于用作千分位,可以在字面值的任意位置使用,对于位数较多的字面值,按一定规则使用分隔符(一般从低位开始,二进制和十六进制数每 4 位添加一分隔符,八进制和十进制数一般每 3 位添加一分隔符),可以有效提高数值的可读性。例如 371'234'567'801'234 和 0B101'0010'1001 是一个有效的整数字面值。

2. 浮点数字面值

浮点数字面值可以写成十进制和十六进制的形式。从 C++ 17 标准开始,C++ 允许使用十六进制的浮点数字面值常量。

十进制浮点数字面值可以表示为普通的十进制形式,也可表示为科学记数法的形式。但十六进制浮点数字面值必须表示成科学记数法的形式。

十进制浮点数指数部分以 10 为底数,用 e 或 E 表示,其后必须有一十进制整数做指数,尾数部分以十进制浮点数表示;十六进制浮点数科学记数法的指数部分以 2 为底数,以 p 或 P 表示,其后必须有一十进制整数做指数,尾数以十六进制浮点数表示,不支持非科学记数法表示的十六进制浮点数。

浮点数字面值默认是 double 类型,可以使用后缀 f 或 F 表示单精度 float 类型,使用 l 或 L 表示长精度 long double 类型。

在数字位数较多时,可以使用单引号(')做分隔符,例如:

```
1.0123    1.0123E5    1.0123E-5    1.0123E0    //double,十进制
1.0123F   1.0123E5F   1.0123E-5F   1.0123E0F   //float,十进制
1.0123L   1.0123E5L   1.0123E-5L   1.0123E0L   //long double,十进制
0X1.1A3P3     0X1.1A3P3F     0X1.1A3P3L        //十六进制浮点数
```

另外,1.602'176'565E-191、1.F、1.L、.0123、.0123F、.0123L、0X1.P0、0X.012P-2F、0X1.P-3L 等都是合法的浮点数字面值。

3. 字符型字面值

字符型字面值是由单引号括起来的单个字符或以反斜线开头的一个字符序列构成的转义字符,如'A'、'1'、'\n'、'\081'等。常见的转义字符如表 2.3 所示。

表 2.3 常见的转义字符

转义字符	含　　义	ASCII 码值	转义字符	含　　义	ASCII 码值
\n	换行	10	\r	回车	13
\b	退格	8	\a	响铃	7
\t	水平制表符	9	\v	垂直制表符	11
\f	换页	12	\?	问号	63
\'	单引号	39	\"	双引号	34
\\	反斜线字符	92	\0	空字符	0
\ooo	1～3 位八进制	对应十进制	\xhh	1～2 位十六进制	对应十进制

　　C++ 11 及之后的标准共支持 4 种类型的字符,即 char、char16_t、char32_t 和 wchar_t,在字符型字面值前面分别使用前缀 u8、u、U 和 L 来区分。

　　没有使用任何前缀的字符型字面值,均表示普通字符字面值,可以表示 C 字符集中任何单个字符。

　　以 u8 为前缀的字符型字面值,如 u8'x' 为 char 类型的字面值,也称为 UTF-8 编码的字符。一个 UTF-8 编码的字符的值等于 ISO 10646 的编码值。它可以用来表示 Unicode 标准中的任何字符,而且其编码中的第一字节仍与 ASCII 码相容。

　　以 u 为前缀的字符型字面值,如 u'x' 为 char16_t 类型的字面值。采用 16 位存储单元对字符进行编码。

　　以 U 为前缀的字符型字面值,如 U'x' 为 char32_t 类型的字面值,采用 32 位存储单元对字符进行编码。

　　以 L 为前缀的字符型字面值,如 L'x' 为 wchar_t 类型的字面值,也称为宽字符字面值。采用 16 位存储单元对字符进行编码。

　　在 GCC 编译器下,u8 前缀仅用于字符串字面值前,表示 UTF-8 格式的字符串字面值。

4. 字符串字面值

　　字符串字面值是由一对双引号括起来的一个字符序列,该字符序列可以由 0 个或多个字符构成。可以在该字符序列前选择使用 u8、u、U、L 或者 R,表示字符串字面值的编码类型以及取消转义字符含义的原始字符串。原始字符串是 C++ 11 标准中增加的一种字符串类型,在原始字符串中,每个字符表示的就是该字符自身,反斜线不再表示转义。原始字符串以 R 为前缀,以 ""(" 和 ")"" 为界定符,格式为 R"(characters sequence)"。

　　u8"xyz"、u"xyz"、U"xyz"、L"xyz" 分别表示 UTF-8(char)、char16_t、char32_t 和 wchar_t 格式字符串。

　　R"(xyz\n)" 表示原始字符串 xyz\n,这里 \n 不再是转义字符。

　　前缀 R 也可以与其他前缀结合使用,如 UR、LR、u8R 等。

5. 逻辑型字面值

逻辑型字面值有两个,分别对应 C++ 的两个关键字 true 和 false,这是两个纯右值。其中,true 的值为 1,false 的值为 0。

6. 指针字面值

指针字面值只有一个,即 nullptr,它是 C++ 11 标准新增加的一个关键字,是 std::nullptr_t 类型的一个纯右值。

std::nullptr_t 是一个非常特别的类型,它既不是指针类型,也不是指向成员类型的指针。严格来讲,此类型的纯右值是一个空指针常量,可以转换为空指针值或空成员指针值。

7. 用户自定义字面值

从 C++ 11 标准开始,C++ 允许用户自定义字面值,也称作自定义后缀,其主要作用是简化代码的读与写。

自定义后缀用 operator"" 定义,就是一种特殊的函数。后缀名必须以下画线开头,因为没有下画线的后缀是预留给 std 用的。后缀的参数只能是 unsigned long long、long double、const char * 或者 const char * ＋ size_t。具有简单、易上手又很实用的特性。一般来说适合编写为后缀的是一些计量单位,如 kg、km 等。

【例 2-1】　自定义字面值及其应用。

```cpp
//ch2-1.cpp user-defined literals
typedef unsigned long long ull;
ull operator"" _km(ull n)
{
    return n * 1000000;                    //单位 km 与 mm
}
int main(){
    cout <<"distance is:" <<12_km <<"mm" <<endl;
    return 0;
}
```

12_km 就是一个自定义的字面值。用户自定义的字面值实质上就是对字面值函数的调用。

C++ 14 预定义了一些标准的字面值,s 用于创建 std::string,如 "hello"s;h、min、s、ms、us、ns 用于创建 std::chrono::duration 中的时间单位;i、il、if 用于创建复数 complex<double>、complex<long double>、complex<float>。

2.2　C++ 数据的输入输出

计算机程序执行的一般逻辑流程是输入数据→处理数据→输出结果。数据的输入与输出是每个程序不可避免的问题。计算机数据的输入输出从本质上来讲,是字符序列在计算机存储(主要指计算机内存)与外设(包括键盘、显示器与外部存储设备等)之间的有向流动。在 C++ 程序中,输入输出操作是通过"流"(stream)来处理的。

2.2.1 流的概念与标准输入输出流

C++ 中,没有定义数据输入输出的语句,而是通过标准库提供的 I/O 机制,通过流来实现。I/O(input/output,输入输出)数据是一些从源设备到目标设备的字节序列,称为字节流。除了图像、声音数据外,字节流通常代表的都是字符。因此,在多数情况下的流是从源设备到目标设备的字符序列,字符序列从源设备连续不断地流向目标设备,最后按先流出先到达的有序方式汇聚在目标设备中,如同河流一样,故称此为流,如图 2.1 所示。

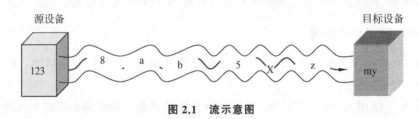

图 2.1 流示意图

C++ 建立了十分庞大的流类库来实现数据的输入和输出操作,其中的每个流类实现不同的功能,这些类通过继承组合在一起。在 C++ 中,数据的输入输出由标准库 iostream 提供,其中包括输入流(input stream)和输出流(output stream)两类。输入流是指从输入设备流向内存的字节序列。在图 2.1 中,若源设备是键盘,目标设备是计算机内存,则表示的就是输入流。输出流是指从内存流向输出设备的字节序列。在图 2.1 中,若源设备是计算机内存,目标设备是显示器,则表示输出流。C++ 已将输入输出流封装成类,分别为输入流类 istream 和输出流类 ostream。使用这两个类要包含头文件 ＜iostream＞。

标准库 iostream 已经预定义了 4 个标准流对象: istream 类的对象 cin 和 ostream 类的对象 cout、cerr 和 clog。

cin 是输入流 istream 类的对象,用于控制来自与 stdin 关联的流缓冲区的输入,stdin 是在＜cstdio＞中声明的标准输入对象。cin 用于输入数据,一般也把 cin 称为标准输入流。

cout 是输出流 ostream 类的对象,用于控制来自与 stdout 关联的流缓冲区中的输出,stdout 是在＜cstdio＞中声明的标准输出对象。cout 用于输出数据,所以也把 cout 称为标准输出流。

cerr 和 clog 也都是输出流 ostream 类的对象,用于控制与标准错误流 stderr 关联的缓冲区,用来输出错误信息。一般 cerr 用于输出警告和错误信息,clog 用于输出程序运行时的一般性信息。

2.2.2 cin 与数据输入

cin 是 C++ 标准库中预定义的输入流对象,即 istream 类的对象,包含在头文件

<iostream>和命名空间 std 中。cin 主要用于从标准输入设备读取数据,这里的标准输入设备,指的是终端的键盘。cin 读取的是标准输入缓冲区中的数据,用户从键盘上输入的数据(字符序列)需要先送入缓冲区,当用户从键盘上按回车键时,输入的数据才会被送入缓冲区。此时,用户按的回车键(\r)会被转换为一个换行符(\n),并作为一个字符存储到缓冲区中。当缓冲区为空时,cin 的成员函数(包括运算符)处于阻塞状态等待数据的到来,一旦缓冲区中有数据,就会触发 cin 的成员函数(包括运算符)去读取数据。

1. cin 通过输入运算符＞＞从输入流中读取需要的数据

cin 可以通过输入运算符＞＞从缓冲区中连续读取数据,以空白字符(包括空格、Tab 和换行符)作为默认分隔符,cin 的一般用法如下:

```
std::cin >>variable;
```

由于 cin 是命名空间 std 中预定义的标识符,故使用 cin 时应使用命名空间名 std 限定访问。若程序中使用了 using 声明语句"using std::cin;"或"using namespace std;",则可以直接使用 cin 标识符,而无须使用 std 限定(以后的程序中设定都已经使用了 using 声明语句"using namespace std;")。当程序执行到 cin 语句时,就需要用户从键盘输入数据,输入的数据被送入输入流中,数据输完后需要按回车键(Enter 键)结束输入。当遇到运算符＞＞时,就从输入流中提取一个数据存入内存变量 variable 中。

1) 输入运算符＞＞

＞＞是 cin 用于读取数据的运算符,称作输入运算符,也称作提取运算符或析取运算符,用于从输入流中提取数据,并将该值存储到其后的变量 variable 中,variable 是程序中定义的变量。

＞＞是一个二元运算符,它接受一个 istream 类的对象为其左侧运算对象,接受一个对象为其右侧运算对象。它从左侧给定的 istream 读入数据,并存入右侧给定的对象中。输入运算符返回其左侧运算对象作为其运算结果。

cin ＞＞等价于 cin.operator＞＞(),即调用 istream 类的成员函数 operator＞＞()进行读取数据。

原则上,variable 应该是 C++ 内置的数据类型,如 int、char、float 或者 double 等,但如果 variable 是用户自定义数据类型,且用户针对该类型重载了输入运算符＞＞,则也可以使用 cin 对该变量输入数据。

2) 一条 cin 语句可以为多个变量输入数据

若程序中需要同时为多个变量输入值,那么可以同时使用多个 cin 语句,也可以使用一个 cin 语句。一般来说,输入数据的个数应当与 cin 语句中变量的个数保持一致(不少于变量的个数,若少于变量个数,则程序仍处于等待输入状态,直到输入数据的个数满足要求),且类型与变量的类型要兼容。输入的多个数据之间要用空白字符(至少一个)作为分隔符,全部数据输入完成后,按回车键结束,如下示例:

```
int x;
double y;
```

```
char c;
cin >> x >> y >> c;
```

若要求 x 的值为 15,y 为 123.4,c 为'x',则下面两种输入方式皆可。

```
15 123.4    x
```

或

```
15
123.4
x
```

第一种输入方式,将多个需要输入的值以空格或 Tab 分隔;第二种输入方式是将多个需要输入的值以回车键分隔,输入在不同的行上。无论哪种输入方式,输入分隔符(空白字符)的个数不限 1 个。

当一条 cin 语句中有多个输入运算符 >> 时,就需要从键盘上输入多个数据到输入流中,每遇到一个 >>,就从输入流中提取一个数据存储到其后的变量中。用户可以把输入多个数据的 cin 语句分解为多条 cin 语句,也可以将多条 cin 语句合并为一条。上面的一条 cin 语句与下面 3 条语句等价。

```
cin >> x;
cin >> y;
cin >> c;
```

需要注意的是,运算符 >> 忽略输入流中开始的所有空白字符,即提取数据总是从非空白字符开始。

3) 在输入运算符 >> 后仅能使用左值

在运算符 >> 的后边只能使用左值,最常见的就是变量,一般应是 C++ 内置的数据类型或重载了 >> 运算符的类,否则将出现错误。如下语句是错误的。

```
cin >> 123 >> x;                      //错误,>>后面有整型字面值 123
cin >> "xyz" >> y;                    //错误,>>后面有字符串字面值"xyz"
```

4) >> 具有自动识别数据类型的能力

运算符 >> 能根据它后面变量的类型从输入流中提取数据。

```
cin >> x;
```

若输入 9,运算符 >> 能根据 x 的类型确定 9 到底是数字还是字符。如果 x 是 char 类型,那么 9 就是字符;如果 x 是 int、float 或 double 类型,那么 9 就是数字。

若输入 93,且 x 是 char 类型,那么仅提取字符 9 存储到变量 x 中,3 仍保留在输入流中;如果 x 是 int、float 或 double 类型,则将 93 作为一个数值型的值存储到 x 中。

5) 在特定情况下,cin 能根据数据类型的特性提取无分隔符的数据

对于连续无任何空白字符的输入序列,cin 能够根据数据类型的特性如长度、类型标志等来正确提取数据。如字符型(char)数据仅包含一个字符,int 型数据仅包含数字,浮

点型数据可以包含小数点（.，可以仅以小数点开头，也可以仅以小数点结尾），字符串可以包含任意有效字符等。

```
char c;
int x;
double y;
cin >>c >>x >>y;
```

若输入 1234.567 后直接按回车键，则变量 c、x、y 均能正确得到值，其值分别为'1'、234 和 0.567。

【例 2-2】　若定义了如下类型的变量，表 2.4 中给出了在各种不同的情况下，输入流数据的读取情况。

```
int m;
double x;
char c;
```

表 2.4　不同情况下数据的读取结果一览表

语　句	输入数据	读取结果
cin >> c;	X	c＝'X'
cin >> c;	1X	c＝'1'，'X'保留在输入流中等待读取
cin >> m;	123	m＝123
cin >> m;	123.456	m＝123，.456 保留在输入流中等待读取
cin >> x;	123.456	x＝123.456
cin >> x;	123	x＝123，123 将转换为 double 类型
cin >> m >> c >> x;	123 X 1.23	m＝123，c＝'X'，x＝1.23
cin >> m >> c >> x;	123X1.23	m＝123，c＝'X'，x＝1.23
cin >> m >> c >> x;	123.456	m＝123，c＝'.'，x＝0.456
cin >> m >> x >> c;	123.456	m＝123，x＝0.456，c 继续等待输入
cin >> x >> m >> c;	123.456	x＝123.456，m 和 c 继续等待输入
cin >> c >> m >> x;	123.456	c＝'1'，m＝23，x＝0.456
cin >> c >> x >> m;	123.456	c＝'1'，x＝23.456，m 继续等待输入

6）输入数据类型不匹配的问题

在为程序中的变量输入数据时，如果类型不匹配，或者对输入流中的数据提取控制不当，都有可能导致程序运行错误，或者产生不可理解的运行结果。

程序按照 cin 语句中出现变量的先后次序，依次为相应的变量从输入流中提取数据，只有从键盘输入的数据类型正确，程序才能正确运行。否则，即使程序完全正确，但输入的数据有问题，程序也可能出现运行错误，出现预期之外的运行结果，甚至无法正常运行。

【例2-3】 如下程序,为不同类型变量m、n、x、c输入数据,表2.5中给出不同情况下,输入出错时的运行结果。

```
//ch2-3.cpp
#include <iostream>
using namespace std;
int main(){
    int m, n;
    double x;
    char c;
    cin >>m >>n >>x >>c;
    cout <<"m=" <<m <<"\tn=" <<n
        <<"\tx=" <<x <<"\tc=" <<c <<endl;
    return 0;
}
```

问题:表2.5中的输入能否正确地把4、5、12.234和X正确输入变量m、n、x和c中?

表2.5 不同情况下数据读取出错情况一览表

序号	键盘输入	运行结果				结果分析
1	4 5 X 12.234	m=4	n=5	x=0	c=	见表下分析①
2	4 X 12.234	m=4	n=0	x=3.98553e-317	c=	见表下分析②
3	X 4 12.234	m=0	n=16	x=7.32057e-317	c=	见表下分析③
4	12.234 4 5 X	m=12	n=0	x=7.64437e-317	c=	见表下分析④
5	12.234 X 4 5	m=12	n=0	x=8.22719e-317	c=	见表下分析②

分析①,第1种输入情况下,当运算符>>从输入流中提取了4和5分别给了变量m和n,接下来应当为x提取值,但输入流中下一个字符为'X',与x的类型(double)不符。遇到这种情况,就无法把当前提取的数据保存到变量x中。此时,C++并不报错,程序正常运行结束,但x和c均未得到预期结果。

分析②,在第2种输入情况下,运算符>>从输入流中正确提取了4保存到变量m中,接下来为n提取值时出错,根据情况①中的分析,变量n、x和c均未得到预期结果。

分析③,在第3种输入情况下,第1个数据提取就出错,字符'X'和变量m的类型不符,故变量m、n、x和c均不能得到预期结果。

分析④,同②类似,运算符>>需要先从输入流中提取一个整数,此时输入流中的前两个字符1和2均为整数的组成部分,但第3个字符(.)不是整数的一部分,此时根据②中的介绍,第1个数据的提取结束,正确地将12提取到变量m中。此后,运算符>>需要继续给下一个整型变量n提取值,但输入流中的下一个非空白字符为小数点(.),此字符不能转换为整数,与变量m的类型不符,提取出错,根据情况②中的分析,变量n、x和

c 均未得到预期结果。

从以上运行结果也能看出,程序中未初始化的变量,其值是不可预期的。

2. cin 通过函数读取数据

输入运算符>>从输入流中提取数据时,空白字符(包括空格、Tab 和回车键)是数据项之间的默认分隔符,任何空白字符都将被忽略。如下程序段,在任何输入的情况下,均不能为字符变量 c1 和 c2 输入空白值。

```
char c1, c2;
cin >>c1 >>c2;
```

由于空白字符是输入的默认分隔符,那么字符数组存储的字符串也可以从键盘输入,同样在使用运算符>>时,也不能得到包含空白字符的字符串。如下程序段,不能将"John Smith"输入字符数组中。

```
char name[20];
cin >>name;
```

此时,若要输入空白字符给指定的字符变量,将包含空白字符的字符串输入字符数组或 string 类型的对象(变量)均不能由输入运算符>>实现。

其实,cin 是一个功能强大的输入流类的对象,>>只是其中一个重载的运算符函数,用来输入各种 C++ 内置数据类型的值。除此之外,还有很多其他的成员函数,如 get、getline、read 等,具备读取空白字符,以及包含空白字符的字符串的能力。

1) 通过 get 函数输入空白字符

若定义了字符型(char 类型)变量 c,利用 cin 的成员函数 get 可以提取输入流中的任何字符给 c,包含空白字符(包括空格、Tab 和回车键),其用法如下:

```
c =cin.get();                          //函数原型:int get();
```

或

```
cin.get(c);                            //函数原型:istream& get(char& c);
```

其中,c 是 char 类型的变量,上述两种用法的 get 函数都将从输入流中提取当前字符并存入变量 c 中,不会略过任何字符,包括空白字符。

若同时为多个字符变量(c1, c2 …)输入任意字符,可以多次使用上述语句。也可以在一个 cin 语句中连续多次调用 get 函数,方法如下:

```
cin.get(c1).get(c2);
```

若"cin.get();"作为单独语句使用,则可略过输入流中的当前字符。在程序中使用时,可以暂停程序的运行,等待用户按任意键继续。

2) 通过 getline 函数输入包含空白字符的字符串

若定义了字符数组来存储字符串,则利用 cin 的成员函数 getline 可以提取输入流中包含任何字符(包括空白字符)的字符串,其函数原型形如:

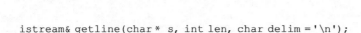

```
istream& getline(char * s, int len, char delim = '\n');
```

其中,s 是用来表示指向存储字符串数据的指针;len 表示存储区域的大小,表示从输入流中提取最大 len−1 个字符,因为 C 类型的字符串以字符'\0'为字符串结束标志,占用一个单独的存储单元;delim 表示提取字符串的结束标志,缺省该参数表示使用默认值'\n',即从键盘上输入了回车键,可以指定任何字符作为输入结束符。

getline 函数有两种结束方法:一种是输入的字符个数达到了 len,即输入流中字符个数不少于参数 len 指定的值,则该函数从输入流中提取 len−1 个字符;另一种方法是输入流中字符个数少于参数 len 指定的值,则函数以遇到指定的结束符 delim 结束。

```
char str[20];
cin.getline(str, 20);
```

此程序段,将从键盘输入一个可以包含空白字符的字符串,存储到数组 str 中,字符串长度最大为 19。若输入的字符个数多于 19 之后才按下回车键,则 getline 从输入流中提取前 19 个字符存储到 str 中,然后在其后存储一个字符串结束标志;若用户在输入的字符数目小于 19 时即按下了回车键,则输入结束,回车前的所有字符存入数组 str,并在其后存储一个字符串结束标志。若输入流中的第一个字符即为换行符,则该函数将得到一个空字符串。

【例 2-4】 用 getline 函数读取一行数据。

```
//ch2-4.cpp usage of function: getline()
#include <iostream>
using namespace std;
int main()
{
    char str[81];
    cout <<"Please   input:";
    cin.getline(str, 10);                      //cin.get(str, 10);
    cout <<"The result is:" <<str <<endl;
    return 0;
}
```

运行该程序,一种情况下的运行结果为

```
Please   input:Hi C++
The result is:Hi C++
```

程序运行结果表明,str 得到的字符串为"Hi C++ ",这说明 getline 函数从输入流中提取的字符虽然少于指定的数目,但遇到了默认指定的结束符(回车键),结束了数据的读取。

若运行该程序时,输入"I Love C++ !",则程序运行结果如下:

```
Please   input:I Love C++!
The result is:I Love C+
```

程序运行结果表明,str 得到的字符串为"I Love C+",这说明当输入流中的字符多于 getline 函数指定的字符数目时,getline 函数仅提取指定数目的字符,剩余的字符将被忽略。

cin 的成员函数 get 也能用来输入包含空白字符的字符串,其用法与 getline 函数完全相同。

3) cin 的成员函数 get 和 getline 的区别

cin 的成员函数 get 也能用来输入包含空白字符的字符串,并且用法与 getline 函数完全相同,即两者的参数表均形如:

```
(char * s, int len, char delim = '\n')
```

两者的区别体现在以下两个方面。

(1) 两者遇到输入超长情况的处理方式不同。

cin.get()当输入的字符串超过规定长度时,不会引起输入流错误,后面的 cin 操作会继续执行,并且直接从缓冲区中取数据。但是 cin.getline()当输入超过规定长度时,会引起 cin 函数的错误,后面的 cin 操作将不再执行。

当输入的字符数大于 len 时,则 get()函数只读取 len−1 个字符,而其余的字符仍然保存在缓冲区中,还可再对其进行读取。

函数 getline 则不然,getline 会设置失效位(failbit,通过调用 is.setstate(ios_base::failbit)实现),并且关闭输入流缓冲区,这时再调用 cin.get()和 cin.getline()是读取不到输入流中剩余字符的。可以调用 cin.clear()函数重置失效位,重新打开输入流。此时,get 和 getline 等函数就可以继续读取输入流中的其他字符。

(2) 两者读取结束时对结束符的处理方式不同。

在输入的字符串未超过规定长度时,两者都会在读取的字符串后面自动加上字符串结束标志'\0',但对结束符的处理不同。

cin.get()读取一行时,遇到换行符(或自定义结束符)时结束读取,但是不对换行符(自定义结束符)进行处理,换行符(自定义结束符)仍然保留在输入流中,并成为下一个待读取的字符。

cin.getline()读取一行字符时,遇到换行符(自定义结束符)时终止,并且将换行符(自定义结束符)直接从输入流缓冲区中删除,不会影响下面的输入处理。

4) 通过 read 函数输入一个指定长度的字符序列

cin 的成员函数 read 也能用来输入包含空白字符的一个字符序列,但不是 C 风格的字符串,提取结束后不在其后自动添加字符串结束标志,其函数原型形如:

```
istream& read(char * s, int len);
```

调用该函数时,将从输入流中提取指定长度的字符数目后,遇到输入流中的换行符才会结束,即用户只有输入的字符数目达到指定的字符个数后,再按下回车键,才能正确获得输入。

3. 使用 gcount 函数得到提取的字符数目

cin 的成员函数 gcount 用于返回上一次输入操作从输入流缓冲区中提取的字符数目,该函数返回一个整数值。该函数仅统计通过 cin 的成员函数 get、getline 和 read 等操作,而从输入流缓冲区中提取出的字符数目。不统计使用输入运算符>>提取的字符数目。

由于 cin 的成员函数 get 和 getline 在输入的字符串未超过规定长度时,对结束符的处理方式不同,get 函数将结束符保留在输入流中,而 getline 函数读取结束符并舍弃。在此情况下,两者从输入流缓冲区中读取的字符个数不同,可以通过 gcount 函数进行验证。

【例 2-5】 使用 gcount 函数得到读取的字符数目。

```
//ch2-5.cpp usage of function: gcount()
#include <iostream>
using namespace std;
int main()
{
    char str[20];
    cin.get(str, 20);
    cout <<"chars count:" <<cin.gcount() <<endl;
    cin.get();                              //丢弃缓冲区中的换行符
    cin.getline(str, 20);
    cout <<"chars count:" <<cin.gcount() <<endl;
    return 0;
}
```

```
C++
chars count:3
C++
chars count:4
```

图 2.2　函数 gcount
运行结果

运行该程序,若两次均输入 C++,则程序运行结果如图 2.2 所示。

4. 对输入流缓冲区处理的成员函数

输入流类 istream 提供多个成员函数用于对输入流缓冲区的数据进行处理,如舍弃输入流指定数据的成员函数 ignore、清空缓冲区的成员函数 sync 等。cin 是 C++ 预定义的标准输入流对象,也拥有相关的成员函数。

1) 成员函数 clear

前面提到,在使用 getline 函数输入时,若输入字符数目超过了规定的长度,getline 函数会通过调用成员函数 setstate,设置失效位(failbit),关闭输入流。若要重新打开输入流,就需要使用 clear 函数,重置失效位。

【例 2-6】 使用 getline 函数导致输入流关闭的情况。

```
//ch2-6.cpp usage of function: clear()
#include <iostream>
using namespace std;
```

```
int main()
{
    char str[20];
    cin.getline(str, 5);
    cout <<str <<endl;
    cin.clear();                              //设置失效位,重新打开输入流
    cin.getline(str, 20);
    cout <<str <<endl;
    return 0;
}
```

在此例中,若没有使用语句"cin.clear();",如果程序运行时输入"Study C++ !",则第一次调用 getline 函数可以正常读取缓冲区,但由于输入超过了 getline 函数指定的长度,从而导致输入流关闭,不再执行第二次 getline 函数的调用。此时需要通过执行 clear 函数,重新打开缓冲区,才可正确执行。若输入"Study C++ !",该程序正确运行结果如图 2.3 所示。

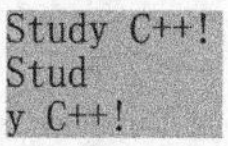

Study C++!
Stud
y C++!

图 2.3　clear 函数的作用

2) 成员函数 ignore

成员函数 ignore 用于舍弃输入流缓冲区中字符,其主要用法有如下 3 种。

(1) cin.ignore()。此时,将舍弃输入流缓冲区中的第一个字符。与 cin.get()效果相同,也与 C 库中的函数 getchar 效果相同。

在使用 getline 函数前,如果在上一条 cin 有遗留在输入流中的换行符'\n'时,getline 函数将得到一个空字符串。

【例 2-7】 若学生的信息由学号(int 类型)和姓名(C 风格字符串)组成,设计程序输入学生信息,并输出。

```
//ch2-7.cpp usage of function: ignore()
#include <iostream>
using namespace std;
int main()
{
    int m;
    cout <<"Please input your number:";
    cin >>m;                               //此处回车键作为输入结束标志
    char str[80];
    cout <<"Please input your name:";
    cin.ignore();                          //删除输入流缓冲区的换行符
    cin.getline(str, 20);
    cout <<"The number:" <<m <<endl;
    cout <<"Your name is:" <<str <<endl;
    return 0;
}
```

在程序中,若没有使用语句"cin.ignore();",如果程序运行时输入学号为10021,则程序运行结果如图 2.4 所示。

此时,输入流的当前字符为换行符,而在调用 getline 函数时,提取数据以换行符为默认结束符,故 name 得到一个空字符串。

如果在调用 getline 函数前,通过先执行 ignore 函数,删除缓冲区当前字符换行符,则 getline 函数执行时,输入流缓冲区为空,处于等待输入状态,用户可以进行正常输入。若学生学号为 10021,姓名为 John Smith,则该程序正确运行结果如图 2.5 所示。

```
Please input your number:10021
Please input your name:The number:10021
Your name is:
```

```
Please input your number:10021
Please input your name:John Smith
The number:10021
Your name is:John Smith
```

图 2.4　不使用 ignore 函数的运行结果　　　图 2.5　使用 ignore 函数的运行结果

(2) cin.ignore(int n)。用于舍弃输入流缓冲区中的前 n 个字符。

(3) cin.ignore(int n, char delim)。用于输入流缓冲区中的前 n 个字符或遇到结束符 delim 为止。如果前面由于使用 getline 函数输入超限,而导致输入流关闭时,使用 ignore 函数之前,需要先使用 clear 函数重新打开输入流缓冲区。

3) 使用成员函数 sync 清空输入缓冲区

成员函数 sync 的作用是清除输入缓冲区。成功时返回 0,失败时 badbit 会置位,函数返回 -1。在使用 get、getline、read 等函数时,若输入了过多的内容,且输入缓冲区中剩余的内容不是下一次需要提取的数据,此时可以使用 sync 函数清空缓冲区。

2.2.3　cout 与数据输出

cout 是 C++ 标准库 iostream 预定义的输出流对象,即 ostream 类的对象。使用时应包含头文件＜iostream＞,cout 主要用于向标准输出设备输出数据,这里的标准输出设备,指的是终端的显示器。在执行 cout 语句时,先在内存中开辟一段缓冲区,把需要输出的数据(字符序列)顺序存放在输出缓冲区中,直到输出缓冲区满或遇到 cout 语句中的 endl(或'\n'、ends、flush)为止,此时将缓冲区中已有的数据一起输出,并清空缓冲区。

1. cout 与输出运算符＜＜

cout 可以通过输出运算符＜＜向输出缓冲区中插入数据,cout 的一般用法如下:

```
cout <<value;
```

当程序执行到 cout 语句时,遇到输出运算符＜＜就将其后的值 value 送入输出缓冲区,cout 是流的目的地,并最终把 value 输出到显示器。

这里,＜＜是 cout 用于输出数据的运算符,称作输出运算符,也称作插入运算符,用于向输出流中插入数据。

与输入运算符＞＞类似,＜＜也是一个二元运算符,接受两个运算对象,左侧的运算对象必须是一个 ostream 类的对象,右侧的运算对象是要输出的值。此运算符将给定的值写到给定的 ostream 对象中。输入运算符的计算结果就是其左侧运算对象,即运算结果就是写入给定值的那个 ostream 对象。

cout << 等价于 cout.operator<<(),即调用 ostream 类的成员函数 operator<<()进行数据输出。

原则上,value 应该是 C++ 内置数据类型的值,如 int、char、float 或者 double 等,可以是常量、变量,也可以是表达式。但如果 value 是用户自定义数据类型的值,且用户针对该类型重载了输出运算符<<,则也可以使用 cout 进行数据的输出。

2. endl 和 ends

endl 和 ends 是 C++ 标准库中预定义的操纵符(manipulator),本质上是一个函数模板,包含于头文件<iostream>中,主要搭配 ostream 类的对象来使用,如 cout、cerr 等。

1) endl

endl 的意思是 end of line,表示一行输出结束,然后开始输出下一行。所以,写入 endl 的效果是结束当前行,并将与设备关联的缓冲区中的内容写到设备中,保证到目前为止程序所产生的所有输出都真实写入输出流中,而不是仅停留在内存中等待写入流。同时清空输出缓冲区。endl 有两种效果等价的用法。

① cout << endl;

② endl(cout);

执行 endl 操作相当于依次执行 cout.put('\n') 和 cout.flush(),即先调用 ostream 类的成员函数 put()输出一个换行符,然后接着调用其成员函数 flush()清空缓冲区。

2) ends

ends 用于向输出流序列中插入一个空字符('\0',注意不是空格),相当于执行 cout.put('\0'),用法与 endl 相同。

3. 不同类型数据的输出

cout 可以输出不同类型的值,输出运算符<<能够自动区分其后值的数据类型,并正确地将数据插入输出流中。

1) 字符类型数据的输出

字符类型的数据,包括字符常量、字符串常量、字符变量和字符串变量。对于字符常量和字符串常量,cout 按照字面值将它们原样输出。对于字符变量和字符串变量,cout 将它们存储的字符或字符串值输出。

2) 数值型数据的输出

数值型数据包括整型常量、浮点型常量、整型变量和浮点型变量。对于整型数据,无论是字面值常量、const 约束的变量,还是变量,默认情况下,输出时均按照十进制整数输出。对于浮点型常量和变量,输出时均以十进制浮点数输出,且结尾的 0 不输出,输出运算符<<能根据数据的大小及精度自动选择以定点小数还是科学记数法的形式输出。

3) 逻辑型数据的输出

对于逻辑型数据,无论是逻辑型字面值常量(C++ 关键字 true 和 false),还是逻辑型变量,默认情况下,输出时均按数值 1 或 0 输出。其中 1 表示 true,0 表示 false。

4. 一条 cout 语句可以输出多个数据

若程序中需要同时输出多个值,那么可以同时使用多个 cout 语句,也可以使用一个 cout 语句。一个连续输出多个值的 cout 语句可以写在一行上,也可以写在多行上。

```
cout <<12;
cout <<123.345;
cout <<0XAC;
cout <<0XACP3F;
cout <<01234567655LL;
```

等价于如下一条 cout 语句:

```
cout <<12 <<123.345 <<0XAC <<0XACP3F <<01234567655LL;
```

该语句也可以按如下方式写在多行上:

```
cout <<12 <<123.345 <<0XAC
     <<0XACP3F <<01234567655LL;
```

上述语句执行的结果均相同,输出结果如图 2.6 所示。

在使用 cout 输出多个数据时,各个数据之间没有默认的分隔符(空格、Tab 或换行符),多个值连续在一起依次输出,这样造成的问题就是用户无法从输出结果上区分这些值。所以,输出的多个数据之间一般要显式指定分隔符,即在输出流中指定的位置插入分隔符。如上例用 Tab 作为各个数据之间的分隔符,相应的 cout 语句按如下格式进行修改,程序运行结果如图 2.7 所示。

```
cout <<12 <<"\t" <<123.345 <<"\t"
     <<0XAC <<"\t" <<0XACP3F <<"\t"
     <<01234567655LL <<endl;
```

12123.3451721376175304621   12   123.345 172   1376   175304621

图 2.6　cout 输出多个值的运行结果   图 2.7　指定数据分隔的 cout 语句运行结果

【例 2-8】 不同类型多数据的输出。

```
//ch2-8.cpp
#include <iostream>
using namespace std;
int main()
{
    int a =123;
    unsigned long long m =023ULL;
    //下面两行输出二进制、八进制、十进制、十六进制的整数
    cout <<"Integers:" <<0B1010111 <<"\t" <<-0123L <<"\t"
```

```
            <<a <<"\t" <<-0X123 <<"\t";
    cout <<0X123ACDE12F123 <<"\t" <<m <<endl;
    long double x =123.456789234L;
    double y =123.45678E-2;
    //下面两行输出十进制、十六进制浮点数
    cout <<"Floats:" <<x <<" " <<123.45678E4 <<" ";
    cout <<y <<" " <<0X1.23P-20 <<" " <<0X123P24L <<endl;
    char c ='\112', str[20] ="C++";
    //以下输出的是字符类型的数据
    cout <<"Char and String:" <<'X' <<"\t" <<c <<"\t"
        <<u8"Hello" <<"\t" <<str <<endl;
    bool flag =true;
    //以下输出的是逻辑型的数据
    cout <<"Bools:" <<true <<"\t" <<false <<"\t" <<flag <<endl;
    return 0;
}
```

该程序输出了各种不同进制、不同类型的数值类型数据、字符类型的数据以及逻辑型的值,各数据之间有选择地以空格、Tab 或换行符为数据之间的分隔符,程序运行结果如图 2.8 所示。

```
Integers:87      -83        123        -291      320700343841059 19
Floats:123.457 1.23457e+06 1.23457 1.08406e-06 4.88217e+09
Char and String:X          J          Hello     C++
Bools:1 0        1
```

图 2.8　不同类型多数据的输出

从程序运行结果可以看出,数值型的数据默认均以十进制数输出,且能够自动识别其类型,浮点数能够根据数据大小及精度选择以定点数还是以科学记数法输出。

5. cout 用于输出数据的成员函数

cout 除了使用输出运算符<<进行输出之外,还可以使用成员函数 put 和 write 进行数据的输出,它们对输出的数据不做任何转换,均为无格式输出函数。

1) put 函数

put 函数用于向输出流中插入一个字符,此函数的函数原型形如"ostream& put (char c);"。该函数将字符 c 插入输出流中,返回值为输出流对象自身的引用。以下都是正确地使用该函数的方式。

```
cout.put('C') .put('+') .put('+') .put('\n');
cout.put('C') <<"++" <<endl;
```

2) write 函数

write 函数用于向输出流插入多个字符,此函数的函数原型形如"ostream& write (const char * s, int n);"。该函数需要两个参数,其中第一个参数是字符类型的指针,表示向输出流中插入字符序列的首地址;第二个参数表示向输出流中插入字符的个数。无论 s 所表示字符串的长度是多少,write 函数都向输出流中插入 n 个字符。该函数返回对输出流对象自身的引用。其用法和 put 函数类似,其中最经典的用法为

```
cout.write(str, strlen(str));
```

其中,第一个实参 str 是一个表示指向字符串的字符指针或字符数组的名字,此处也可以是一个字符串常量;第二个实参一般是第一个实参所表示字符串的实际长度。

2.2.4　输入输出格式控制

在程序运行过程中,通常需要按照一定的格式输出其运行结果,如设置数值精度,设置小数点的位置,设置输出数据宽度或对齐方式,按照指定的进制输出数据等。数据输出格式的设置是程序设计的一个重要内容,影响程序结果的清晰性和可读性。

ios_base 类是 C++ 所有流类的根基类,定义了 3 种用于格式控制的位掩码类型,分别用来表示数据输入输出格式化标志、输入输出错误状态标志和文件打开模式。这些掩码也包含了 C++ 中关于流控制的主要特征。

C++ 提供了许多控制数据输入输出格式的格式控制函数和操纵符,这些格式控制函数和操纵符都是在<iomanip>或<iostream>中定义的。

1. ios_base 中的格式化标志

格式化标志用于指定数据输入输出的格式,只有通过格式化设置函数才能使用它们。ios_base 类中预定义了 15 个常量(位掩码元素)来表示相应的格式化标志,每个格式化标志常量对应着某位上为 1、其他位上为 0 的一个整数。输入输出流提供的格式化标志常量如表 2.6 所示。

表 2.6　输入输出格式化标志常量一览表

格式化标志	作　用	对应整数值
ios_base::boolalpha	以字母方式输入输出逻辑型值,为 true 或 false	1
ios_base::dec	以十进制数输入输出整数	2
ios_base::fixed	浮点数以定点格式(小数形式)输出	4
ios_base::hex	以十六进制数输入输出整数	8
ios_base::internal	数值的符号位在域宽内左对齐,数值右对齐,中间由填充字符填充	16
ios_base::left	输出数据在域宽范围内左对齐,右侧填充指定字符	32
ios_base::oct	以八进制数输入输出整数	64
ios_base::right	输出数据在域宽范围内右对齐,左侧填充指定字符	128
ios_base::scientific	以科学记数法形式输出浮点数	256
ios_base::showbase	输出整数时,显示表示该数值的前缀,如 0 和 0x	512
ios_base::showpoint	输出浮点数时,强制显示小数点	1024

格式化标志	作 用	对应整数值
ios_base::showpos	输出非负数值型数据时,前面显示+	2048
ios_base::skipws	在执行输入操作时,跳过前置的空白字符	4096
ios_base::unitbuf	每次输出操作后刷新缓冲区	8192
ios_base::uppercase	输出时将某些字母以大写字母显示	16 384

C++ 对输入输出格式的控制就是通过设置表中的位掩码元素使之生效或取消其设置来实现的。

2. 用于格式控制的操纵符

C++ 流类库中的每个对象都维护着一个格式状态,控制着数据格式化操作的细节,如整型数据输入输出的基数、指定数据输出域宽度时的对齐方式、浮点型数据输出格式等。操纵符在流对象中的应用方式与数据相同,但它不会引起输入输出数据改变的操作,而是用来改变流对象的内部状态。

1) 格式控制操纵符

C++ 用于格式控制的常用操纵符如表 2.7 所示。

表 2.7 格式控制操纵符

操 纵 符	作 用	是否默认值
boolalpha	把逻辑值 true 和 false 输出为字符串	否
noboolalpha	把逻辑值 true 和 false 分别输出为 1 和 0	是
showbase	输出表示数制进制的前缀	否
noshowbase	不输出表示数制进制的前缀	是
showpoint	强制输出浮点数的小数点和尾数 0	否
noshowpoint	只有当小数部分存在时才输出小数点	是
showpos	在非负数前显示+	否
noshowpos	在非负数前不显示+	是
skipws	从输入流中提取数据时跳过空白字符,用于输入	是
noskipws	从输入流中提取数据时不跳过空白字符,用于输入	否
uppercase	十六进制数中使用 A~E。若输出前缀,则前缀输出 0X,科学记数法中输出 E 或 P	否
nouppercase	十六进制数中使用 a~e。若输出前缀,则前缀输出 0x,科学记数法中输出 e 或 p	是
unitbuf	每次输出之后刷新所有的流	否
nounitbuf	不是每次输出之后刷新所有的流	是

【例 2-9】　逻辑值数据输入输出格式的设置,输入输出均要求以字符串 true 和 false 表示逻辑值的"真"和"假"。

```
//ch2-9.cpp usage of manipulater: boolalpha
#include <iostream>
using namespace std;
int main()
{
    bool b1, b2;
    cin >>boolalpha >>b1 >>b2;                //设置输入格式
    cout <<boolalpha <<"b1=" <<b1 <<endl;   //设置输出格式
    cout <<"b2=" <<b2 <<endl;
    cout <<endl;
    return 0;
}
```

设置每个格式控制操纵符,仅对此后的操作生效,再设置其他格式控制对其他已经设置的格式没有影响,直到取消其设置。对输入格式的设置,对设置输出格式没有影响,即输入输出格式控制需要分开设置。

2) 数制基数操纵符

主要针对整型数据的输入输出,设置数据输入输出的基数,C++ 支持的基数操纵符如表 2.8 所示,用来支持八进制、十进制以及十六进制格式整数的输入与输出。

表 2.8　基数操纵符

操　纵　符	作　　用	是否默认值
dec	以十进制进行数据的输入与输出	是
oct	以八进制进行数据的输入与输出	否
hex	以十六进制进行数据的输入与输出	否

默认情况下,整型数据的输入与输出均为十进制整数,可以通过表中列出的数制基数操纵符,改变输入输出数据的基数。

3) 对齐方式操纵符

主要是对数据输出时的显示格式进行对齐方式上的设置,C++ 支持的对齐方式操纵符如表 2.9 所示。

表 2.9　对齐方式操纵符

操　纵　符	作　　用	是否默认值
left	输出数据在域宽范围内向左对齐,右边由填充字符填充	否
right	输出数据在域宽范围内向右对齐,左边由填充字符填充	是
internal	数值的符号位在域宽内左对齐,数值右对齐,中间由填充字符填充	否

对齐方式操纵符一般与设置输出域宽度的操作结合使用。在不设置数据输出域宽度的情况下,设置对齐方式没有意义。

4) 浮点数操纵符

浮点数操纵符是对浮点型数据进行显示格式设置的操作,C++支持的浮点数操纵符如表 2.10 所示。

表 2.10　浮点数操纵符

操　纵　符	作　　　用	是否默认值
fixed	以固定格式(小数形式)输出浮点数	否
scientific	以科学记数法格式输出浮点数	否
hexfloat	以十六进制格式输出浮点数	否
defaultfloat	以默认格式输出浮点数	是

需要注意的是,浮点数操纵符 fixed 是以固定格式输出浮点数,小数点后保留 6 位; scientific 以十进制科学记数法输出浮点数,其中尾数部分小数点前 1 位,小数点后 6 位; hexfloat 是以十六进制格式输出浮点数,且以科学记数法格式输出,操纵符 hexfloat 和 fixed 互斥,两者若先后在程序中出现,则以后者为准,前者的设置自动失效;defaultfloat 将取消前面所有设置,以默认格式输出浮点数,保留 6 位有效数字。

【例 2-10】　浮点数操纵符的应用。

```cpp
//ch2-10.cpp usage of float manipulators
#include <iostream>
using namespace std;
int main()
{
    double x =0.0123001111;
    cout <<x <<endl;                           //defaultfloat
    cout <<uppercase <<scientific <<x <<endl;
    cout <<hexfloat <<fixed <<x <<endl;     //hexfloat 无效
    cout <<fixed <<hexfloat <<x <<endl;     //fixed 无效
    cout <<showpos <<defaultfloat <<x <<endl;
    return 0;
}
```

程序运行结果如图 2.9 所示。

```
0.0123001
1.230011E-02
0.012300
0XC.98667BA58BEDP-10
+0.0123001
```

图 2.9　浮点数操纵符
应用结果

3. 用于格式控制的成员函数

除了使用上面的各种操纵符控制数据的输入输出外,还可以通过成员函数来对格式控制标志进行设置。

1) 成员函数 setf

输入输出流类的成员函数 setf 用于对输入输出格式标志进行设置,使之生效。setf

函数有两种用法。

(1) 仅接受一个参数的 setf 函数。

仅接受一个参数的 setf,所接受的参数为表 2.6 中列出的格式化标志常量或几个格式化标志常量的组合。该函数将指定的格式化标志打开,使之处于生效状态。如设置整数以十六进制输出,可以使用如下调用语句。

```
cout.setf(ios_base::hex);
```

设置整数以十六进制输出且显示数制基数做前缀,可以使用如下语句:

```
cout.setf(ios_base::hex | ios_base::showbase);
```

(2) 接受两个参数的 setf 函数。

仅接受一个参数的 setf 函数,可能引起混淆,由于整数默认的输出格式是十进制,也就是默认 ios_base::dec 状态处于打开状态。如果使用 setf(ios_base::hex)设置以十六进制格式输出,此时会设置 ios_base::hex 标志,但不会清除 ios_base::dec 标志位,从而导致不确定的行为。

为了解决这一问题,可以使用接受两个参数的 setf 函数,其中第一个参数为需要设置的格式化标志常量,第二个参数为格式化域常量。C++ 针对整数基数、对齐方式、浮点数格式的标志位设置,定义了 3 个格式化域常量,表 2.11 列出了这些常量及其值。此时设置以十六进制格式输出整数,可以使用如下语句:

```
cout.setf(ios_base::hex, ios_base::basefield);
```

表 2.11　格式化域常量

格式化域常量	值
ios_base::basefield	ios_base::oct｜ios_base::dec｜ios_base::hex
ios_base::adjustfield	ios_base::left｜ios_base::right｜ios_base::interval
ios_base::floatfield	ios_base::fixed｜ios_base::scientific

2) 成员函数 unsetf

使用成员函数 unsetf 可以关闭某个格式化标志,或一组格式化标志,用法同一个参数的 setf 函数。此函数的参数既可以是格式位常量,也可以是格式化域常量。

4. 宽度、填充和精度设置的成员函数

流基类 ios_base 中除了上述的设置输入输出格式控制的操纵符和函数外,还有设置输出域宽度、填充字符以及浮点数输出精度等的成员函数,宽度、填充和精度设置函数如表 2.12 所示。

表中列出的 3 对函数,用法相同,不带参数的函数得到当前设置的值;带参数的函数用来设置相关的值,并返回上一次设置的值。需要注意的是,对 width 函数,当参数为 0 时,往流中插入一个值的结果是,生成表示这个值所需要的最少字符数。参数为正整数时,表示向流中插入一个值,至少会产生参数所规定数量的字符。如果插入数据的字符数小于设定的宽度,则用填充字符填充空余位置。即使指定的宽度小于实际插入数值的宽度,也不会出现数据截断的情况,仍会正常输出该值。

表 2.12　宽度、填充和精度设置函数

函 数 原 型	作　　用
int width()	返回当前输出域宽度,默认为 0
int width(int n)	设置下一次输出域宽度,并返回先前(上一次设置)的输出域宽度值
int fill()	返回当前填充字符,默认为空格
int fill(int n)	设置以后输出的填充字符,并返回先前的填充字符
int precision()	返回当前浮点数精度,默认值为 6 位
int precision(int n)	设置以后输出浮点数的精度,并返回先前(上一次设置)的精度

precision 函数用于得到和设置浮点数的精度,此函数设置的精度指的是有效数字的位数,而不是指小数点后的位数。

通过 width 函数设置输出域的宽度,仅对下一次输出的数据有效,对多个数据按指定的宽度输出,则在输出每个值之前均需使用该函数进行宽度的设置。而精度和填充字符的设置对以后的输出均有效,直到下一次重新设置。

5. 用于格式控制的操纵符函数

通过输入输出类的成员函数可以进行相关的输入输出格式的控制,C++ 还定义了多个控制输入输出格式的操纵符函数。可以像格式控制操纵符一样,在输入输出流中作为数据来使用它们。

1) setiosflags 函数

此函数用于设置格式控制标志位的状态,接受一个参数,该参数可以是一个格式化标志常量或几个格式化标志常量的组合,用于设置指定的格式控制标志,使之处于打开状态。该函数是通过输入输出流类的 setf 函数实现的。

2) resetiosflags 函数

此函数用于取消 setiosflags 函数设置的格式控制。

3) setbase 函数

此函数用于设置输入输出整数的基数,接受一个整型的参数(参数值限用 8、10 和 16)。

4) setfill 函数

此函数接受一个字符型的参数,用于设置填充字符,一般和设置输出域宽度的 setw 函数结合使用。

5) setprecision 函数

此函数接受一个整型的参数,用于设置输出浮点数时的有效数字位数。

6) setw

此函数接受一个整型的参数,用于设置输出域的宽度,该函数仅对下一个输出数据有效,对多个值设置输出域宽度,需要在输出每个值之前分别设置其输出宽度。

【例 2-11】　请读者自行分析以下程序的运行结果。

```cpp
//ch2-11.cpp
#include <iostream>
#include <iomanip>
using namespace std;
int main()
{
    cout <<showpos <<setw(8) <<123 <<   456 <<endl;
    cout <<hex <<setiosflags(ios::left)
        <<setw(8) <<123 <<456 <<endl;
    cout <<setw(8) <<123 <<setw(8) <<456 <<endl;
    cout <<uppercase <<setfill('#') <<setw(8) <<123
        <<setw(8) <<456 <<endl;
    cout <<setfill('@') <<resetiosflags(ios::left)
        <<setw(8) <<123 <<setw(8) <<456 <<endl;
    return 0;
}
```

2.2.5　字符串数据的输入与输出

字符串是计算机程序中用得非常多的一种数据,用来表示文本数据。在 Word 文档的编辑、文字的查找与替换,使用搜索引擎从互联网进行数据的检索等都是对字符串进行处理。C 语言中,没有字符串类型,一般采用 char 类型的指针和数组对字符串进行处理,称为 C 风格字符串。C++ 内置的基本数据类型中,也没有字符串类型,很多情况下对字符串处理也采用 C 语言风格字符串。

在 C++ 标准模板库(STL)中提供了一种基于模板技术实现的字符串类——string,可以像使用 C++ 内置的基本类型 int、float 等一样使用它。对 string 类型的字符串可以使用运算符“+”进行字符串的连接,使用关系运算符进行比较。可以使用 string 类的成员函数进行字符串的查找、替换、求子串、求长度等操作,从而使得对字符串的使用更加便捷。

使用 string 类应包含头文件<string>,一般采用如下几种形式定义 string 类的对象。

```cpp
string s1;                //定义空字符串 s1
string s2("Hello");       //定义字符串 s2,并用指定的字符串常量初始化
string s3(s2);            //定义字符串 s3,并用 s2 初始化
string s4 =s2;            //定义字符串 s4,并用 s2 初始化
string s5(5, 'a');        //定义字符串 s5,并用 5 个'a'初始化,即"aaaaa"
```

2.3 文件流和文件操作

文件是指存储在外部存储介质上(如磁盘、光盘等)的数据的集合。按存储方式可以将文件分为文本文件和二进制文件。文本文件在磁盘上存放相关字符的 ASCII 码,所以也称为 ASCII 文件。二进制文件在磁盘上存储相关数据的二进制编码,是把内存中的数据,按其在内存中的存储形式,原样写到磁盘上而形成的文件。

文本文件和二进制文件最显著的一个区别是对待回车换行符的处理方式。在文本方式下,输入流中的回车和换行符会被处理成字符'\n',输出流中的'\n'则被转换成回车和换行两个字符。但在二进制方式下,不会进行回车、换行与'\n'之间的转换。

2.3.1 文件和文件流

C++ 将文件看作一个个字符在磁盘上的有序集合,用流来实现文件的读写操作。C++ 用来建立文件流对象的类有 fstream、ifstream 和 ofstream,它们都是从 ios_base 类派生而来的,可以直接访问 ios_base 类定义的各种操作。其中,ifstream 是输入文件流类,用于创建输入文件流对象;ofstream 是输出文件流类,用来建立输出文件流对象;fstream 则能够建立输入输出文件流对象,可以对文件实施读与写双向操作。用流实现对文件的读写操作,首先必须包含头文件<fstream>,一般还需要经过下面 4 个阶段。

1. 建立文件流

为了通过流实现对文件的操作,首先应建立文件流对象,建立文件流对象的方式如下:

```
ifstream fin;
ofstream fout;
fstream finout;
```

上面定义了 3 个文件流对象 fin、fout 和 finout。其中,输入文件流对象 fin,用于读取文件中的数据;输出文件流对象 fout,用于向文件中写入数据;输入输出文件流对象 finout,既能从文件中读数据,又能将数据写入文件。

2. 打开文件

文件流对象被建立后,必须与磁盘上的文件关联起来,才能读写磁盘文件中的数据。使用文件流类的成员函数 open 可以将文件流对象与磁盘文件相关联,称作打开文件。打开文件函数 open 的函数原型:

```
void open(const char * s, ios_base::openmode mode);
```

或

```
void open(const string& s, ios_base::openmode mode);
```

此函数接受两个参数,其中第一个参数为需要打开的文件名,可以是 C 风格字符串,也可以是 C++ string 类的对象,可以包含完整的磁盘路径;第二个参数是文件打开模式,这里的 ios_base::openmode 是一个位掩码类型,是 C++ 标准预定义的一些标志位常量,其主要元素如表 2.13 所示。

表 2.13　文件打开模式

文件打开模式	作　　用
ios_base::app	以写方式打开文件,写在文件结尾
ios_base::ate	打开文件时定位到结尾位置
ios_base::binary	以二进制方式打开文件并进行读写,一般与其他打开模式组合使用
ios_base::in	以读方式打开文件,若文件不存在,则打开失败
ios_base::out	以写方式打开文件,若文件不存在则新建
ios_base::trunc	打开已有文件时清空其内容,若文件不存在则新建

在实际应用中,根据需要,往往将几种模式组合在一起使用,如以二进制方式打开文件读取文件数据,则可以使用组合模式:ios_base::binary | ios_base::in。

文件是否成功打开,是后续对文件操作的关键。文件流类提供成员函数 is_open 来判断文件是否打开,该函数不需要参数,返回 bool 类型的值,若返回值为 true,则文件已打开,否则文件打开失败。

3. 读写文件内容

在成功打开文件后,就可以对文件进行读写操作了。由于文件流类是从输入输出类继承过来的,输入输出流类的读写操作同样也可以应用到对文件的读写上。可以使用输入输出运算符>>和<<进行读和写操作,如对上面定义的文件流对象 fin 和 fout,可以像使用标准输入输出对象 cin 和 cout 一样来使用。也可以使用 get、getline、read 等函数从文件中读取数据,使用 put、write 等函数向文件写入数据。

4. 关闭文件

文件操作结束后,需要使用文件流类的成员函数 close 关闭文件,关闭文件其实就是断开文件流对象与磁盘文件的关联。如果是写文件,关闭文件时会将文件缓冲区中的数据写入磁盘。关闭文件后,文件流对象依然存在,可以用它再次打开其他文件。

2.3.2　文件读写

文件具有顺序读写(也称作顺序访问或顺序存取)和随机读写(也称作随机访问或随机存取)两种方式。顺序读写就是按照从前到后的顺序依次对文件进行读写操作。随机读写也称作直接读写,可以在指定的任意位置对文件进行读写操作。无论是文本文件还是二进制文件都可以进行这两种方式的读写。

文件的顺序读写相对较简单,使用输入输出流提供的输入输出运算符和基本的流读写函数即可完成。

随机读写利用 C++ 流类提供的文件位置指针操作函数在文件中移动指针,指向要读写的文件位置,然后从该位置读取或写入指定字节数目的数据块,就实现了文件的随机读写。

由于随机读写不需要从文件开始位置顺序读写前面的数据,可以直接把文件位置指针定位到指定位置并进行文件数据的读写,故能快捷地查找、修改和删除文件中的数据。

1. 随机读文件

输入流 istream 类中定义了 3 个成员函数用来操作输入文件位置指针,其函数原型及功能如表 2.14 所示。

表 2.14　随机读文件位置指针操作函数原型及功能

函 数 原 型	功　　能
istream& seekg(long pos);	将读文件位置指针定位到距离文件开始第 pos 字节处
istream& seekg (long off, ios_base∷seekdir dir);	从指定位置定位文件位置指针,ios_base∷seekdir 用于指定移动指针的起始位置
long tellg()	返回文件位置指针的当前位置

这里的 ios_base∷seekdir 是一个枚举类型,是 C++ 标准预定义的一些标志位常量,用来表示定位文件位置指针的起始位置,seekdir 枚举元素如表 2.15 所示。

表 2.15　seekdir 枚举元素

seekdir 枚举元素	意　　义
ios_base∷beg	文件起始位置
ios_base∷cur	当前位置指针所在位置
ios_base∷end	文件结尾位置

2. 随机写文件

与 istream 类相似,输出流 ostream 类中也定义了 3 个成员函数用来操作输出文件位置指针,其函数原型及功能如表 2.16 所示。

表 2.16　随机写文件位置指针操作函数原型及功能

函 数 原 型	功　　能
ostream& seekp(long pos);	将写文件位置指针定位到距离文件开始第 pos 字节处
ostream& seekp (long off, ios_base∷seekdir dir);	从指定位置定位文件位置指针,ios_base∷seekdir 用于指定移动指针的起始位置
long tellp()	返回文件位置指针的当前位置

这里的 ios_base::seekdir 的含义与表 2.14 中相同。

2.4　小　　结

数据是计算机程序进行加工处理的对象,本章首先介绍了 C++ 语言对数据的描述机制,即 C++ 语言的数据类型,以及对 C++ 字面值常量及字面值常量数据类型的确定,然后介绍了 C++ 进行数据输入输出的基本操作方法以及对文件的读写。

第3章

chapter 3

C++ 基础

C++ 是 C 语言的超集,它保留了 C 语言的绝大部分特征。C 语言中所有的数据类型、运算符、表达式以及程序语句、函数等在 C++ 程序中仍然可用。C++ 在支持 C 语言面向过程的结构化程序设计的基础上,引入了面向对象程序设计的语言机制,并对 C 语言的某些特征进行了扩展。同时在很多方面,增加了很多新的特性。

本章主要介绍 C++ 语言对 C 语言非面向对象方面的扩展,包括函数重载、初始化列表、constexpr、类型转换、指针、引用、自动类型推断、函数和命名空间等内容。

3.1 变量及运算

在程序中,变量提供一个有名字的、可供操作的存储空间,通过程序代码可以对其进行读、写和处理。C++ 中的每个变量都有数据类型,数据类型决定了变量所占存储空间的大小和布局、该变量所能存储的值的范围以及该变量能参与的运算。在面向对象程序设计中,变量一般也称为对象,指一块能存储数据并具有某种类型的内存空间。

3.1.1 变量定义及其初始化

C++ 程序中的变量必须先定义后使用,定义变量时必须指定变量的类型和变量的名称,一般按照如下形式定义变量。

```
type-name variable;
```

也可以一次定义多个同类型的变量,例如:

```
type-name variable1, variable2, …, variablen;
```

其中,type-name 可以是 C++ 语言内置的基本类型,也可以是用户自定义的任意类型,variable、variable1、variable2 和 variablen 等为变量名。

1. C++ 变量与标识符

定义 C++ 的变量要满足标识符的命名规则,C++ 的标识符由字母、数字和下画线组成,其中必须以字母或下画线开头。标识符的长度没有限制,但区分大小写。

　　C++ 语言保留了一些名字,包括表 3.1 所列的 C++ 的关键字以及表 3.2 所列的 C++
运算符替代名,仅供语言本身使用,这些名字不能被用作标识符。

表 3.1　C++ 的关键字

名　称				
alignas	continue	friend	register	true
alignof	decltype	goto	reinterpret_cast	try
asm	default	if	return	typedef
auto	delete	inline	short	typeid
bool	do	int	signed	typename
break	double	long	sizeof	union
case	dynamic_cast	mutable	static	unsigned
catch	else	namespace	static_assert	using
char	enum	new	static_cast	virtual
char16_t	explicit	noexcept	struct	void
char32_t	export	nullprt	switch	volatile
class	extern	operator	template	wchar_t
const	false	private	this	while
constexpr	float	protected	thread_local	
const_cast	for	public	throw	

表 3.2　C++ 运算符替代名

名　称					
and	bitand	compl	not_eq	or_eq	xor_eq
and_eq	bitor	not	or	xor	

　　同时,C++ 也为标准库保留了一些名字。用户自定义标识符中不能连续出现两个下
画线,也不能以下画线紧连大写字母开头。此外,定义在函数体外的标识符不能以下画
线开头。

2. 变量初始化与变量赋值

　　变量在使用之前要有确定的值,变量的值一般通过初始化和赋值两种方式得到。对
C++ 内置数据类型来说,C++ 编译器一般不对新定义的变量进行初始化操作(称为默认
初始化),其值是未知的,即未初始化或赋值的变量,其值是不确定的。

　　变量初始化和变量赋值是两种不同的操作,初始化不是赋值。定义变量的同时为变
量提供一个初始值,称为变量初始化。变量定义后,通过赋值语句为变量提供值,称为赋

值。赋值的含义是用一个新值来代替对象的当前值。

C++ 语言定义了几种不同的变量初始化形式,这也反映了初始化问题的复杂性。若已经正确定义了整型变量 count,则将 count 初始化为 5 的实现方式一般有如下 4 种。

(1) int count = 5;

这是一种沿用了 C 语言的定义,在定义变量的同时,通过使用赋值运算符"="为变量初始化的方式,是一种对 C++ 内置数据类型常用的初始化方式。这种变量初始化的方式很容易让人误解为变量的初始化就是赋值。

这种初始化方式,原则上要求赋值运算符"="两侧的类型一致,否则需要进行数据类型的隐式转换(见 3.1.4 节)。通过赋值运算符"="实现的变量初始化,实质上是一种复制初始化,是通过值的按位复制实现的。

(2) int count(5);

这是标准 C++ 支持的对象初始化方式,将初始化的值写在定义对象时对象名后面的一对圆括号中,这种初始化方式称为直接初始化。如果自定义的类类型需要多个值初始化时,此时不能使用复制初始化方法,可以使用直接初始化方法来实现。

(3) int count = {5};　　　　//列表初始化

(4) int count{5};　　　　　　//省略赋值运算符的列表初始化

以上两种初始化方式称为列表初始化,列表初始化原来主要用于 C 和 C++ 对数组或结构体变量的初始化。C++ 11 标准将列表初始化方式扩展到了 C++ 的任意数据类型。现在,无论是初始化对象还是某些时候为对象赋新值,都可以使用这样一组花括号括起来的初始值。

当列表初始化应用于 C++ 语言内置类型时,这种初始化形式有一个很重要的特点:当使用列表初始化且初始值存在丢失信息的风险时,如下程序段,则编译器会报错。

```
long double ld = 3.14159265358979;
int a{ld}, b = {ld};          //错误
```

上述使用列表初始化方式初始化变量 a 和 b 时,是使用 long double 类型的值初始化 int 类型的变量,可能会丢失数据(要截断小数部分,而且 int 也可能存不下 long double 的整数部分),所以编译器拒绝了 a 和 b 的初始化请求。

3. 左值与右值

C++ 所有的表达式不是左值(lvalue),就是右值(rvalue)。左值可以位于赋值运算符的左侧,而右值不可以。

在 C++ 中,左值和右值很难区分。一个左值表达式的求值结果是一个对象或一个函数,然而以常量对象为代表的某些左值实际上不能作为赋值运算符的左侧运算对象。此外,虽然某些表达式的求值结果是对象,但它们是右值而非左值。可以按照如下方式进行简单理解:当对象被用作右值时,用的是对象的值(内容);当对象被用作左值时,用的是对象的身份(内存地址)。

不同的运算符对运算对象的要求各不相同,有的需要左值运算对象,有的需要右值

运算对象;返回值也有差异,有的结果是左值,有的结果是右值。左值和右值遵循的一个重要原则是在需要右值的地方都可以使用左值来代替,但是不能把右值当成左值来使用(即需要左值的地方,不能用右值去代替)。当一个左值被当成右值使用时,实际使用的是它的值(内容)。

1)用到左值的运算符

到目前为止,有几种常用的运算符要用到左值。

(1)赋值运算符。赋值运算符需要一个左值作为其左侧的运算对象,得到的结果仍然是一个左值。

(2)取地址运算符。取地址运算符是一个一元运算符,作用于一个左值运算对象,返回一个指向该运算对象的指针,这个指针是一个右值。

(3)自增(自减)运算符。自增(自减)运算符也是一元运算符,需要一个左值作为运算对象,用于改变对象的状态(对内置类型来说是对象的值递增或递减),所得结果往往也是左值(对自定义的类,也可以得到右值)。

(4)解引用运算符、下标运算符的运算结果也都是左值。

2)左值和右值的区别

左值有持久的状态,在其生存期内一直占用所分配的内存。右值要么是字面值,要么是在表达式求解过程中建立的临时对象。

3)变量都是左值

变量可以看作是只有一个运算对象而没有运算的表达式,虽然很少这样看待变量。类似其他任何表达式,变量表达式也有左值或右值属性。变量表达式都是左值。

3.1.2　常量表达式和 constexpr

程序中的某些数据如果自始至终保持不变,称为常量,如圆周率、欧拉数以及黄金比例等。在具体应用中,由于不同时期应用程序对结果精度的要求不一样,这样就会根据实际需要调整常量的值。所以,这样的常量如果直接以字面值的形式出现在程序中,会降低程序的可读性和可维护性。

1. const 对象

如果可以定义一种变量,它的值不能被改变。一旦此值不满足实际需要时,可以很容易进行调整,同时还能在程序中修改这个值。此时,可以使用 const 关键字对变量的类型加以限定。

C++ 中的关键字 const 是一个类型限定符,可以将一个对象限定为只读的,在程序运行期间不能修改。

```
const double pi =3.14159;              //设定圆周率的值
```

这样就把 pi 定义成了 const 对象,相当于一个常量,任何试图为 pi 赋值的行为都是错误的。因为 const 对象一旦创建其值就不能再发生改变,所以 const 对象必须初始化,其初始化值可以是任意复杂的表达式。

```
const int ci =5;                        //正确,编译时初始化
const int cj =getvalue();               //正确,运行时初始化
int k;
cin >>k;
const int ck = k +5;                    //正确,运行时初始化,以后 k 的值不影响 ck
const int m;                            //错误,m 是一个未经初始化的 const 对象
```

1) const 对象与字面值常量相比的优势

(1) const 对象是一个只读的变量,有名字,适当的名字能反映其含义,提高程序的可读性。

(2) 若 const 对象的值不再适合,可以很方便地进行调整,调整一次即可。可以提高程序的可维护性。

(3) const 对象的值可以在运行时初始化,即在运行时确定,可以提高程序的可扩展性。

(4) const 对象比字面值常量的值类型更明确,涉及计算时更方便,结果更精确。

2) const 对象的作用域

在函数内定义的 const 对象具有局部作用域;在函数外定义的 const 对象,默认具有文件作用域,即仅在该文件内有效。

对于以编译时初始化方式定义的 const 对象,编译器在编译过程中把用到该变量的地方都替换成对应的值。为了执行这样的替换,编译器必须知道变量的初始值。如果程序包含多个文件,则每个用到 const 对象的文件都必须要能访问到它的初始值才行。要做到这一点,就必须在每一个用到变量的文件中都有对它的定义。为了支持这一用法,同时避免对同一变量的重复定义,默认情况下,const 对象被设定为仅在当前文件中有效。当多个文件中出现了同名的 const 变量时,其实等同于在不同的文件中分别定义了独立的变量。

如果需要在多个文件间共享 const 对象,必须在定义和声明该 const 对象时都加上 extern 关键字。

2. 常量表达式

常量表达式是指值不会发生改变并且在编译过程中就能计算出结果的表达式。显然,字面值属于常量表达式,用常量表达式初始化的 const 对象也是常量表达式。

一个对象或表达式是不是常量表达式由它的数据类型和初始值共同决定,例如:

```
const int size =20;                     //size 是常量表达式
const int max_size =size +100;          //max_size 是常量表达式
int line_size =80;                      //line_size 不是常量表达式
const int total =getvalue();            //total 不是常量表达式
```

虽然初始化 line_size 的初始值 80 是字面值常量,但由于它的类型只是一个普通 int 类型而非 const int,所以它不是常量表达式。total 本身是一个 const 对象,但它的具体值要在运行时才能得到,所以它也不是常量表达式。

3. constexpr 对象

在一个复杂系统中,很难也几乎不可能分辨一个初始值到底是不是常量表达式。当然可以定义一个 const 变量并把它的初始值设为人们认为的某个常量表达式,但在实际使用时,尽管要求如此却经常发现初始值并非常量表达式的情况。也就是说,在此情况下,对象的定义和使用完全就是两回事。

C++ 11 标准规定,可以将对象声明为 constexpr 类型,以便由编译器验证对象的值是否是一个常量表达式。通过这种方法可以获得编译时常量,即声明为 constexpr 的对象一定是一个常量,而且必须用常量表达式进行初始化。

```
constexpr int size =20;                    //size是常量表达式
constexpr int max_size =size +100;         //max_size+100是常量表达式
constexpr int total =getvalue();           //是否正确取决于函数 getvalue
```

不允许使用普通函数初始化 constexpr 对象,但 C++ 允许定义 constexpr 函数(C++ 11 标准增加,见 3.5.7 节),此函数应该足够简单以使得编译时就可以计算其结果,这样就可以通过 constexpr 函数初始化 constexpr 对象。所以,只有当函数 getvalue 是 constexpr 函数时,total 的声明才正确。

一般来说,如果认定某个对象是常量表达式,就要把它声明为 constexpr 类型。

3.1.3　处理类型

随着程序越来越复杂,程序中用到的数据类型也越来越复杂,这种复杂性体现在两个方面:一是一些类型的名字既难记又容易写错,难于拼写,还无法明确体现其真实目的和含义;二是有时候根本搞不清到底需要的类型是什么,不得不回头从程序的上下文中寻求帮助。

1. 类型别名

类型别名(type alias)是一个名字,是另外某种数据类型的同义词。使用类型别名有很多好处,它可以让复杂的类型名称看起来更简单明了、易于理解和使用,还有助于更清楚地知道使用该类型的真实目的。

1) 使用关键字 typedef 定义类型别名

typedef 为 C++ 语言的关键字,其作用是为一种数据类型定义一个新名字。这里的数据类型可以是 C++ 内置的数据类型(int、char 等),也可以是用户自定义的数据类型(struct、class 等)。使用关键字 typedef 定义类型别名的方法:

```
typedef type-name alias;
```

关键字 typedef 作为声明语句的基本数据类型的一部分出现。含有 typedef 的声明语句定义的不再是变量而是类型名,是指定数据类型名字的类型别名。与其他的声明语句相同,这里的声明符也可以包含类型修饰,从而也能由基本数据类型构造出来复合类型。例如：

```
typedef unsigned long long ull;
typedef ull m, * p;
```

这里,ull 是 unsigned long long 的同义词,然后又定义了一个 ull 的同义词 m,所以 m 也是 unsigned long long 的同义词。p 是 unsigned long long * 的同义词。

2) 使用关键字 using 定义类型别名

C++ 11 引入了一种新的方法,使用别名声明(alias declaration)来定义类型的别名,通过使用 using 关键字实现,用法为

```
using alias =type-name;
```

其中,using 关键字作为声明类型别名的开始,其后紧跟别名和等号,其作用是把等号左侧的名字规定为等号右侧类型的别名。上面使用 typedef 声明类型别名的方法也可以使用 using 实现。

```
using ull =unsigned long long;
using m =ull;
using p =unsigned long long *;
```

2. auto 类型说明符

编程时常常把表达式的值赋值给变量,这就要求在声明变量时清楚地知道表达式的类型,然而要做到这一点并不容易,有时甚至根本无法做到。为此,C++ 11 引入了 auto 类型说明符,用它声明变量的类型,由编译器自动分析表达式所属的类型。和以前那些只对应一种特定类型的说明符(int、double 等)不同,auto 让编译器通过表达式的值来推断出变量的实际类型。显然,auto 定义的变量必须有初始值。

```
auto x =a +b;                          //x初始化为 a 和 b 相加的结果
```

此时,编译器将根据 a 和 b 相加的结果来推断 x 的类型。如果两个变量的类型都是 int,则 x 的类型就是 int。

如果 a 和 b 类型不同,则会进行隐式数据类型转换。若 a 为 double 类型,b 为 int 类型,则 x 的类型就是 double。

使用 auto 也可以在一条语句中声明多个变量。因为一条声明语句只能有一个基本数据类型,所以该语句中所有变量的基本数据类型都必须是一样的。

```
auto i =0, * p =&i;                    //i是 int 类型,p 是 int 型指针
auto si =0, pi =3.14;                  //错误
```

3. decltype 类型说明符

编程时,有时候也希望从表达式的类型推断出要定义的变量的类型,但是又不想用该表达式的值初始化此变量。为满足这一要求,C++ 11 引入了另一种类型说明符

decltype,它的作用是选择并返回操作数的数据类型。在此过程中,编译器会分析表达式并得到它的类型,却不计算此表达式的值。decltype 类型说明符的用法如下:

```
decltype(expression) identifier;
```

其中,expression 可以是任意表达式,identifier 是根据表达式 expression 的类型定义的变量。

```
decltype(f()) var;                    //var 的类型就是函数 f 的返回类型
```

执行此语句,编译器并不实际调用函数 f,而是使用调用发生时函数 f 的返回值类型作为 var 的类型。

```
const int ci =0, &cj =ci;
decltype(ci) x =2;                    //x 是 const int 类型
decltype(cj) y =x;                    //y 是 const int& 类型,并用 x 初始化
```

3.1.4　类型转换

对象的类型定义了对象能包含的数据和能参与的运算,其中一种运算被大多数类型支持,即将对象从一种给定的类型转换为另一种相关的类型。

当在程序的某处使用了一种类型,而实际上对象应该取另外一种类型时,程序会自动进行类型转换。

1. 赋值时的类型转换

将一种算术类型的值赋给另外一种类型时,会发生数据类型的隐式转换,有可能会出现数据被截断的情况。

```
bool b =33;                           //b 为 true
int i =b;                             //i 的值为 1
i =3.14159;                           //i 的值为 3
double pi =i;                         //pi 的值为 3.0
unsigned char c1 =-1;                 //假设 char 占 1 字节,c1 的值为 255
signed char c2 =256;                  //假设 char 占 1 字节,c2 的值是未定义的
```

类型所能表示的值的范围决定了转换的过程。

(1)当把一个非逻辑型的值赋值给逻辑型对象时,初始值为 0 则结果为 false,否则结果为 true。

(2)当把一个逻辑值赋值给非逻辑型对象时,初始值为 false 则结果为 0,否则结果为 1。

(3)当把一个浮点数赋给整型对象时,小数部分会截断,仅保留整数部分。当整数部分足够大时,精度有可能丢失。

(4)当把一个整数赋给浮点型对象时,小数部分记为 0。如果整数过大,精度可能损失。

（5）当给无符号类型一个超出它表示范围的值时，结果是初始值对无符号类型表示数值总数取模后的余数。例如，8 位的 unsigned char 可以表示 0~255 的值，如果赋给一个超出范围的值—1，则得到该值对 256 取模的余数 255。

（6）当赋给带符号类型一个超出它表示范围的值时，结果是未定义的。此时，程序可能发生意想不到的错误。

当在程序的某处使用了一种算术类型的值而实际所需的是另一种类型的值时，编译器同样会执行上述的类型转换。

```
int i =31;
if(i) i =0;                         //if 条件表达式的值为 true
```

如果 i 的值为 0，则条件表达式的值为 false；i 的所有其他取值（非 0）都将使条件为 true。

以此类推，如果把一个逻辑值用在算术表达式里，则它的取值非 0 即 1，所以尽量不要在算术表达式中使用逻辑值。

2. 含有无符号类型的表达式

尽管写程序时不会故意给无符号类型的对象赋一个负值，却可能写出这样的代码，并且非常容易会出现这种情况。当一个表达式中既有无符号类型的数又有 int 类型的值，此时 int 值就会转换为无符号数。把 int 转换为无符号数的过程和把 int 直接赋值给无符号对象一样。

```
unsigned u =10, uu =20;
int i =-42;
cout <<i +i <<endl;                 //输出-84
cout <<u +u <<endl;                 //输出 20
cout <<u +i <<endl;                 //若 int 占 4B,输出 4294967273
cout <<u -uu <<endl;                //若 int 占 4B,输出 4294967286
```

在第 3 个输出表达式里，相加前首先把—42 转换为无符号数，把负数转换为无符号数类似于直接给无符号数赋一个负值，结果等于这个负数加上无符号数的模。第 4 个输出表达式中，两个无符号数做减法运算，结果仍然是无符号数，处理方式和第 3 个输出表达式相同。

3.2 指 针

指针（pointer）是一种"指向（point to）"另外一种类型的复合类型。指针实现了对其他对象的间接访问。

3.2.1 指针的概念

指针用于存放一个对象在内存中的地址，通过指针能够间接地操作这个对象。指针的典型用法是建立链接的数据结构,如树(tree)和链表(list)。指针同时也管理在程序运行过程中动态分配的对象,或者用于函数参数,以便传递数组或大型的类对象。指针的定义形式如下:

```
T * p;
```

对于类型 T(如 int、double 和 char 等),p 是一个指向 T 类型变量的指针。指针本身也是一个变量,它存放的是其所指变量的内存地址。一个类型为 T * 的指针变量能够保存一个类型为 T 的对象的地址。

定义指针时,* 在类型和指针名之间的位置是灵活的,以下几个定义语句是完全等价的。

```
T * p;    T * p;    T * p;
```

指针是一个复杂的概念,它能够指向(保存)不同类型变量的内存地址。如果在一条语句中定义了几个指针变量,则每个变量前面都必须有符号 *。

```
int * ip1, * ip2;              //ip1 和 ip2 是指向 int 型对象的指针
double d, * dp2;               //dp2 是指向 double 型对象的指针,d 是 double 型变量
```

1. 获取对象的地址

指针存放的是某个对象的地址,要想获取该地址,需要使用取地址运算符(&)。

```
int ival = 23;
int * p = &ival;
```

这里,p 存放变量 ival 的地址,或者说 p 是指向变量 ival 的指针。所有指针的类型都要和它所指向的对象的类型严格匹配。如果指针指向了一个其他类型的对象,则对该对象的操作将发生错误。

```
double dval;
double * dp = &dval;          //正确
int * ip = &dval;             //错误
```

2. 指针的值

指针的值(即内存地址)应属于下列 4 种状态之一。
(1) 指向一个对象。
(2) 指向紧邻对象所在存储空间的下一个位置。
(3) 空指针。
(4) 无效指针,也就是上述 3 种情况之外的其他值。

试图复制或以其他方式访问无效指针的值都将引发错误。编译器并不负责检查此类错误,这和试图使用未初始化的变量是相同的原理。访问无效指针的后果是无法预料的,因此,写程序时必须要清楚所给的指针是否有效。

尽管第 2 种和第 3 种形式的指针是有效的,但它们的使用同样受限。这些指针显然没有指向任何具体对象,所以试图访问此类指针(假定有)对象的行为是不允许的。如果这么做了,后果也是无法预计的。

3. 指针的运算

如果指针指向了一个对象,则允许使用解引用运算符(＊)来访问该对象。对指针解引用会得出指针所指的对象,因此如果给解引用的结果赋值,就是给指针所指的对象赋值。

```
int ival = 23;
int * p = &ival;
cout << * p;                //由解引用运算符 * 得到指针 p 所指的对象,输出 23
* p = 10;                   //由 * 得到指针 p 所指的对象,即可经 p 为变量 ival 赋值
cout << * p;                //输出 10
```

对指针的解引用操作仅适用于那些确实指向了某个对象的有效指针。

4. 空指针

指针值为 0 的指针称作空指针,空指针不指向任何对象,在试图使用一个指针之前应首先检查它是否为空。得到空指针的方法有 3 种。

```
int * p = 0;                //根据空指针的定义
int * p = NULL;             //应包含头文件<cstdlib>  #define NULL 0
int * p = nullptr;          //nullptr 是 C++11 引入的指针类型的字面值常量
```

得到空指针最直接的方法就是使用字面值 nullptr 来初始化指针。nullptr 是一种特殊类型的字面值,它可以被转换为任意其他的指针类型。C++ 建议使用 nullptr 初始化一个空指针,不建议使用 NULL。同时不能把 int 变量直接赋值给指针,即使这个 int 变量的值为 0。

```
int zero = 0;
int * p = zero;             //错误,不能把 int 变量直接赋值给指针
```

5. void ＊ 指针

void ＊ 是一种特殊的指针类型,被称为通用指针,可用于存放任意对象的地址,即可以指向任何类型的数据。一个 void ＊ 指针存放着一个地址,这点和其他指针类似。不同的是,不能直接对 void ＊ 指针解引用,因为 void ＊ 只是表明相关的值是一个地址值,并不能确定 void ＊ 指针究竟指向了什么类型的对象。没有类型信息,故不能操作 void ＊ 指针指向的对象。

```
int ival, * ip = &val;
void * vp = &ival;          //正确,void ＊ 能存放任意类型对象的地址
vp = ip;                    //正确
```

void＊的主要用途是做函数的参数和函数返回值。做函数参数时，表示该参数可以接受任意类型的指针，然后在函数内部将其转换为需要的类型。做函数返回值时，表示该函数返回一个与类型无关的指针，并在需要时对该内存区域进行类型转换。如 C 语言中内存分配的函数 malloc 和 calloc，返回类型就是 void＊。

6. const 和指针

const 是一个类型限定符，用来将一个对象限定为只读的，使得其值在程序运行期间不能修改。const 可以与指针结合，由于指针涉及"指针对象本身和指针所指的对象"，因此它与 const 的结合也比较复杂，可以分为以下几种情况。

1) 指向常量的指针

在指针定义前加 const，表示指针指向对象的值不能修改（相当于所指向的对象是常量）。

```
const T * p;
```
或
```
T const * p;
```

指针 p 所指的对象是常量，指针 p 本身是变量，可以指向不同的对象。

```
const int a =23;              //a 是一个 const 对象（常量），其值不能修改
const int * cp =&a;
* cp =40;                     //错误，不能给 * cp 赋值
```

前面提到，指针的类型必须与其所指对象的类型一致。这里有个例外，允许用一个指向常量的指针指向非常量对象。

```
int b =32;
const int * cpb =&b;          //正确，但不能通过 cpb 改变其所指对象 b 的值
* cpb =30;                    //错误，不能给 * cpb 赋值
```

指向常量的指针没有规定其所指的对象必须是一个常量。所谓指向常量的指针仅仅要求不能通过该指针改变对象的值，而没有规定那个对象的值不能通过其他途径改变。但 C++ 规定，非指向常量的指针不能指向常量，即任何一个"企图将一个非 const 对象的指针指向一个常量对象"的动作都将引起编译错误。

```
const int b =30;
int * pb =&b;                 //错误，非指向常量的指针不能指向常量
```

指向常量的指针常被用作函数参数，从而限制函数通过指针修改实参对象的值。如下函数实现的字符串复制操作，把形参 src 定义成了指向常量的指针，它所指向的对象就成了常量，任何操作都无法对它指向的对象进行改变了。这样就保护了被复制对象的安全性。

```
void mystrcopy(char * dest, const char * src){
```

```
        while( * dest++= * src++);
}
```

2) 指针常量

指针本身是一个对象,可以在指针定义语句的指针对象名前加 const,表示指针本身是常量,从而指针本身的值不能修改。但指针常量必须在定义时初始化,定义指针常量的方法如下:

```
T * const cp =&obj;              //obj 是 T 类型的对象
```

指针常量仅限定指针对象自身为常量,并规定其所指向的对象不能为常量。

3) 指向常量的指针常量

可以定义一个指向常量的指针常量,即定义的指针对象本身是常量,且其所指的对象也是常量。由于指针本身是常量,所以它必须在定义时进行初始化。

```
const T * const cp =&obj;         //obj 是 T 类型的变量
```

指向常量的指针常量既可以指向 const 对象,也可以指向非 const 对象,无论指向 const 对象还是非 const 对象,均不能通过指针修改其所指对象的值。

```
const int ca =10;
int b =20;
const int * const cp1 =&ca;      //正确
const int * const cp2 =&b;       //正确
* cp2 =30;                       //错误,试图修改 b 的值
b =30;                           //正确,b 为变量
```

3.2.2　new 和 delete

在 C++ 中,可以为对象静态分配存储空间,即编译器在处理程序源代码时分配内存;也可以动态分配内存空间,即在程序运行时调用库函数来分配内存。这两种内存分配方式的主要差异在于效率和灵活性。静态内存分配在程序执行之前进行,因而效率较高,但缺乏灵活性,因为它要求在程序执行之前就知道所需内存的大小和类型。

系统为每个程序提供了一个在程序执行时可用的内存空间,这个内存空间被称为空闲存储区或堆(heap),运行时的内存分配就称为动态内存分配。C 语言通过使用库函数 malloc、calloc、realloc 和 free 实现动态内存的分配和释放。C++ 语言通过运算符 new 和 delete 进行动态存储空间的管理,使用更简便。

1. new

运算符 new 在堆上动态分配空间,创建对象,并返回对象的地址。由于在堆上分配的内存是无名的,所以需要将 new 返回的地址保存在指针变量中,以便间接访问堆上的对象。使用运算符 new 动态分配内存的表达式有 3 种。

1) T * p = new T;

用来分配一个 T 类型存储单元的存储空间,只分配堆内存,并不进行任何初始化操作。运算符 new 能够根据 T 的类型自动计算分配的内存大小,不需要用运算符 sizeof 来计算。若分配成功,会将得到的堆内存的首地址存放在指针变量 p 中。

2) T * p = new T(tval);//tval 为 T 类型的值

用来分配一个 T 类型存储单元的存储空间,并用 T 类型的值 tval 进行初始化。若缺省 tval,则采用值初始化(对 C++ 内置类型初始化值为 0,但对用户自定义类型并不总是这样)。

(1) 动态分配 const 对象。

可以用一个字面值常量值或变量值或默认值或 const 对象,初始化一个动态分配的指向常量的指针(const 对象)。

```
const int * p1 =new const int();           //初始化值为 0
const int * p2 =new const int(123);         //初始化值为 123
int a =123;
const int * p3 =new const int(a);           //用变量 a 值初始化
const string * ps =new const string();      //初始化值为空串
```

上式用 new 分配内存的语句中,运算符"="右边的 const 可以省略。

(2) 在 new 表达式中使用 auto 自动推断类型。

如果使用 new 时,提供了用圆括号括起来的初始值,此时可以使用 auto 根据初始值来推断想要分配的对象的类型。C++ 规定,只有当圆括号中仅有一个初始值时才能使用 auto。

```
auto * p =new auto(obj);                     //p 指向一个与 obj 类型相同的对象
```

(3) 分配失败的情况。

虽然现在的计算机都配有足够大的内存,但自由内存空间被分配耗尽的情况还是有可能发生的。一旦一个程序用光了它所有可用的内存,new 表达式就会失败。默认情况下,new 不能分配所要求的存储空间,就会抛出一个类型为 bad_alloc 的异常,但可以通过改变使用 new 的方式来阻止它抛出异常。

```
int * p1 =new int;                           //如果分配失败,则 new 抛出 bad_alloc 异常
int * p2 =new (nothrow) int;                 //若分配失败,new 返回一个空指针
```

3) T * p = new T[n];

用来分配具有 n 个元素的对象数组,n 为分配的对象的数目,这里 n 为非负整数值,并返回指向第一个对象的指针。这种动态分配的数组,一般称为动态数组。

```
int size =10;
int * p1 =new int[size];                     //根据 size 的值确定分配多少个 int
```

方括号中的值必须是整型值,但不要求是整型常量值。

也可以用一个表示数组类型的类型别名来分配一个数组,这样,在 new 表达式中就

不需要方括号了。

```
typedef int arrT[10];
int * pa =new arrT;
```

上述语句中,new 分配一个长度为 10 的 int 数组,并返回指向第一个 int 数组的指针。虽然此语句中没有使用方括号[],但编译器在执行时仍然使用 new[],即编译器执行的语句形式为

```
int * pa =new int[10];
```

① 分配一个数组会得到一个元素类型的指针。

用 new 分配一个数组时,并未得到一个数组类型的对象,而是得到一个数组元素类型的指针。即使使用类型别名定义了一个数组类型,new 也不会分配一个数组类型的对象。

② 可以使用列表初始化动态数组。

默认情况下,new 分配的对象,不管是单个分配的还是数组中的,都是默认初始化的(如内置类型都是未初始化的,STL 类型的 string 类型默认为空 string)。可以使用不包含任何值的一对圆括号对数组中的元素进行值初始化(C++ 内置类型初始化为 0,STL 类型采用默认初始化)。

```
int * ipa1 =new int[10];            //10个未初始化的 int 数组
int * ipa2 =new int[10]();          //10个值初始化为 0 的 int 数组
string * psa1 =new string[10];      //10个空 string 数组
string * psa2 =new string[10]();    //10个空 string 数组
```

C++ 11 允许使用列表初始化方式为动态数组初始化,只需要将初始化的值放在 new[] 后面的一对花括号中。

```
int * ipa3 =new int[5]{0, 1, 2, 3, 4};
```

与内置数组对象的类别初始化相同,列表初始化优先用来初始化动态数组中开始部分的元素。当列表中值的数目小于数组长度时,剩余元素将进行值初始化。如果列表中值的数目大于数组长度时,编译器一般在编译时直接以报错处理。

③ 允许动态分配一个空数组。

在分配动态数组时,可以用任意的整型表达式来确定要分配的对象的数目。C++ 不允许定义一个大小为 0 的静态数组,但可以用 new 分配一个大小为 0 的动态数组。

当用 new 分配一个大小为 0 的动态数组时,new 返回一个合法的非空指针,此指针保证与 new 返回的其他任何指针都不相同。它相当于数组中最后一个元素后面那个存储单元的地址。可以用此指针进行比较操作,可以将此指针加上(或减去)0,也可以从此指针减去自身从而得到 0。但不能引用此指针,因为它毕竟不指向任何对象。

2. delete

堆上的存储空间在使用完之后必须释放,否则会造成内存泄漏。使用运算符 new 分

配的空间需要使用运算符 delete 释放。

1) 释放用 new 分配的单个对象

释放用 new 分配的单个对象,需要使用运算符 delete。delete 运算符接受一个指针,此指针指向想要释放的对象,且此指针必须是用 new 动态分配的。

```
delete p;                              //p 必须指向一个动态分配的对象或是一个空指针
```

表达式 delete p 主要指向两个操作:销毁给定的指针 p 指向的对象,释放对应的内存。delete 的指针 p 必须指向动态分配的内存,或者是一个空指针。释放一块非 new 分配的内存,或者将相同的指针值释放多次(编译器不能分辨一个指针所指向的内存是否已经被释放),其行为是不可预料的。

执行 delete p 运算后,指针 p 的值就变为无效了。虽然指针已经无效,但在很多机器上指针仍然保留着(已经释放了的)动态内存的地址。在 delete 之后,指针 p 并不是空指针,就成了所谓的"悬挂指针(dangling pointer)",即 p 称为指向一块曾经保存数据对象但现在已经无效的内存的指针。

解决指针悬挂的一种方法是在释放了该指针指向的内存后,将该指针赋给一个空指针值 nullptr。这虽然不能完全解决问题,在一定程度上也是一种比较有效的方法。

```
int * p =new int;
auto q =p;
delete p;
p =nullptr;                            //此时 q 仍然悬挂
```

2) 释放用 new 分配的动态数组

释放用 new 分配的动态数组的方式:

```
delete[] pa;                           //pa 必须指向用 new 分配的动态数组或是一个空指针
```

此语句用来销毁指针 pa 指向的数组中的元素,并释放对应的内存。数组中的元素按逆序销毁,即最后一个元素首先被销毁,然后是倒数第二个,以此类推。

这里,一对空方括号[]是必需的,它指示编译器此指针指向一个对象数组的第一个元素。如果使用上述语句释放动态数组时,忽略了方括号,其行为是未定义的,可能造成不可预期的结果。

3.2.3　智能指针

在程序中,虽然使用动态内存可以根据运行时数据的类型和大小分配内存,但动态内存的使用很容易产生一些问题,因为很难确保在正确的时间释放内存。如果忘了释放内存,就会使内存泄漏。如果在尚有指针引用内存的情况下就释放了它,会产生引用非法内存的指针。如果使用已经释放了内存的指针,则出现悬挂指针问题。

为了更容易、也更安全地使用指针,C++ 11 的标准库提供了两种智能指针类型来管理动态对象。智能指针的行为类似常规指针,重要的区别是它负责自动释放所指向的对象。这两种智能指针的区别在于管理底层指针的方式:shared_ptr 允许多个指针指向同一个对象;unique_ptr 则"独占"所指向的对象。标准库还定义了名为 weak_ptr 的伴随类,它是一种弱引用,指向 shared_ptr 所管理的对象。这 3 种类型的指针都定义在 memory 头文件中。

智能指针是基于模板设计的,需要创建一个智能指针时,必须提供额外的信息——指针可以指向的类型。智能指针的定义形式如下:

```
x_ptr<T>p1;                    //S1
x_ptr<T>p2(p1);                //S2,适用于 shared_ptr
x_ptr<T>p3(new T(x));          //S3
```

其中,x_ptr 代表智能指针,可以是 shared_ptr、unique_ptr 或 weak_ptr,T 可以是任何数据类型。S1 定义了可以指向 T 类型对象的空智能指针 p1;S2 定义了指向 T 类型的指针 p2,并且使用 S1 中定义的指针 p1 对其进行初始化,即 p2 复制了 p1 的内容;S3 定义了指向 T 类型的智能指针 p3,并用 new 为它分配了动态内存,并且此内存已用 x 初始化(分配的动态内存初始化不是必需的)。

1. auto_ptr

auto_ptr 是 C++ 11 之前标准 C++ 支持的独占智能指针,它具有 unique_ptr 的部分特性,但不是全部。此指针在 C++ 11 中已舍弃,但在 C++ 11 和 C++ 14 中仍是标准库的一部分,从 C++ 17 开始仅保留此名字,已彻底从标准库中删除,不能再在程序中使用。

2. shared_ptr

智能指针 shared_ptr 允许多个指针指向同一个对象。

```
shared_ptr<int>p1;             //指向 int 的 shared_ptr
shared_ptr<string>p2;          //指向 string 的 shared_ptr
shared_ptr<int>p3(new int(123));
```

此语句用来定义指向 int 的 shared_ptr,并用 123 初始化 int 对象。

```
shared_ptr<int>p4(p3);
```

此语句用来指向 int 的 shared_ptr,并用 p3 初始化,与 p3 指向同一个对象。

智能指针的使用方式和普通指针类似。使用解引用运算符作用于一个智能指针返回它指向的对象。如果在一个条件中使用智能指针,效果就是检测它是否为空。

```
if(p2 && p2->empty())
    * p2 ="Hello";
```

该程序段判断流程:如果 p2 不为空,检查它是否指向一个空 string;如果 p2 指向空 string,则解引用 p2,将一个新值赋给 p2 所指向的对象。

智能指针 shared_ptr 和 unique_ptr 有很多共同的操作,也有各自独有的操作。表 3.3 列出了 shared_ptr 和 unique_ptr 共同支持的操作,表 3.4 列出了 shared_ptr 独有的操作。

表 3.3　shared_ptr 和 unique_ptr 共同支持的操作

操 作	功 能
shared_ptr<T> sp unique_ptr<T> up	定义空智能指针,可以指向类型为 T 的对象
p	将 p 作为一个条件判断,若 p 指向一个对象,则为 true
* p	解引用 p,得到它指向的对象
p->mem	等价于(* p).mem
p.get()	返回 p 中保存的指针
swap(p, q) p.swap(q)	交换 p 和 q 中的指针

表 3.4　shared_ptr 独有的操作

操 作	功 能
make_shared<T>(*args*)	返回一个 shared_ptr,指向一个动态分配的类型为 T 的对象,并使用 *args* 初始化此对象
shared_ptr<T>p(q)	p 是 shared_ptr q 的副本。此操作会递增 q 中的计数器。q 中的指针必须能转换成 T *
p = q	p 和 q 都是 shared_ptr,所保存的指针必须能相互转换。此操作会递减 p 的引用计数,递增 q 的引用计数;若 p 的引用计数变为 0,则将其管理的原内存释放
p.unique()	若 p.use_count()为 1,返回 true,否则返回 false
p.use_count()	返回与 p 共享对象的智能指针数量。可能很慢,主要用于调试

1) make_shared

make_shared 函数是一个标准库函数,是最安全的分配和使用动态内存的方法。此函数在动态内存中分配一个对象并为其初始化,返回指向此对象的 shared_ptr。与智能指针一样,make_shared 函数也定义在头文件 memory 中。

在调用 make_shared 函数时,必须指定想要创建的对象的类型,使用方法如下:

```
shared_ptr<T>p1 =make_shared<T>(tval);
```

其中,T 为创建的对象的类型,tval 为 T 类型的值。make_shared 函数为 T 类型的对象动态分配存储空间,并用 tval 的值进行初始化;该函数返回一个 shared_ptr,然后将返回值赋值给 shared_ptr<T>类型的对象 p1。

为简便起见,在程序中往往用 auto 定义的一个对象来保存 make_shared 的结果。

```
auto p =make_shared<int>();        //对象的值初始化为 0
```

2) shared_ptr 的复制和赋值

当进行复制或赋值操作时,某个 shared_ptr 都会记录有多少个其他 shared_ptr 指向了相同的对象(包括它自己)。

```
auto p =make_shared<int>(24);      //此时 p 指向的对象只有 p 一个引用者
auto q(p);                         //p 和 q 指向同一个对象,此时此对象有两个引用者
```

可以认为每个 shared_ptr 都有一个与之关联的计数器,通常称其为引用计数。无论何时执行了复制 shared_ptr 操作,计数器都会递增。例如,当用一个 shared_ptr 初始化另一个 shared_ptr,或者将它作为参数传递给一个函数以及作为函数的返回值时,它所关联的计数器的值都会递增。当给 shared_ptr 重新赋予一个新值或者 shared_ptr 被销毁,计数器就会递减。

一旦一个 shared_ptr 的计数器变为 0,它就会自动释放自己管理的对象。可以使用 shared_ptr 的成员函数 use_count 得到计数器的值。

```
auto p =make_shared<int>(24);      //p 指向新建对象
cout <<p.use_count() <<endl;       //输出 1
auto q(p);                         //p 和 q 指向相同的对象
cout <<p.use_count() <<endl;       //输出 2
auto r =make_shared<int>(10);      //r 指向新建对象
r =q;                              //r 和 p、q 指向同一个对象
cout <<p.use_count() <<endl;       //输出 3
```

3) shared_ptr 自动销毁所管理的对象

当指向对象的最后一个 shared_ptr 被销毁时,shared_ptr 会自动销毁此对象(通过类的一个特殊的成员函数——析构函数实现)。

当动态对象不再被使用时,shared_ptr 会自动释放动态对象,这一特性使得动态内存的使用变得非常容易。

```
auto p =make_shared<int>(24);
auto q(p);
auto r =make_shared<int>(10);
r =q;
```

此程序段最后一行将 q 赋值给 r,此时 r 被赋予了一个新值,它原来所指的对象不再被使用,此时智能指针 shared_ptr 会自动释放其内存。

3. unique_ptr

一个 unique_ptr 以独占的方式"拥有"它所指向的对象。与 shared_ptr 不同,某个时刻只能有一个 unique_ptr 指向一个给定的对象。当 unique_ptr 被销毁时,它所指向的对象也被销毁。表 3.5 列出了 unique_ptr 独有的操作,它与 shared_ptr 相同的操作在表 3.3 中列出。

表 3.5 unique_ptr 独有的操作

操　　作	功　　能
unique_ptr<T> u1 unique_ptr<T, D> u2	空 unique_ptr,可以指向类型为 T 的对象。u1 会使用 delete 来释放它的指针;u2 会使用一个类型为 D 的可调用对象来释放它的指针

续表

操　　作	功　　能
unique_ptr<T，D> u(d)	空 unique_ptr，可以指向类型为 T 的对象，用类型为 D 的对象 d 代替 delete
u = nullptr	释放 u 指向的对象，将 u 置空
u.release()	u 放弃对指针的控制权，返回指针，并将 u 置空
u.reset()	释放 u 指向的对象
u.reset(q) u.reset(nullptr)	如果提供了内置指针 q，令 u 指向这个对象；否则将 u 置空

与 shared_ptr 不同，没有类似 make_shared 的标准库函数返回一个 unique_ptr。当在程序中定义一个 unique_ptr 时，需要将其绑定到一个 new 返回的指针上。与 shared_ptr 类似，初始化 unique_ptr 必须采取直接初始化形式。

```
unique_ptr<double>p1;            //p1 可以指向一个 double 的 unique_ptr
unique_ptr<int>p2(new int(24)); //p2 指向一个值为 24 的 int 值
```

由于一个 unique_ptr 拥有它指向的对象，因此 unique_ptr 不支持普通的复制或赋值操作。

```
unique_ptr<int>p1(new int(24));
unique_ptr<int>p2(p1);          //错误,unique_ptr 不支持复制
unique_ptr<int>p3;
p3 =p1;                         //错误,unique_ptr 不支持赋值
```

虽然在程序中不能复制或赋值 unique_ptr，但可以通过调用 release 或 reset 将指针的所有权从一个（非 const）unique_ptr 转移给另一个 unique_ptr。

```
unique_ptr<int>p1(new int(24));
unique_ptr<int>p2(p1.release());
```

这里，release 返回 unique_ptr 当前保存的指针并将其置空。因此，p2 被初始化为 p1 原来所保存的指针，而 p1 被置空，即将对对象（值为 24）的所有权由 p1 转移给了 p2。也就是说，现在 p1 所保存的指针是一个空指针，p2 指向原来 p1 所指向的对象，该对象的值为 24。

```
unique_ptr<int>p3(new int(30));
p2.reset(p3.release());
```

调用 release 会切断 unique_ptr 和它原来所管理的对象之间的联系。release 返回的指针常被用来初始化另一个智能指针或给另一个智能指针赋值。上面的语句中，reset 释放了 p2 原来指向的内存，release 将 p3 置空，并将 p3 的所有权转移给了 p2，即现在 p2 指向了原来 p3 所指向的对象，对象的值为 30，而 p3 不再指向此对象，并由 release 将 p3 置空。

```
p2.release();                    //有缺陷,返回的指针被丢失
```

调用 release 仅用来切断 unique_ptr 和它原来所管理的对象之间的联系。并不会释放内存,而且会导致指针丢失。

```
auto p =p2.release();            //然后在后续操作中使用 delete 释放 p
```

4. weak_ptr

weak_ptr 是一种不控制所指向对象生存期的智能指针,它指向由一个 shared_ptr 管理的对象。表 3.6 列出了 weak_ptr 的主要操作说明。将一个 weak_ptr 绑定到一个 shared_ptr 不会改变 shared_ptr 的引用计数。一旦最后一个指向对象的 shared_ptr 被销毁,对象就会被释放。即使由 weak_ptr 指向对象,对象也还是会被释放。因此,weak_ptr 的名字就是抓住了这种智能指针弱共享对象的特点。

表 3.6　weak_ptr 的主要操作

操　作	功　能
weak _ptr<T> w	空 weak _ptr,可以指向类型为 T 的对象
weak_ptr<T> w(sp)	与 shared_ptr sp 指向相同对象的 weak_ptr。T 必须能转换为 sp 所指向的类型
w = p	p 可以是一个 shared_ptr 或一个 weak_ptr。赋值后 w 与 p 共享对象
w.reset()	将 w 置空
w.use_count()	与 w 共享对象的 shared_ptr 的数量
w.expired()	若 w.use_count() 为 0,返回 true,否则返回 false
w.lock()	如果 w.expired() 为 true,返回一个空 shared_ptr;否则返回一个指向 w 的对象的 shared_ptr

当创建一个 weak_ptr 时,要用一个 shared_ptr 来初始化它:

```
auto p =make_shared<int>(24);
weak_ptr<int>wp(p);              //wp若共享 p,p 的引用计数未改变
```

这里 wp 和 p 指向相同的对象。由于弱共享,创建 wp 不会改变 p 的引用计数;wp 指向的对象可能被释放掉。

由于对象可能不存在,所以不能使用 weak_ptr 直接访问对象,而必须调用 lock。此函数检查 weak_ptr 指向的对象是否仍存在。若存在,则 lock 返回一个指向共享对象的 shared_ptr。与任何其他 shared_ptr 类似,只要此 shared_ptr 存在,它所指向的底层对象就会一直存在。

```
if(shared_ptr<int>np =wp.lock()){      //如果 np 不为空,则条件成立
    //在 if 中,np 与 wp 共享对象
}
```

这里,只有当 lock 调用返回 true 时才会进入 if 语句体内。在 if 中,使用 np 访问共享对象是安全的。

3.2.4 数组与指针

在 C++ 语言中,指针和数组有非常紧密的联系,使用数组的时候编译器一般会把它转换成指针。

1. auto、decltype 与数组

一般情况下,使用取地址运算符(&)来获取指向某个对象的指针,取地址符可用于任何对象。数组的元素也是对象,对数组使用下标运算符得到该数组指定位置的元素。因此像其他对象一样,对数组的元素使用取地址符就能得到指向该元素的指针。

```
int nums[] ={1, 3, 8, 11};              //数组元素是 int 对象
string s[] ={ "Tom", "Hohn", "Mary"};   //数组元素是 string 对象
string * ps1 =&s[0];                    //ps 指向 s 下标为 0 的对象
```

然而,数组还有一个重要的特性:在很多用到数组名字的地方,编译器都会自动地将其替换为一个指向数组首元素的指针。

```
string * ps2 =s;                        //等价于 ps2 =&s[0];
```

所以,在大多数情况下数组的操作实际上是指针的操作。这一结论有很多隐含的意思,一是当使用数组作为一个 auto 变量的初始值时,推断得到的类型是指针而非数组。

```
int ia[] ={0,1,2,3,4,5,6,7,8,9}; //ia 是一个包含 10 个元素的数组
auto ib(ia);                     //ib 是一个整型指针,指向 ia 的第一个元素 0
ib =10;                          //错误,ib 是一个 int 指针,不能用 int 值给指针赋值
```

尽管 ia 是由 10 个整数构成的数组,但当使用 ia 作为初始值时,编译器实际上执行的初始化过程类似于如下形式。

```
auto ib(&ia[0]);                 //显然 ib 的类型是 int *
```

与 auto 不同,当使用 decltype 关键字时上述转换不会发生,decltype(ia)返回的类型就是由 10 个整数构成的数组。

```
decltype(ia) ic ={0,1,2,3,4,5,6,7,8,9};
int * p =ia;
ic =p;                           //错误,不能用整型指针给数组赋值
ic[2] =10;                       //正确
```

2. 标准库函数 begin 和 end

为了使指针和数组之类的连续数据列表操作更简单和安全,C++ 11 引入了用于获取数组、链表之类序列首、尾地址的标准通用函数 begin 和 end。begin 函数返回指向序列

首元素的指针,end 函数返回指向序列尾元素后一位置的指针。对于数组而言,begin 和 end 函数的使用形式是将数组作为它们的参数,从而得到数组的首尾指针。

```
int ia[] ={0,1,2,3,4,5,6,7,8,9};
int * first =begin(ia);          //指向 ia 首元素的指针
int * last =end(ia);             //指向 ia 最后元素下一位置的指针
```

上面语句中的 begin 函数返回指向数组 ia 首元素的指针,end 函数返回指向 ia 最后元素下一位置的指针。下面的 for 循环可以遍历输出数组中所有元素。

```
for(; first !=last; first++)
    cout << * first <<"\t";
cout <<endl;
```

3. 使用范围 for 循环遍历数组中的元素

C++ 11 引入了一种简化的 for 语句,称为范围 for 语句。这种语句可以从头至尾对序列中的所有元素逐个执行某种操作。范围 for 语句的一般形式如下:

```
for(declaration : expression)
    statement;                  //循环体语句
```

其中,expression 必须是一个序列,可以是一对花括号括起来的初始值列表,也可以是数组、链表(list)、向量(vector)以及 string 类的对象。它们的共同特点就是都能使用 begin 和 end 函数返回序列的首尾指针。

declaration 定义一个变量,序列中的每个元素都需要能转换为该变量的类型。确保类型相容最常用最有效的方法是使用 auto 类型说明符,让编译器推断合适的类型。如果需要对序列中的元素执行写操作,变量应该定义为引用。

循环每迭代一次都会重新定义循环控制变量,将其初始化为序列的下一个值,之后继续执行循环体语句 statement。循环体语句 statement 可以是一条语句,也可以是一个语句块。当序列中的所有元素都被处理完毕之后循环终止。

如统计序列$\{1, 5, 7, 11, 23, 37, 53\}$中所有元素的和,可以使用如下 for 语句实现。

```
int sum =0;
for(auto e: {1, 5, 7, 11, 23, 37, 53})     sum +=e;
```

【例 3-1】 使用范围 for 循环,统计给定字符串的字符数。

```
//ch3-1.cpp
# include <iostream>
# include <string>
using namespace std;
int main()
{
    int count =0;
    string s("Hello, This is a string");
```

```
    for(auto c : s) count++;
    cout <<count <<endl;
    return 0;
}
```

string 本身也有获得字符串首尾位置的成员函数 begin 和 end,也是获得序列的首尾指针。上例中的循环可以使用如下等价的语句。

```
for(auto p =s.begin(); p !=s.end(); p++) count++;
```

3.3　引　　用

在 C++ 中引用(reference)是一种复合数据类型,所谓引用类型就是引用(refers to)另外一种类型。与指针类似,引用也实现了对其他对象的间接访问。简单来说,引用又称别名,即为对象起了另外一个名字。

任何对象都具有左值和右值两个要素,左值对应变量的内存区域,右值对应保存在变量内存区域中的值。C++ 除了可以为左值指定别名外,还可以给表达式、常量或变量的右值定义别名,分别称为左值引用(C++ 11 之前的引用)和右值引用(C++ 11 标准引入)。

3.3.1　左值引用

左值引用是某个对象(或变量)的别名,即某个对象的替代名称。左值引用由类型标识符和一个取地址符(&)来定义。因为是对某个对象的引用,必须在定义时初始化,初始值即为其所引用的对象。定义引用的一般形式如下:

```
T obj;
T& objref =obj;                    //obj 是 T 类型的对象
```

其中,T 是引用的类型,亦即它引用的对象的类型;objref 为定义的引用名;obj 是 objref 所引用的对象的名字。

一般在初始化变量时,初始值会被复制到新建的对象中。然而定义引用时,程序把引用和它的初始值绑定(bind)在一起,而不是将初始值复制给引用。一旦初始化完成,引用将和它的初始值对象一直绑定在一起。从而无法令其重新绑定到另一对象上,因此引用必须初始化。

除 const 的引用和继承(见第 5 章)体系下基类对象对派生类对象的引用外,所有左值引用的类型都要与其绑定的对象严格匹配,而且左值引用只能绑定到对象上,而不能与字面值或某个表达式的计算结果绑定在一起。

1. 引用与别名

引用只是为另一个已经存在的对象所起的另外一个名字,所以引用并不是对象,不占用内存空间,引用和它所绑定的对象是同一内存区域的不同名字。定义一个引用之后,对其进行的所有操作都是在与之绑定的对象上进行的。

```
int a =10;
int& aref =a;
aref =20;                    //把 20 赋给 aref 指向的对象,即赋给了 a
int b =aref;                 //与 b =a 执行结果相同
```

为引用赋值,实际上是把值赋给了与引用绑定的对象。获取引用的值,实际上是获取与之绑定的对象的值。同理,以引用作为初始值,实际上就是以引用所绑定的对象作为初始值。

【例 3-2】　初识左值引用、引用和它所引用的对象。

```
//ch3-2.cpp    lvalue reference
#include <iostream>
using namespace std;
int main()
{
    int a =10;
    int& aref =a;
    cout <<"a=" <<a <<"\taref=" <<aref <<endl;
    aref =20;
    cout <<"a=" <<a <<"\taref=" <<aref <<endl;
    a =30;
    cout <<"a=" <<a <<"\taref=" <<aref <<endl;
    cout <<"address of a:" <<&a <<endl
        <<"address of aref:" <<&aref <<endl;
    return 0;
}
```

程序运行结果如图 3.1 所示。

从程序运行结果可以看出,a 和 aref 内存地址相同,指的是同一内存变量,对引用 aref 的操作就是对 a 的操作。

```
a=10     aref=10
a=20     aref=20
a=30     aref=30
address of a:0x61fe14
address of aref:0x61fe14
```

图 3.1　左值引用示例

2. const 的引用

可以把引用绑定到 const 对象上,就像绑定到其他对象上一样,称之为对常量的引用(reference to const),简称常量引用。与普通左值引用不同,不能通过对常量的引用来修改它所绑定的对象。

```
const int ci =10;
const int& cr =ci;           //正确,引用及其对象的对象都是 const
cr =20;                      //错误,cr 是对 const 对象的引用
int& cr2 =ci;                //错误,试图让一个非 const 的引用绑定一个 const 对象
```

由于不能修改 ci 的值,当然也就不能通过它的引用去修改它的值。因此,上面最后

一行的语句是错误的。假设该初始化合法,则可以通过 cr2 来改变它所引用对象的值,这显然与 ci 是 const 对象冲突。

1) 对常量引用的初始化

引用的类型必须与其所引用的对象的类型严格一致,但对常量引用是个例外。在初始化常量引用时允许用任意表达式作为初始值,只要该表达式的结果能转换成引用的类型即可。也就是说,允许为一个常量引用绑定非常量的对象、字面值,以及一般表达式。

```
int i =24;
const int& ir =i;               //允许将 const int& 绑定到普通 int 对象上
const int& r1 =24;              //正确,r1 是一个常量引用
const int& r2 =r1 * 2;          //正确,r2 是一个常量引用
int& r3 =r1 * 2;                //错误,r3 是普通的左值引用
double d =3.14;
const int& r =d;                //正确,r 引用的是表达式的值
```

此处 r 要引用一个 int 类型的数,对 r 的操作应该是整型运算,但这里的 d 却是一个双精度浮点数而不是整数。为了确保让 r 绑定到一个整数,编译器会把上述代码进行如下处理。

```
const int temp =d;              //由双精度数生成一个临时的整型常量
const int& r =temp;             //让 r 绑定这个临时常量
```

在这种情况下,r 绑定了一个临时量(temporary)对象。临时量对象是当编译器需要一个空间来暂存表达式的求值结果时临时创建的一个未命名的对象。在 C++ 中常把临时量对象简称为临时量。此时 r 绑定的是临时量,而不是前面的对象 d。

2) 常量引用绑定非 const 对象

常量引用仅对引用可参与的操作做了限定,对所引用的对象本身是不是一个常量没做任何限定。因此,常量引用的对象也可以是一个非常量,所以允许通过其他途径改变它的值。

```
int a =10;
int& r1 =a;                     //左值引用 r1 绑定 a
const int& r2 =a;               //常量引用 r2 也绑定 a,但不能通过 r2 改变 a
r1 =20;                         //r1 是非常量,a 的值修改为 20
r2 =20;                         //错误,r2 是一个常量引用
```

这里,r2 绑定(非常量)整数 a 是合法操作,但不能通过 r2 修改 a 的值。尽管如此,由于 a 是变量,a 的值本身仍然可以通过其他途径修改,既可以直接给 a 赋值,也可以通过绑定到 a 上的其他引用来修改。

3. 引用与数组

数组中的每个元素都是一个确定的对象,有确定的数据类型,分配独立的存储空间,故可以定义数据元素的引用。对数组元素的引用和普通左值引用相同。

数组也是一种复合数据类型,系统会为数组对象分配一块连续的存储空间,所以也可以定义数组的引用。对数组的引用,实质上就是对某个数组对象的引用,即是它引用的数组的别名。因此,定义数组的引用时要指定引用的类型及数组的长度。

```
int a[10] ={1,2,3};
int (&ra)[10] =a;              //ra 是具有 10 个元素的整型数组的引用
int * b[5];
int * (&rb)[5] =b;             //rb 是对具有 5 个元素的整型指针数组的引用
```

定义了数组的引用后,就是通过引用来操作与之绑定的对象。上述代码中对 ra 的操作就是对数组 a 的操作,对 rb 的操作就是对指针数组 b 的操作。

```
ra[3] =5;                      //a[3] =5
rb[3] =&a[3];                  //b[3] =&a[3]
```

4. 引用与指针的区别

引用和指针均为 C++ 提供的复合数据类型,都提供对其他对象的间接访问。两者既有相似之处,也有很多不同。

(1) 引用与指针的定义和初始化。

引用与指针的定义形式类似,指针保存的指向对象的地址,在定义时可以初始化,也可以不进行初始化,一个指针可以指向不同的对象;引用是另一对象的别名,在定义时必须初始化,且一直绑定该对象,不能修改其引用的对象。

```
int x =10, y =20;
int * p1;                      //定义指向 int 的指针,未初始化
int * p2 =&x;                  //定义指向 int 的指针,定义时初始化,令其指向 x
p2 =&y;                        //修改指针指向的对象
int a =10, b =20;
int& aref =a;                  //引用定义时必须初始化
aref =b;                       //对 aref 的操作都是对 a 的操作,这里是把 b 赋值给 a
                               //相当于"a =b;",并不是改变 aref 引用的对象
```

(2) 使用 auto 推断引用与指针的类型。

引用与指针都要求与它间接访问的对象类型严格一致,在定义指针与引用时往往用 auto 类型说明符,让编译器去推断引用与指针的类型。

```
int a =10;
auto * p =&a;                  //p 的类型为 int *
auto& r =a;                    //r 的类型为 int
const int b =20;
auto& rr =b;                   //rr 的类型为 const int
```

(3) 使用方式不同。

指针通过解引用运算符(*)间接访问其指向的对象;引用作为对象的别名,可以通

过引用名直接访问。

```
p1 = &x;                        //上例程序段
* p1 = 30;                      //x = 30
aref = 30;                      //执行的是 a = 30
```

（4）指针（空指针）可以不指向任何对象，但引用必须绑定到一个具体的对象。

（5）赋值的意义不同。

给指针赋值，是改变指针指向的对象；给引用赋值，是对其引用对象的赋值。

（6）引用与指针存在的形式不同。

指针是对象，占用确定的存储空间，故可以定义指向指针的指针，也可以定义对指针对象的引用。但是引用不是对象，所以不能定义指向引用的指针，也不能定义引用的引用。

3.3.2　右值引用

右值引用（rvalue reference）就是必须绑定到右值上的引用，C++ 通过使用 && 而不是 & 来定义右值引用，形式如下：

```
T&& rvref = expr;
```

其中，T 是引用的类型；rvref 是定义的引用名；expr 必须是一个右值表达式，是 rvref 所引用的对象（表达式的值）。

```
int a = 10;
int&& r1 = a + 3;               //正确
int&& r2 = a;                   //错误,a 是一个左值
```

右值引用是 C++ 为了支持移动操作而引入的引用类型，其特点是右值引用只能绑定到即将销毁的对象上，如字面值常量或仅得到右值的表达式。右值引用可以很方便地将引用的对象"移动"到另一个对象上。

与左值引用相同，一个右值引用也是某个对象的别名。对于左值引用而言，不能将左值引用绑定到要求转换的表达式、字面值常量或是返回右值的表达式。右值引用有完全相反的绑定特性：可以将一个右值引用绑定到这类表达式上，但不能将一个右值引用直接绑定到左值上，左值表达式也不行，const 对象也不行。

3.4　类　型　转　换

类型转换就是将一种数据类型转换为另一种数据类型。例如，在一个算术表达式中，出现了两种以上的不同数据类型，就会进行适当的数据类型转换，然后再计算表达式的值。通过下面的例子说明数据类型转换的过程。

```
int ival = 3.54 + 3;
```

加法的两个运算对象类型不同：3.54 是 double 类型，3 是 int 类型。C++ 不会直接

将两个不同类型的值相加,而是先根据类型转换规则设法将运算对象的类型统一后再求值。上述语句的类型转换是自动执行的,因此称作隐式转换(implicit conversion)。

算术类型之间的隐式转换被设计得尽可能避免损失精度。很多时候,如果表达式中既有整型的运算对象又有浮点型的运算对象,整型对象会转换为浮点型对象。在上面的例子中,3 转换成 double 类型,然后执行浮点数的加法,所得结果的类型是 double。

接下来的任务是要完成变量的初始化任务。在初始化过程中,由于被初始化对象的类型无法改变,所以初始值要被转换为该对象的类型。此例子中,加法运算得到的 double 类型会被转换为 int 类型的值,然后用这个值初始化 ival。由 double 类型向 int 类型转换时,小数部分将被忽略,这里仅将 6 赋值给 ival。

3.4.1 隐式类型转换

由编译器自动完成的数据类型转换称为隐式类型转换。

1. 隐式类型转换发生的时机

在以下情况下,编译器会自动地转换运算对象的数据类型。

(1) 在大多数表达式中,比 int 类型小的整型值首先提升为较大的整数类型。

(2) 在条件中,非逻辑值转换为逻辑类型。

(3) 初始化过程中,初始值转换为变量的类型。

(4) 在赋值语句中,右侧运算对象转换为左侧运算对象的类型。

(5) 在算术运算或关系运算中有多种类型的运算对象时,需转换为同一类型。

(6) 在函数调用时,如果需要,实参的类型向形参类型转换。

(7) 函数返回时,如果需要,由返回表达式的类型向函数返回类型转换。

2. 算术转换

算术转换是指把一种算术类型转换为另一种算术类型。C++ 定义了一组针对内置的算术类型对象之间进行标准转换的规则,算术转换的规则定义了一套类型转换的层次,其中,运算符的运算对象将转换成最宽的类型。例如,如果一个运算对象的类型是 long double,那么不论另一个运算对象的类型是什么都会转换成 long double。还有一种普遍情况,当表达式中既有浮点类型也有整型类型时,整型值将转换成相应的浮点类型。算术转换规则如图 3.2 所示。

1) 整型提升

整型提升是算术类型转换的基本原则。整型提升负责把小整数类型转换为较大的整数类型。对于 bool、char、signed char、unsigned char、short、unsigned short 等类型来说,只要它们所有可能的值都能存在 int 里面,它们就会被提升为 int 类型;否则提升为 unsigned int 类型。

较大的 char 类型(wchar_t、char16_t 和 char32_t)将被提升成 int、unsigned int、long、unsigned long、long long、unsigned long long 中最小的一种类型,前提是转换后的类型能够容纳原类型所有可能的值。

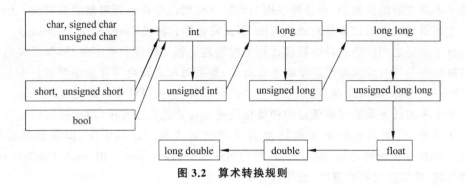

图 3.2　算术转换规则

2) 无符号类型的转换

如果某个运算符的运算对象类型不一致,这些运算对象将转换成同一种类型。如果某个运算对象的类型是无符号类型,那么转换的结果就要依赖于机器中各个整数类型的相对大小。

首先会进行整型的提升,如果结果的类型匹配,则无须进行下一步的转换。如果两个(转换后的)运算对象的类型(要么都是带符号的,要么都是无符号的)类型不一样,则小类型的运算对象转换成较大的类型。

如果一个运算对象是带符号的,另一个运算对象是无符号的,并且其中无符号类型不小于带符号类型,那么带符号的运算对象要转换成无符号的。

最后一种情况是带符号类型大于无符号类型,则依赖于编译器。如果无符号类型的所有值都能存在该带符号类型中,则无符号类型的运算对象转换成带符号类型。如果不能,那么带符号类型的运算对象转换成无符号类型。例如,如果两个运算对象分别为 long 和 unsigned int,并且 long 和 int 大小相同,此时 long 类型的运算对象将转换为 unsigned int 类型;如果 long 比 int 占用空间多,则 unsigned int 类型的运算对象转换为 long 类型。

```
bool b =true;
short s =7;
unsigned short us =7;
b +s, 'a' +b, us +s;            //都转换为 int 类型
long l =7;
int i =10;
unsigned ui =1;
unsigned long ul =7;
l +i;                           //i 转换为 long 类型
ul +i;                          //i 转换为 unsigned long 类型
long long ll =1;
ll +l, ll +s, ll +us, ll +ul;   //l、s、us、ul 都转换为 long long 类型
unsigned long long ull =3;
ull +ll, ull +i;                //ll、i 转换为 unsigned long long 类型
float f =1.7;
```

```
f +ll, f +ull, f +us;          //ll、ull、us 都转换为 float 类型
double d =1.7;
d +ll, ull +d;                 //ll、ull 都转换为 double 类型
long double ld =1.7;
ld +d, ld +f, ld +ll, ld +ull; //d、f、ll、ull 都转换为 long double 类型
```

3. 其他隐式类型转换

除了算术转换之外,还有几种隐式类型转换,主要包括如下几种。

1) 数组转换成指针

在大多数用到数组的表达式中,数组名能够自动转换成指向数组首元素的指针。

```
int a[10];                     //含有 10 个整型元素的数组
int * p =a;                    //数组名 a 转换成指向数组首元素的指针
```

2) 指针的转换

C++ 还规定了几种指针之间的转换方式,包括常量整数值 0 和字面值 nullptr 能转换成任意类型的指针类型;指向任意非常量的指针能转换成 void * ;指向任意对象的指针能转换成 const void * 。

3) 转换为 bool 类型

C++ 提供一种从算术类型或指针类型向 bool 类型自动转换的机制。如果指针或算术类型的值为 0,则转换为 false,否则转换为 true。

4) 转换成常量

C++ 允许将非常量类型的指针转换为相应的常量类型的指针,对于引用也是这样,即如果 T 是一种类型,那么就可以将指向 T 类型的指针或引用分别转换为指向 const T 的指针或引用;反之,不能转换。

```
int a;
const int& r =a;               //非常量转换为 const int 的引用
const int * p =&a;             //非常量的地址转换为 const 的地址
const int j;
int& rr =j;                    //错误,不允许 const 转换为非 const
```

5) 类自定义的转换

如果类类型定义了由编译器自动执行的转换(见第 4 章和第 7 章),则能够实现隐式类型转换。

3.4.2 显式类型转换

显式类型转换也称为强制类型转换,是指把一种数据类型强制转换为指定的另一种类型。使用强制类型转换会关闭 C++ 正常的类型检查,容易引起错误。但是在有些情况下,确实需要使用强制类型转换。

例如,在 C++ 中,void * 指针被称为通用指针,可以指向任何类型的数据。由于 void * 指针没有类型信息,不能直接对 void * 指针解引用。因此,void * 指针在使用之前必须先转换为特定类型的指针。C++ 不允许从 void * 指针到其他类型指针的自动转换,所以这时需要强制类型转换。另外,如果希望改变通常的标准转换,或者避免因存在多种可能的转换而引起的二义性,在这种情况下,都需要使用显式转换。

1. 旧式的强制类型转换

在早期版本的 C++ 语言中,显式地进行强制类型转换的形式有两种。

```
(T) expr;                    //C 语言风格的强制类型转换
T(expr);                     //C++ 函数形式的强制类型转换
```

其中,T 是强制转换后的目标类型,expr 是要进行类型转换的表达式。这两个语句实现的功能是将表达式的值的类型强制转换成 T 类型。第一种是 C 语言支持的类型转换方式,它在 C++ 中同样可用;第二种是 C++ 中的类型转换方式,在 C 程序中不可用。

例如在 C++ 中使用 C 语言的 malloc 函数分配长度为 10 的动态整型数组,并用一个整型指针指向该数组,可以使用如下语句实现。

```
int * p =(int * )malloc(10 * sizeof(int));
```

2. 命名的显式类型转换

在标准 C++ 中,提供了 4 个强制类型转换的运算符:static_cast、dynamic_cast、const_cast 和 reinterpret_cast。这 4 个类型转换运算符的用法类似,一般形式如下。

```
cast_name<T>(expr)
```

其中,cast_name 代表强制类型转换的运算符,可以是 static_cast、dynamic_cast、const_cast 或 reinterpret_cast 之一;T 是强制转换后的类型;expr 是要转换类型的值。如果 T 是引用类型,则结果是左值。

1) static_cast

static_cast 是静态强制转换,任何具有明确定义的类型转换都可以使用 static_cast。故也能够实现 C++ 任何标准类型之间的转换,如从整型到枚举类型,从浮点型到整型之间的转换。事实上,凡是隐式转换能够实现的类型转换,static_cast 都能够实现。

```
int i =3, j =5;
double rst =static_cast<double>(j) / i;
```

这里,如果不使用强制类型转换,j/i 的结果为 1,也就是两个整数不能执行浮点数的除法。

一般情况下,当编译器发现将一个较大的算术类型试图赋值给较小的类型时,就会给出警告信息。此时使用 static_cast 就非常有用,编译器会把警告信息关闭,例如把一个 long long 类型的字面值常量赋值给一个 int 类型的变量。

```
int i = static_cast<int>(1234567890123);   //long long 类型的常量
```

2) const_cast

const_cast 是常量强制转换,用于强制转换 const 或 volatile(可变)的数据,它转换前后的数据类型必须相同,主要用来删除数据的 const 限制,是一种将常量对象转换成非常量对象的行为。一旦去掉了某个对象的 const 限制,编译器将不再阻止对该对象的写操作。如果对象本身不是一个常量,使用强制类型转换获得写权限是合法的行为。但如果对象是一个常量,再使用 const_cast 执行写操作就会产生未定义的结果。

【例 3-3】 使用 const_cast 删除引用的 const 限制。

```
//ch3-3.cpp usage of const_cast
#include <iostream>
using namespace std;
void sqr(const int& x){
    const_cast<int&>(x) = x * x;        //删除 const 限制,可以修改 x
}
int main()
{
    int a = 3;
    sqr(a);                             //通过引用,将 a 的值修改为 9
    cout <<a <<endl;                    //输出 9
    const int b = 5;
    sqr(b);               //由于 b 是 const 对象,函数中删除 const 限制对实参 b 无效
    cout <<b <<endl;      //输出 5
    return 0;
}
```

3. reinterpret_cast

reinterpret_cast 通常为运算对象的位模式提供较低层次上的重新解释,所以称为重解释强制转换。它能够完成互不相关的数据类型之间的转换,如将整型转换成指针,或把一个指针转换成与之不相关的另一种类型的指针。reinterpret_cast 其实是按照强制转换所指定的类型对要转换数据对应的内存区域进行重新定义。使用 reinterpret_cast 是非常危险的,可能导致异常的运行时行为。

4. dynamic_cast

dynamic_cast 是动态强制转换,只能用来转换指针或引用,即它能够把一种类型的指针或引用转换成另一种类型的指针或引用。dynamic_cast 主要用来转换继承结构中类对象的指针或引用,常用于把指向基类对象的指针(引用)转换成指向派生类对象的指针(引用),以实现多态(见第 6 章)。

3.5 函　　数

函数是一个命名的程序块,通过调用函数执行相应的代码,实现特定的功能。函数可以接受 0 个或多个参数,而且(通常)会产生一个结果。

3.5.1　函数基础

在开发一个较大的程序时,一般先把要实现的目标按功能进行划分,划分为若干个模块,然后再对每一个模块进行细分,分成一些功能互相独立的小模块,每个小模块用来实现一个特定的功能。最后用一段一段的代码实现一个一个的功能,这在 C/C++ 中都是通过函数实现的。函数是一种典型的过程抽象,是对实现某种特定功能而执行的一系列操作的抽象。

1. 函数定义

一个典型的函数定义(function definition)包括 4 部分:返回类型(return type)、函数名字、有 0 个或多个形参(parameter)组成的参数列表以及函数体。其中,如果有多个形参,形参之间以逗号隔开,并为每个形参指定名字和类型,形参列表位于一对圆括号内。函数执行的操作在语句块中说明,该语句块称为函数体。

函数定义的一般形式为

返回类型 函数名(形参列表) { 函数体 }

【例 3-4】　编写一个求正整数所有质因子个数的函数。如 6 有 2 个质因子:2 和 3;150 有 3 个质因子 2、3 和 5。

```cpp
//ch3-4.cpp function definition
int primefactors(unsigned u){
    int rst =0;                    //局部变量,用来保存计算结果
    for(int i=2; i<=u; i++){
        if(u%i ==0){
            u =u/i;                //修改 u 的值
            if(isprime(i))rst++;   //isprime 是用来判断素数的函数
        }                          //找到一个质因子,结果 rst 增加 1
    }
    return rst;                    //返回结果
}
```

函数的名字是 primefactors,它作用于一个整型参数,返回一个整型值。一对花括号括起来的是函数体,函数体由语句序列构成,实现要求的功能。循环体内的 for 循环用于统计质因子个数,return 语句负责结束函数并将结果返回。

1) 函数的形参列表

函数的形参列表不能省略,但可以为空。如果函数没有任何参数,可以用一个空的形参列表,也可以用一个关键字 void 表示函数没有参数。

```
void f1( ) { … }                           //隐式地定义空形参列表
void f2(void) { … }                        //与 C 兼容的用法,显式地定义空形参列表
```

形参列表中的多个形参通常用逗号分隔,其中每个形参都是含有一个声明符的声明。即使两个形参的类型相同,也必须把两个类型都写出来。

```
int f3(int p1, p2) { … }                   //错误
int f4(int p1, int p2) { … }               //正确
```

形参列表中的任意两个形参都不能同名,而且函数最外层作用域中的局部变量也不能使用与函数形参一样的名字。

形参名是可选的,但未命名的形参在函数体内不能使用,所以形参一般应该有一个名字。有时候,函数确实有个别形参用不到,则此类形参通常不命名以表示在函数体内不会使用它。无论形参是否命名,都不影响调用时需要提供的实参数量。即使某个形参不被函数使用,也必须为它提供实参。

2) 函数的返回类型

函数的返回类型一般可以是 C++ 的内置数据类型、复合类型或用户自定义的数据类型。必须为函数指定一个返回类型,如果函数不返回任何值,则可以将函数返回类型指定为 void。函数的返回类型不能是数组类型和函数类型,但可以是指向数组或函数的指针。

2. 函数调用

计算机程序运行时,通过使用某个函数来完成指定的功能,称为函数调用(function call)。函数调用通过在函数名后紧跟函数调用运算符"()"来实现。如果函数定义要求接受参数,则在调用时就需要为这些参数提供相应的数据。

例如,要调用函数 primefactors,必须提供一个整数值,调用得到的结果也是一个整数。

【例 3-5】 对例 3-4 中函数的调用,求 6 的质因子个数并输出。

```
//ch3-5.cpp calling function
#include <iostream>
using namespace std;
int main()
{
    unsigned num = 6;
    int r = primefactors(num);          //r 等于 2,即 primefactors(6)的结果
    cout << num << " has " << r << " prime factors." << endl;
    return 0;
}
```

1）函数调用时的运行机制

这里的 main 函数调用了例 3-4 中定义的函数 primefactors，main 函数称为主调函数（calling function），primefactors 函数称为被调函数（called function）。函数的调用完成两项工作：一是用实参初始化函数对应的形参，二是将控制权转移给调用函数。此时，主调函数的执行被暂时中断，被调函数开始执行。

执行函数的第一步是（隐式地）定义并初始化它的形参。因此，当调用 prime factors 函数时，首先创建一个名为 u 的 unsigned 变量，然后将它初始化为调用时所用的实参 6。

然后，依次执行函数体内的语句。当遇到一条 return 语句时函数结束执行过程。与函数调用一样，return 语句也完成两项工作：一是返回 return 语句中的值（如果有），二是将控制权从被调函数转移回主调函数。函数的返回值用于初始化调用表达式的结果，之后继续完成调用所在的表达式的剩余部分。

2）形参和实参

函数定义中的参数称为形式参数（formal parameters），简称形参；函数调用时提供的参数称为实际参数（actual arguments），简称实参。实参是形参的初始值。用第一个实参初始化第一个形参，第二个实参初始化第二个形参，以此类推。尽管实参与形参存在对应关系，但是 C++ 语言并没有规定实参的求值顺序。

实参的类型必须与对应的形参的类型匹配，函数有几个形参，在调用时就必须提供相同数目的实参。因为函数的调用规定实参的数目应与形参数目一致，所以形参一定会被初始化。

例 3-4 中的函数 primefactors 只有一个 int 类型的形参，所以在每次调用它时，都必须提供一个能够转换成 int 类型的实参。

```
primefactors ("6");                    //错误,实参类型不匹配
primefactors ();                       //错误,实参数量不足
primefactors (3, 4);                   //错误,实参数量过多
primefactors (6.66);                   //正确,该实参能转换成 unsigned 类型
```

3. 函数声明

和其他名字一样，函数的名字也必须在使用之前声明。类似于变量，函数只能定义一次，但可以声明多次。如果一个函数永远也不会被用到，则这个函数可以只声明而不定义。

函数声明（function declaration）和函数定义非常类似，唯一的区别就是函数声明无需函数体，用一个分号（;）替代即可，即函数声明由函数返回类型、函数名、形参列表和结尾的分号（;）组成。例如 primefactors 函数的声明如下：

```
int primefactors (unsigned u);
```

因为函数的声明不包含函数体，所以也就不需要形参的名字。如果有形参，函数声明中形参的名字也可以和函数定义中的形参名字不同。实际上，在函数的声明中也经常省略形参的名字。尽管如此，写上形参的名字还是有用处的。有意义的参数名可以提高

程序的可读性,从而可以帮助使用者更好地理解函数的功能。

例如,对求两点(x1,y1)和(x2,y2)之间距离的函数 distance,可以有如下 3 个不同声明。

```
//形参有名字,但不能清晰反映出其意义
double distance(double a, double b, double c, double d);
//无形参名字,需要额外注释每个形参的意义
double distance(double, double, double, double);
//形参的命名能说明数据的含义,有助于对程序的理解
double distance(double x1, double y1, double x2, double y2);
```

函数的 3 要素(返回类型、函数名和参数列表)描述了函数的接口,说明了调用函数所需的全部信息,所以函数声明也称作函数原型(function prototype)。

3.5.2　参数传递

当函数调用被执行时,系统首先会在程序内存区的动态存储区分配一块内存区域(栈区)供它使用,函数执行完成后就收回。函数执行期间,会在栈区为函数形参和函数内定义的局部变量分配内存单元。

每次函数调用时,都会重新创建它的形参,然后把实参传递给形参,即用传入的实参的值初始化形参,形参初始化的机理与变量初始化相同。

形参的类型决定了形参和实参交互的方式。如果形参是引用类型,它将绑定到对应的实参上;否则,将实参的值复制后赋值给形参。

当形参是引用类型时,往往说它对应的实参被引用传递或者说函数被传引用调用。根据引用的定义,引用形参也是它绑定的对象的别名,即引用形参是它对应实参的别名。

当形参的值被复制给形参时,形参和实参是两个相互独立的对象,往往说这样的实参被值传递或者说函数被传值调用。当参数是指针类型时,仍是将实参的值复制赋值给对应的指针类型的形参。

1. 传值参数

当初始化一个非引用类型(值类型)的变量时,初始值被赋值给变量。此时对变量的改动不会影响初始值。

```
int i =0;                    //int 类型的初始变量
int n =i;                    //n 存储的是 i 的值的副本
n =24;                       //n 的值改变,i 的值不变
```

传值参数的机理与变量值的初始化一样,值传递就是用实参的值去初始化形参。方法和变量初始化一样,就是把实参的值复制到对应形参在栈内分配的存储单元中,复制完成后,实参和形参就没关系了。所以,函数对形参的任何操作都不会影响实参。例 3-4 中,在 primefactors 函数内对变量 u 执行修改操作。

```
u =u/i;                      //修改 u 的值
```

尽管 primefactors 函数改变了形参 u 的值,但这个值的改动不会影响传入 primefactors 的实参,例 3-5 中的调用也证明了这一点。

2. 传指针参数

当指针作为函数参数时,指针的行为和其他非引用类型一样。参数传递时,执行指针的赋值(复制)操作,复制的是指针的值,而不是指针所指向的对象。复制之后,两个指针是不同的指针,只不过这两个指针指向了同一个对象。因为指针可以间接地访问它所指向的对象,通过指针可以修改它所指向的值。又因为指针作为函数参数,在函数调用时,形参和实参两个指针指向了同一个对象,所以函数执行过程中,通过形参指针操作的就是实参指针所指向的对象。故指针作为函数参数时,函数调用完成后,指针所指向对象的值是可以被修改的。

【例 3-6】 逆置整型数组元素的函数,并通过调用进行验证。

```cpp
//ch3-6.cpp passed by pointer
#include <iostream>
using namespace std;
void invert(int * p, int n){
    for(int i =0; i <n/2; i++){          //前后对称位置的元素值互换
        int t = * (p +i);
        * (p +i) = * (p +n - 1 -i);
        * (p +n - 1 -i) =t;
    }
}
int main()
{
    int a[5] ={1, 2, 3, 4, 5};          //调用前数组元素的值
    invert(a, 5);                        //数组名就是指向数组的指针
    for(int i =0; i <5; i++)
        cout <<a[i] <<"\t";              //调用后数组元素的值依次为
    cout <<endl;                         //5    4    3    2    1
    return 0;
}
```

在 main 函数中,invert 函数被调用后,由于 invert 函数中并没有改变形参指针所指向的对象,所以通过形参指针操作的就是实参指针所指向的对象。

如果在调用以指针为参数的函数中修改了形参指针的值,则形参指针不再指向实参指针所指向的对象,此时对形参指针的任何操作与实参将无任何关系。

【例 3-7】 想要重置实参的值为 0,分析如下定义的 reset 函数。

```cpp
#include <iostream>
using namespace std;
void reset(int * p){
    p =0;                                //形参值改变
```

```
}
int main()
{
    int a = 24;
    reset(&a);                          //传指针
    cout << a << endl;                  //a 的值未发生任何改变
    return 0;
}
```

　　在 C 语言程序中,常常使用指针类型的形参来访问函数外部的对象,而在 C++ 语言中,建议使用引用类型的形参替代指针。

3. 传引用参数

　　由于引用是某一对象的别名,对引用的操作实际上是作用在引用所绑定的对象上。

```
int i = 0, n = 24;
int& r = i;                            //r 绑定了 i,即 r 是 i 的一个别名
r = 12;                                //此时 i 的值也是 12
n = r;                                 //就是将 i 的值赋给 n,i 和 n 值相同,都是 12
```

　　引用作为函数形参的行为与此类似,通过使用引用形参,允许函数改变一个或多个实参的值。相比于通过指针作为函数形参来改变函数外部对象的值来讲,引用形参与指针形参更方便,更安全(不易出错)。主要原因有二:其一是引用一旦初始化,它将一直绑定此对象,而指针可以改变它所指向的对象;其二是引用形参所接受的实参是变量名,使用时和传值参数一样简便,而指针形参接受的实参是变量的地址。

　　按如下形式修改例 3-7 中的 reset 函数,使其接受的参数是引用类型而非指针类型,main 函数不做任何改变。

```
void reset(int& p){
    p = 0;                             //改变了 p 所引用对象的值
}
```

　　该函数接受一个 int 对象的引用,然后将对象的值置为 0。和其他引用一样,引用形参绑定了初始化它的对象。当调用上面的 reset 函数时,p 绑定传给函数的 int 对象,此时改变 p 的值就是改变 p 所引用对象的值。

　　调用 reset 函数时,直接传入对象名即可,而不能传递对象的地址。在被调函数执行过程中,形参 p 仅仅是实参 a 的别名,在 reset 函数内部对 p 的任何操作都是对 a 的操作。

　　使用引用作为函数参数,还有如下一些优点。

　　1) 使用引用避免值的复制

　　在使用传值参数时,若实参是用户定义的类类型或 STL 中支持的容器类型,当对象很大时,效率就非常低;另外还可能有一些类类型本身不支持对象的复制操作,此时根本不能使用值类型的参数。传引用参数相对于传值参数来说避免了值的赋值(复制)。

2）使用引用形参返回额外信息

由于一个函数只能返回一个值，而有时函数需要同时得到多个返回值，使用引用可以很好地解决这个问题。与使用全局变量或指针类型的参数相比较，使用引用类型的形参更方便。

【例 3-8】　编写一个函数求学生成绩的平均分、最高分和最低分。

```
//ch3-8 passed by reference
float avg(float * score, int n, float& max, float& min)
{
    float sum =max =min =score[0];
    for(int i=1; i<n; i++){
        sum +=score[i];
        if(score[i] >max) max =score[i];
        if(score[i] <min) min =score[i];
    }
    return sum/n;
}
int main()
{
    float s[5] ={76, 87, 96, 67, 81}, avgScr, maxScr, minScr;
    avgScr =avg(s, 5, maxScr, minScr);
    cout <<"Average Score:" <<avgScr <<endl;
    cout <<"Maximum Score:" <<maxScr <<endl;
    cout <<"Minimum Score:" <<minScr <<endl;
    return 0;
}
```

4. const 形参

用 const 限制函数的参数能够保证函数不对参数做任何修改。

对于传值参数而言，将形参限定为 const 类型意义不大，因为它们不会引起函数调用时实参的变化。但对于指针和引用参数而言，就存在实参被意外修改的危险。因此在 C++ 程序中，如果不希望通过函数修改指针或引用所间接访问的实参对象的值，就可以将它设置为 const 类型。

把函数不会改变的形参定义成引用是一种比较常见的错误，这么做会给函数的调用者造成一种误导，即函数可以修改它的实参的值。此外，使用引用而非常量引用也会极大地限制函数所能接受的实参类型。如不能把 const 对象、字面值常量或者需要类型转换的对象传递给普通的引用形参。

这种可能的错误绝不像看起来的那么简单，它有可能造成出人意料的后果，如编译错误等。

5. 数组形参

使用数组时通常会将其转换成指针（指向数组首元素的指针），而且对数组不能执行复制操作(不能给已经定义的数组赋值)。所以,在任何情况下都不能以值传递的方式使用数组参数。由于数组会被转换成指针,所以当数组作为函数参数时,将传递指向数组首元素的指针,和数组的长度没有关系。尽管不能以值传递的方式传递数组,但仍然可以把形参写成类似于数组的形式,如下 3 个声明是等价的。

```
void f1(int * a);
void f2(int a[]);
void f3(int a[10]);
```

在被调函数内对参数数组的操作都会应用到实参数组上,可以通过将形参数组声明为 const 来避免这种情况。

在调用有数组作为参数的函数时,实参将自动转换成指向数组首元素的指针,数组的大小对函数的调用没有任何影响。但在函数内部也要确保使用数组时不会越界。为此,调用者应该提供一些额外的信息。

1)使用隐式结束标记

类似于 C 风格字符串,数组本身有一个结束标记。C 风格字符串存储在字符数组中,并在最后一个字符后面跟一个空字符作为字符串的结束标志。函数在处理 C 风格字符串时,遇到空字符停止。

```
int length(const char * s){          //求 C 风格字符串的长度
    int len =0;
    while(* s++) len++;               //判断是否为空字符
    return len;
}
```

这种方法适用于那些具有明显数组结束标记且该标记不会与普通数组混淆的情况,但对于像 int 这样所有整数值都有效的数据就无效了。

2)显式增加一个表示数组长度的形参

如果在函数内部需要使用数组的长度,那么应该将它作为一个单独的参数,这在 C 和 C++ 程序中仍然是一种非常有效的方法,如例 3-8 中 avg 函数的第 2 个参数,就用来表示数组的长度。

```
float avg(float * score, int n, float& max, float& min);
```

3)能通过库函数提供的方法判断结尾的

定义对数组及其元素操作的函数时,不使用数组类型参数,而是向函数传递数组首尾元素的指针。此时,可以使用标准库提供的 begin 和 end 函数分别获得数组首尾元素的指针。

【例 3-9】 遍历数组中的元素输出。

```
//ch3-9.cpp
# include <iostream>
using namespace std;
void print(const int * beg, const int * end){
```

```
    while(beg !=end)
        cout << * beg++<<endl;
}
int main()
{
    int a[] ={3,1,5,9,7};
    print(begin(a), end(a));
    return 0;
}
```

在这种情况下,只要调用者能正确计算指针所指的位置,程序就是安全可靠的。

6. 可变参数个数的函数

有时候无法列出传递给函数的所有实参的类型和个数,或者无法提前预知应向函数传递几个实参,再或者希望一个函数可以带不同个数或类型的参数,在此情况下,可以使用含有可变形参个数的函数。C++ 提供两种方法处理不同数量实参的函数。

1) 省略号形参

省略号形参一般只用于与 C 函数交互的接口程序,是为了便于 C++ 程序访问某些特殊的 C 代码而设置的,这些代码使用了名为 varargs 的 C 标准库功能。通常,省略号形参不应用于其他目的。

省略号只能出现在形参列表的最后一个位置,它的形式一般仅限于如下两种:

```
void f(参数列表, … );
void f( … );
```

第一种形式指定了函数 f 的部分形参的类型,对应于这些形参的实参将会执行正常的类型检查。省略号形参所对应的实参不用类型检查。

C 语言标准库中的 scanf 函数和 printf 函数就是典型的使用了省略号形参的可变参数个数的函数。

```
int scanf(const char *, … );
int printf(const char *, … );
```

大多数带省略号形参的函数都会利用显式声明的参数中一些信息来获取函数调用中提供的其他可选实参的类型和数目。因此,第一种形式的带省略号形参的函数声明比较常用。

2) initializer_list 形参

为了编写能够处理不同数量实参的函数,C++ 11 标准提供的两种方法:如果所有实参相同,可以传递一个名为 initializer_list 的标准库类型;如果实参的类型不同,可以编写一种特殊的函数,即可变参数模板(第 8 章介绍)。

如果函数的实参数量未知,但是已知全部实参的类型都相同,此时可以使用 initializer_list 类型的形参。initializer_list 是一种标准库类型,用于表示某种特定类型的值的数组。initializer_list 类型定义在同名的头文件<initializer_list>中,它提供的操作如表 3.7 所示。

表 3.7　initializer_list 提供的操作

操　　作	功　　能
initializer_list\<T\> lst;	默认初始化；T 类型元素的空列表
initializer_list\<T\> lst(a,b,c,…);	lst 的元素数量和初始值一样多；lst 的元素是对应初始值的副本；列表中的元素是 const
lst2(lst)	复制一个 initializer_list 对象，不会复制列表中的元素
lst2 ＝ lst	复制一个 initializer_list 对象，复制后原始列表和副本共享元素
lst.size()	列表中的元素数量
lst.begin()	返回指向 lst 的首指针，指向列表中的首元素
lst.end()	返回指向 lst 的尾指针，指向列表中最后一个元素下一位置

和 vector（见第 9 章）类似，initializer_list 也是一种模板类型，定义 initializer_list 对象时，必须说明列表中所含元素的类型。

```
initializer_list<string>ls;          //列表中的元素都是 string 类型
initializer_list<int>li;             //列表中的元素都是 int 类型
```

【例 3-10】　可变参数的函数。

```cpp
//ch3-10.cpp usage of initializer_list
#include <iostream>
#include <string>
#include <initializer_list>
using namespace std;
//输出错误信息的函数,参数个数可变,都是 string 类型
void error_msg(initializer_list<string>lst){
    for(auto beg =lst.begin(); beg !=lst.end(); beg++)
        cout << * beg <<" ";            //逐个输出列表中的元素
    cout <<endl;
}
int main()
{
    string exp("abcd"), act;
    cout <<"Enter a string:" <<endl;
    cin >>act;
    if(exp !=act)
        error_msg({"Error!", exp, act));   //3 个实参
    else
        error_msg({"Ok!"});                //1 个实参
    cout <<endl;
    return 0;
}
```

含有 initializer_list 形参的函数也可以同时拥有其他形参。对上例中的输出错误信息的 error_msg 函数，若要增加一个 ErrorCode 的类来表示不同的错误类型，可以增加一个 ErrorCode 类型的形参，可以将上例中的 error_msg 函数的原型修改为

```
void error_msg(ErrorCode e, initializer_list<string>lst);
```

3.5.3　默认实参

C++ 的某些函数往往有这样一种形参，在函数的很多次调用中它们都被赋予一个相同的值，在很少时使用其他值作为实参。这个频繁出现的实参值称为函数的默认实参（default argument）。调用含义默认实参的函数时，可以包含该实参，也可以省略该实参。

如果有一个函数 print，它的功能是以指定的进制基数输出一个整数，那么这个函数可以按如下形式定义。

```
void print(int ival, int base) { … }        //函数定义
    ⋮
int x =23;
print(x, 2);                                 //以二进制格式输出 x
print(x, 8);                                 //以八进制格式输出 x
print(x, 10);                                //以十进制格式输出 x
print(x, 16);                                //以十六进制格式输出 x
```

在每次调用 print 函数时，都要指定进制。但是，在很多情况下，都是使用十进制形式输出，可调用时仍然需要指定第二个实参为 10。

C++ 支持在函数声明中为一个或多个形参指定默认实参值，一旦某个形参被赋予了默认值，那么它后面的所有形参都必须有默认值。如 print 函数可进行如下形式的声明。

```
void print(int ival, int base =10);          //base 默认实参值为 10
```

要想使用默认实参值，在调用函数时省略该参数即可。例如以十进制输出一个整数，向 print 传递一个参数即可，第二个参数就使用了默认实参值。

```
print(x);                                    //等价于 print(x, 10);
```

【例 3-11】　默认实参的应用。

```
//ch3-11.cpp default arguments
#include <iostream>
using namespace std;
double square(double x =1.5);
int main()
{
    cout <<square() <<endl;                  //使用默认实参
    cout <<square(6.5) <<endl;               //指定实参
    return 0;
}
```

```
double square(double x){
    return x * x;
}
```

这里定义了一个 square 函数,在函数原型中有默认参数 x = 1.5。主函数中先调用 square 函数,这时没有提供实参,就采用默认实参值 1.5,输出 2.25。再调用 square(6.5),这时提供了实参值,默认值就无效了,x=6.5,输出 42.25。

对于在函数中使用默认实参,需要注意以下一些问题。

1. 默认实参的声明必须先于函数调用

指定某个函数的默认实参时,如果它有函数原型,就只能在函数原型中指定对应参数的默认值,不能在函数定义时再重复指定参数的默认值。如果一个函数的定义先于其调用,没有函数原型,若要指定参数默认值,需要在定义时指定。

函数声明和定义同时存在时,仅声明中才能出现默认实参值的说明,在定义中不能指定默认实参值。若例 3-11 中将 square 函数的定义改为如下形式就不对了。

```
double square(double x =1.5) { return x * x; }
```

但是,当没有函数声明时,必须要在定义时指定默认参数。

2. 多参数指定默认实参的情况

若为一个函数的多个参数指定默认实参值时,所有默认参数都必须出现在函数参数列表的最右边。一旦某个参数开始指定默认值后,它右边的所有参数都必须指定默认值(默认参数从右向左的顺序依次指定)。

```
int f(int i1=1,int i2=2,int i3=0);    //正确
int g(int i1,int i2=0,int i3);        //错误,i3 没有默认值
int h(int i1=0,int i2,int i3=0);      //错误,i2 没有默认值
```

3. 调用具有默认实参的函数

在调用具有默认参数值的函数时,若省略某个实参,其右边的所有实参都应该省略(调用时实参取代形参按从左向右的顺序)。

```
f();               //正确,i1=1,i2=2,i3=0
f(3);              //正确,i1=3,i2=2,i3=0
f(2,3);            //正确,i1=2,i2=3,i3=0
f(4,5,6);          //正确,i1=4,i2=5,i3=6
f(,2,3);           //错误,i1 为默认值,而右边的 i2 和 i3 没有默认值
```

3.5.4 函数返回值

函数的执行结果由 return 语句返回。return 语句放在函数体内,用于终止当前正在

执行的函数并将控制权返回给函数的调用者,程序执行流程回到调用该函数的地方。使用 return 语句有两种形式:

```
return;
return expr;
```

第一种形式用在返回类型是 void 的函数中,此时 return 语句不是必需的,它的作用是强制函数结束,可以出现在函数的任意位置。若返回类型为 void 的函数中没有显式出现 return 语句,则在函数执行完最后一条语句后,会隐式执行 return 而返回。

第二种形式的 return 语句,用来返回函数执行的结果,return 后面的 expr 可以是任意复杂的表达式,甚至也可以包含函数调用,但表达式 expr 值的类型必须与函数的返回类型匹配。

返回 void 的函数也能使用第二种形式的 return 语句,不过此时要求 return 语句后面的 expr 必须是一个返回 void 的函数。否则,返回一个其他类型的值将发生编译错误。

对于非 void 返回类型的函数,必须返回一个值,且值的类型与函数的返回类型一致,若不严格一致,则将尝试隐式数据类型转换;否则,若无法转换,会引起编译错误。main 函数例外,即 main 函数可以不使用 return 返回一个值。

标准 C++ 中 main 函数的返回类型为 int,并且 main 函数在程序中不能被该程序的其他函数调用。main 函数是在程序运行时由系统来调用的,main 函数的返回值也是程序返回给系统的值。若 main 函数返回 0,则表示程序执行成功结束,返回非 0 表示程序执行失败而结束。程序执行失败时,main 函数的返回值及其表达的具体含义由编译器设定。虽然 main 函数的返回类型为 int,C++ 也允许 main 函数没有 return 语句而直接结束,如果程序流程成功执行到 main 函数结尾处,如果没有 return 语句,编译器会隐式插入一条表示返回 0 的 return 语句;否则,程序流程没有执行到最后而由于其他错误而结束,编译器会在出错后隐式插入一条返回非 0 的 return 语句,从而结束程序的执行。

1. 返回指针

一个函数可以返回一个整型值、字符值或浮点型实数值等,C++ 也允许从函数返回指针。返回指针的函数一般形式如下:

返回类型 * 函数名(形参列表) { ⋯ }

其中,返回类型指明函数返回的指针所指向对象的类型,可以为 C++ 任意一种数据类型说明符。在函数体的 return 语句中,要返回一个指针,该指针的类型要和函数返回类型一致,一般该值不能为局部对象的地址(可能产生指针悬挂问题),往往使用参数中的某个指针变量作为返回值。

【例 3-12】 定义返回指针的函数实现字符串的复制。

```
//ch3-12.cpp
char * stringcpy(char * dest, const char * src){
    char * p = dest;
    while( * p++ = * src++);
```

```
        return dest;
    }
```

此函数就返回了一个指针,以函数的一个参数值作为函数的返回值,即此函数返回
的指针所指向的对象就是函数第一个参数指针所指向的对象。使用指针作为函数返回
值的作用是函数调用可以出现在表达式中,使得函数调用更方便。

对此例中函数的调用,可以采用如下方式:

```
char s[20];
cout <<stringcpy(s, "I Love C++!") <<endl;
```

2. 返回引用

同函数可以返回指针一样,函数也可以返回引用。同其他引用类型一样,函数返回
的引用也是它所引用对象的一个别名。

```
const string& getshorter(const string& s1, const string& s2){
    return (s1.size() <=s2.size()) ?s1 : s2;
}
```

这里形参和返回类型都是 const string 的引用,不管是调用函数还是返回结果都不
会真正复制 string 对象。

1) 引用返回左值

函数的返回类型决定了函数调用表达式是否是左值,调用一个返回引用的函数得到
左值,其他返回类型的函数得到右值。返回引用的函数调用表达式可以作为左值来使
用,特别是可以为返回类型为非 const 引用的函数的结果进行赋值。

【例 3-13】　编写一个函数能得到 string 字符串某个位置上的字符,通过该函数调用
也能修改指定位置上的字符。

```
//ch3-13.cpp function returned reference
# include <iostream>
using namespace std;
char& s_index(string& s, int idx){
    return s[idx];
}
int main(){
    string str("c++ Programming");
    cout <<str <<endl;              //输出 c++ Programming
    cout <<"The first char:" <<s_index(str, 0) <<endl;
    s_index(str, 0) ='C';          //修改 str[0]的值为大小字母 C
    cout <<str <<endl;             //输出 C++ Programming
    return 0;
}
```

返回引用的函数最大的特点是使得函数调用可以出现在赋值运算符的左边,因为返

回值是引用,所以函数调用是个左值,就和其他左值一样可以出现在赋值运算符的左侧。

如果返回引用的函数,返回类型是 const 的引用,则不能给函数调用的结果赋值。

2) 不能返回局部对象的引用

因为函数调用结束后,它所占用的存储空间也会随之释放。因此,函数终止就意味着函数中的局部变量所占存储单元被释放掉,该对象将不复存在。从而局部对象的引用也将指向不再有效的内存区域。所以,返回引用的函数不能返回局部对象的引用,如下例是错误的。

```cpp
const string& getstr(){
    string s;
    if(s.empty())                   //错误,返回局部对象的引用
        return s;
    else
        return "EMPTY";             //错误,EMPTY 是一个局部临时量
}
```

上面函数中的两条 return 语句都将返回未定义的值,也就是说,试图使用 getstr 函数的返回值将引发未定义的行为。对于第一条 return 语句,显然它返回一个局部对象的引用。在第二条 return 语句中,字符串字面值将先被转换成一个临时 string 对象,对 getstr 函数来说,这个临时对象和 s 一样也是局部对象。当函数结束后,局部对象和临时对象所占用的存储单元都被释放,所有这两条 return 语句都指向了不再可用的内存空间。

同返回局部对象的引用是错误的一样,一个函数返回局部对象的指针也是错误的。因为一旦函数结束,局部对象被释放,指针将指向一个不存在的对象。

3. 返回列表

C++ 11 规定,函数可用返回花括号括起来的值的列表。与其他返回结果类似,此处的列表也用来对表示函数返回结果的临时量进行初始化。如果列表为空,临时量执行值初始化;否则,返回的值由函数的返回类型决定。

下面是一个判断两个 string 字符串的关系,返回字符串列表的函数。

```cpp
vector<string>func(string& exp, string& act){
    if(act.empty() || act.empty())
        return {};                  //返回一个空 vector 对象
    else if(exp ==act)
        return {"equi", act};       //返回列表初始化的 vector 对象
    else
        return {"noneq", exp, act};
}
```

此函数中,第一条 return 语句返回一个空列表,此时 func 函数返回的 vector 对象是空的。在两个字符串 exp 和 act 均不为空的条件下,根据它们是否相等,函数返回的

vector 对象分别用 2 个或 3 个元素初始化。

如果函数返回的是 C++ 内置类型，则花括号内的列表最多包含一个值，而且该值所占的空间不应该大于返回值类型的空间。如果函数返回类类型，则由类本身定义初始值如何使用。

4. 返回数组指针

由于数组不能被复制或赋值，所以函数不能返回数组。但是，函数可以返回数组的指针或引用。虽然定义一个返回数组的指针或引用的函数比较烦琐，但对 C++ 来说也不是很难实现的任务。

1）使用返回指针的函数来实现

使用前面介绍的返回指针的函数是一种利用函数得到一个数组的方法，因为指针可以表示数组元素在内存中的首地址（首元素的地址），所以任意的 T 类型的指针都可以看成是某个 T 类型数组的首地址。虽然不能确定数组的长度，但在一定长度上可以通过函数提供的其他信息实现得到一个数组的效果。

2）使用类型别名

另一种比较直接且有效的方法就是使用类型别名。

```
typedef int intArr[10];
using intArr = int[10];
```

上述两行是等价的定义类型别名的方法，都是把 intArr 声明为一个类型别名，它表示的类型是含有 10 个整数的数组。

由于函数无法返回数组，所以可以将函数的返回类型定义成返回数组的指针。下面的函数原型就声明了一个返回数组指针的函数。

```
intArr * func(int i);
```

这个 func 函数就是接受一个 int 类型的参数，返回一个指向包含 10 个整数的数组的指针。通过这个指针就可以访问它指向的数组中的元素。

3）不使用别名直接声明返回数组指针的函数

不使用类型别名，也能声明返回数组指针的函数，只不过比较烦琐，必须牢记被定义名字后面数组的维度。

```
int a[10];                      //定义包含 10 个整数的数组 a
int * p1[10];                   //定义包含 10 个整型指针的数组 p1
int ( * p2) [10];               //定义一个指针 p2,它指向含有 10 个整数的数组
```

和这些声明一样，如果想定义一个返回数组指针的函数，则数组的维度必须跟在函数名字之后。由于函数的形参列表要紧跟在函数名之后，故形参列表应先于数组的维度。因此，返回数组指针的函数应使用如下形式的函数原型。

```
数据类型 ( * 函数名(形参列表) ) [数组维度];
```

其中，数据类型是指数组元素的类型；数组维度表示数组的大小；* 函数名（形参列表）前

后的圆括号必须存在,就像上面定义 p2 时一样,＊p2 两端的圆括号必须存在。如果没有这一对圆括号,函数返回的就是指针的数组。下面的函数原型就是不使用类型别名声明的一个返回数组指针的函数。

```
int (* func(int i))[10];
```

可以按照如下顺序来逐层理解该声明的含义。

func(int i)表示调用 func 函数时需要一个 int 类型的实参。

(＊func(int i))意味着可以对函数调用的结果执行解引用操作。

(＊func(int i))[10]表示解引用 func 的调用将得到一个长度为 10 的数组。

int (＊func(int i))[10]表示数组中的元素是 int 类型。

5. 尾置返回类型

C++ 11 支持对函数的声明或定义使用尾置返回类型。尾置返回类型跟在形参列表后面并以 −＞符号开头。为了表示函数真正的返回类型跟在形参列表之后,在原来返回类型的位置放置一个关键字 auto。尾置返回类型的一般形式如下:

auto 函数名(形参列表) ->返回类型;

前面用过的函数都可以写成尾置返回类型的形式。

```
auto primefactors(int n) ->int;
auto getshorter(const string& s1, const string& s2) ->const string&;
auto stringcpy(char * dest, const char * src) ->char * ;
```

任何函数的定义都能使用尾置返回类型,但是这种形式对于返回类型比较复杂的函数最有意义。例如返回类型是数组的指针或者数组的引用,如上面的返回数组指针的函数 func,使用尾置返回类型的声明形式如下:

```
auto func(int i) ->int(*)[10];
```

3.5.5　函数重载

有时候需要定义一组函数,它们对不同类型的数据执行同样的一般性动作,表达相同的概念。例如求两个数的最大值,如果一个函数名只能定义一次,那么就需要为每个函数给出一个唯一的名字。

```
int max_i(int x, int y){ return x >y ?x : y; }
double max_f(double x, double y) { return x >y ?x : y; }
const char * max_s(const char * x, const char * y) {
    return strcmp(x,   y) >0 ?x : y;
}
```

但是对函数的调用者来说,这些函数只是同一种操作,并不关心其具体的实现细节。上面这些不同的函数名会造成记忆和使用的不便。

1. 函数重载的概念与定义

C++ 支持在同一作用域内定义多个名字相同但形参列表不同的函数,称之为重载的函数(overloaded functions)。上面几个求最大值的函数就可以使用相同名字的函数,其函数原型如下:

```
int max(int x, int y);
double max(double x, double y);
const char * max(const char * x, const char * y);
```

对于重载的函数来说,它们在形参数量或形参类型上有所不同,上面这几个 max 函数虽然都接受两个参数,但参数的类型不一样。

1) 函数的重载不能仅通过函数的返回类型确定

不允许两个函数除返回类型不同外其他所有的要素都相同。假设有两个函数,它们的形参列表一样但是返回类型不同,则第二个函数的声明是错误的。

```
int func(int);
double func(int);                    //错误,与前一函数相比只有返回类型不同,冲突
```

2) 即使有时候几个形参列表看起来不一样,也不一定是重载的函数

(1) 函数原型中省略形参名字后相同的函数不是重载的函数。

```
int func(const int& x);
int func(const int&);                //省略了形参的名字
```

在这一对声明中,第一个函数给形参起了个名字,而第二个函数没有。形参的命名仅仅起到帮助记忆的作用,有没有它不影响形参列表的内容。

(2) 使用了类型别名。

```
typedef int mytype;                  //using mytype =int;
mytype func(const mytype&);
int func(const int&);
```

这一对函数看起来类型完全不同,但事实上 mytype 不是一种新类型,它只是 int 类型的别名而已。类型别名为已经存在的类型提供另外一个名字,它并不创建新的类型。因此,这两个函数形参的区别仅在于一个使用了类型原来的名字,另一个使用的是它的别名,从本质上来讲并没有什么不同。

(3) 参数有 const 约束的情况。

若参数本身是 const,亦即参数本身的值不能发生变化,此时有没有 const 不影响传入的实参(对象),两个函数不是重载的函数。

例如,"int func(int);"和"int func(const int);"不是重载的函数,"int func(char *);"和"int func(char * const);"也不是重载的函数。

若形参是某种类型的指针或引用,则可以通过区分其所指向的对象是常量对象还是非常量对象来实现函数的重载。

例如,"int func(int&);"和"int func(const int&);"是重载的函数,"int func (char *);"和"int func(const char *);"也是重载的函数。

2. 重载函数的调用与解析

虽然这些重载的函数接受的形参类型不一样,但是执行的操作非常相似。当调用这些函数时,编译器会根据传递的实参类型推断想要调用的是哪个函数。

```
cout <<max(3, -7) <<endl;          //调用 int max(int, int)
cout <<max(12.3, 7.8) <<endl;      //调用 double max(double, double)
cout <<max("abc", "xyz") <<endl;   //调用 const char * max(const
                                   //char * , const char * )
```

函数的名字仅仅是让编译器知道它调用的是哪个函数,而函数重载可以在一定程度上减轻在程序设计与开发过程中起名字、记名字的负担。

定义了一组重载的函数后,就需要以合理的实参来调用它们。在执行函数调用时,要把函数调用与一组重载函数中的某一个关联起来,这个过程称作函数匹配(function matching),也称作重载确定或重载解析(overload resolution)。编译器首先将调用的实参与重载集合中每一个函数的形参进行比较,然后根据比较的结果决定应该调用哪个函数。

调用重载函数时,一般有 3 种可能的结果。

(1) 编译器能找到一个与实参最佳匹配的函数,并生成调用该函数的代码。

(2) 找不到任何一个函数与调用的实参匹配,此时编译器发出无匹配的错误信息。

(3) 有多于一个函数可以匹配,但是每一个都不是明显的最佳选择。此时也将发生错误,称之为二义性调用。

C++ 编译器在找到最佳匹配的重载函数过程中,一般遵循以下原则和次序。

(1) 精确匹配。精确匹配是指函数调用的实参与重载函数集合中某一个函数的形参完全一致。

(2) 通过类型提升匹配。在找不到精确匹配的重载函数时,通过类型提升的数据类型转换而实现匹配。类型提升主要指从窄类型到宽类型的转换(见 3.4 节)。

(3) 通过标准转换匹配。根据 C++ 定义的标准转换规则能够匹配的情况。例如 int 到 double、double 到 int、double 到 long double,派生类指针到基类指针等。

(4) 用户定义的类型转换。在 C++ 语言中,允许用户自定义类型转换函数。如果在程序中定义了这样的转换函数,这些转换函数也会用于重载函数的匹配。

【例 3-14】 函数重载解析的例子。

```
//ch3-14.cpp overload resolution
# include <iostream>
# include <cstring>
using namespace std;
void print(int i){ cout <<i <<endl; }
void print(const char * s){ cout <<s <<endl; }
```

```
int main()
{
    print(5);                    //print(int) 精确匹配
    print(2.3);                  //print(int) 类型转换
    print(2.3f);                 //print(int) 类型转换
    print('A');                  //print(int) 类型提升
    print("string");             //print(const char * ) 精确匹配
    char s[] = "abcdxyz";
    print(s);                    //print(const char * ) 精确匹配
    return 0;
}
```

3.5.6　内联函数

函数调用有一定的时间和空间开销,影响程序的执行效率。即使再简单的函数调用也存在一个潜在的缺点,即函数调用一般比求等价表达式的值要慢一些。因为在大多数机器上,一次函数调用其实包含一系列工作:调用前要先保存寄存器,并在返回时恢复;可能需要复制实参;程序转向一个新的位置继续执行;函数返回时释放被调函数数据区等。

C++通常将规模较小、流程直接、频繁调用的函数指定为内联函数,可以优化程序的运行,提高程序执行的效率。

1. 内联函数的定义

内联函数的定义形式有两种。

1) 显式定义

在函数定义的返回类型之前添加 inline 关键字,从而将该函数指定为内联函数。

2) 隐式方式

将函数定义于类的内部,在类内定义的类的成员函数,编译器自动将其指定为内联函数。

2. 内联函数实现的机理

在程序编译时,编译系统将程序中出现内联函数调用的地方用函数体进行替换。引入内联函数可以提高程序的运行效率,节省调用函数的时间开销,是一种以空间换时间的方案。过分地使用内联会造成函数代码的过度膨胀,占用太多空间。一般来说,简单且使用频率很高的函数才声明为内联函数。

```
inline int max(int x, int y) { return x > y ? x : y; }
cout << max(a, b) << endl;
```

对内联函数的调用,编译器将在编译过程中展开成如下形式。

```
cout << (a > b ? a : b) << endl;
```

对于内联函数需要注意以下几点。

(1) 内联函数体内一般不能有 for、while 循环语句以及 switch 等语句。

(2) 内联函数不能实现递归操作。

(3) 内联函数的定义必须出现在内联函数第一次被调用之前。内联函数只能先定义后使用,所以,一般会将其置于头文件中。

(4) 内联函数一般适合于只有 1~5 条语句的小函数,对一个含有很多语句的大函数,没有必要也不能将其指定为内联函数。

3.5.7　constexpr 函数

constexpr 函数(常量表达式函数)是只能用于常量表达式的函数。定义 constexpr 函数的方法与其他函数类似,并在函数返回类型前添加关键字 constexpr。需要明确的是,并不是所有的函数都可以定义为 constexpr 函数。

1. constexpr 函数满足的条件

(1) 函数必须有返回类型,且不能为 void。

(2) 函数所有形参接受的实参都必须是常量类型。

(3) 函数体有且仅有一条语句,且必须是 return 语句;但可以有空语句、类型别名声明语句、using 声明语句等在运行时不执行任何操作的语句。

(4) 函数在使用前必须已经定义(不能仅仅只有声明)。

```
constexpr int get() { return 12; }
constexpr int ival =get();                    //正确,ival 是 constexpr
```

这里把 get 函数定义成无参数的 constexpr 函数。由于编译器能在程序编译时验证 get 函数返回的是常量表达式,故可以使用 get 函数初始化 constexpr 类型的变量 ival。

在执行初始化操作时,编译器把对 constexpr 函数的调用替换成其结果值。为了能在编译过程中随时展开,constexpr 函数被隐式地指定为内联函数。constexpr 函数按内联的方式进行调用和普通函数调用的方式不同,是一种编译时行为。所以,constexpr 函数的 return 语句不能在运行时才确定函数返回值。

```
const int f(){ return 1; }
constexpr int g() { return f(); }             //错误,调用了非 constexpr 函数
constexpr int f1() { return 1; }
constexpr int g1() { return f1(); }           //正确,f 是 constexpr 函数
```

2. constexpr 函数不一定返回常量表达式

C++ 允许 constexpr 函数返回一个非常量。

```
constexpr int get(){ return 12; }
constexpr int getvalue(int ival) { return get() * ival; }
```

这里,当函数 getvalue 的实参是一个常量表达式,那么它的返回值也是常量表达式,反之则不然。

```
cout <<getvalue(2) <<endl;              //正确,getvalue(2)是常量表达式
int i =2;                               //i 不是常量表达式
cout <<getvalue(i) <<endl;              //错误,getvalue(i)不是常量表达式
```

上述程序代码表明,当给 getvalue 函数传入一个形如字面值 2 的常量表达式时,它的返回类型也是常量表达式。此时,编译器用相应的结果值替换对 getvalue 的调用。

当用一个非常量表达式调用 getvalue 函数时,如上面使用 int 类型的变量 i,则返回值是一个非常量表达式。此时编译器负责检查函数的结果是否符合要求,如果结果恰好不是常量表达式,则编译器发出错误信息。

3.6　命名空间

大型应用程序往往由多人、多团队开发,某些团队可能开发独立的库,也可能使用供应商提供的库,这些库又可能会定义大量的全局名字,如类、函数和模板等。当应用程序用到多个库时,不可避免地会发生某些名字相互冲突的情况。多个库将名字放在全局命名空间中将引发命名空间污染(namespace pollution)。

通过定义比较长全局对象名字的办法可以避免命名空间污染问题(如 string cplusplus_inheritance_make_virtual_str;)。但这种解决方案显然不理想,对任何人来说,编写和阅读这么长的名字费时、费力且过于烦琐。

命名空间(namespace)为防止名字冲突提供了更加可控的机制。命名空间分割了全局命名空间,其中每个命名空间都是一个作用域。通过在某个命名空间中定义库的名字、库的作者(以及用户)可以避免全局名字固有的限制,从而命名空间可以帮助避免不经意的名字冲突。

3.6.1　命名空间的定义

标准 C++ 定义命名空间的关键字是 namespace,随后是命名空间的名字,在命名空间的名字后面是一系列由一对花括号括起来的声明和定义。定义命名空间的语法形式如下:

```
namespace namespace_name{
    members;
}
```

其中,namespace_name 是指定的命名空间的名字,只要是一个合法的 C++ 标识符就可。members 是命名空间中包括的成员,只要是能出现在全局作用域中的声明都能置于命名空间内,可以是类、变量(及其初始化操作)、函数(及其定义)和模板等,也可以是其他命名空间。

```
namespace mynsp{
    int cnt;
    using price =float;
    struct student{
        char * name;
        int age;
    };
    double add(int a,int b)    { return double(a) +b; }
    inline int min(int a,int b);
}
int mynsp::min(int a, int b){
    return a<b? a:b;
}
```

这里定义了一个命名空间 mynsp,它有 5 个成员：cnt、price、student、add 和 min,有变量、结构(类)、类型(类型别名)以及函数的声明或定义。

命名空间中函数的定义有两种方式：一种是在命名空间内定义,如 add；另一种是在命名空间内声明,在命名空间外定义,如 min。当在命名空间外定义时,要用"命名空间名字::"作为函数名的前缀,表示该函数是某个命名空间的成员,它的有效范围仅在此命名空间内。

和其他名字一样,命名空间的名字也必须在它的作用域内保持唯一。命名空间既可以定义在全局作用域内,也可以定义在其他命名空间内,但是不能定义在函数或类的内部。

1. 作用域运算符::

作用域运算符::用于获得指定作用域内的名字,使之在当前作用域内可用。作用域运算符::是一个二元运算符,接受两个操作对象。其左侧操作对象一般是一个确定了作用域的名字(如命名空间、类和枚举等),右侧操作对象为左侧对象所确定的作用域内的实体的名字(如变量名、类名和函数名)等。缺省左侧操作对象时,默认为全局命名空间(全局作用域)。

如果为命名空间 mynsp 内的成员 cnt 赋值为 8,可以采用如下方法。

```
mynsp::cnt =8;
```

使用命名空间 mynsp 中定义的数据类型 student 定义变量,可以使用如下语句。

```
mynsp::student s1;
```

2. 命名空间的作用域

和其他作用域类似,命名空间中的每一个名字都必须表示该空间内的唯一实体。因为不同命名空间的作用域不同,所以在不同命名空间内可以出现相同名字的成员。就像在不同的函数内可以使用相同名字的局部变量一样。

　　和函数内的局部变量一样,定义在某个命名空间内的名字可以被该命名空间内的其他成员直接访问,也可以在该命名空间的内嵌作用域中被访问。但位于该命名空间之外的代码访问命名空间内的成员必须通过命名空间的名字限定访问。如在命名空间外,要使用 myspace 命名空间的成员 min 函数,可以采用如下方式。

```
int minval =mynsp::min(3, 5);
```

3. 命名空间可以分部分定义

　　和其他作用域不同的是,命名空间的定义可以是不连续的。也就是说,命名空间可以分成几个不同的部分,在程序中不同的代码区进行定义。如下编写的命名空间的定义:

```
namespace newnsp{
    ...                                    //成员的声明或定义
}
```

　　这可能是定义了一个名为 newnsp 的新命名空间,也可能是为已经存在的命名空间 newnsp 添加一些新成员。如果以前没有名为 newnsp 的命名空间,则此代码创建一个新命名空间。否则,此代码打开已经存在的命名空间并为其添加一些新成员。

4. 全局命名空间

　　全局作用域中定义的名字(在所有类、函数及命名空间之外定义的名字)都定义在全局命名空间(global namespace)中。全局命名空间由系统隐式声明,并在所有程序中都存在。全局作用域中定义的名字被隐式地添加到全局命名空间中。

　　作用域运算符同样可用于全局作用域的成员,由于全局作用域是隐式的,所以它并没有名字。一般采用 ::member_name 表示全局命名空间中的一个成员。如果在局部作用域内出现了与作用域同名的对象,可以通过上面这种形式在局部作用域中使用全局对象。

5. 命名空间的嵌套

　　C++ 允许在命名空间内嵌套定义命名空间,嵌套定义在另一命名空间内的命名空间称为嵌套命名空间(nested namespace)。

```
namespace mynsp{
    ...                                    //mynsp 成员的声明或定义
    namespace mysubnsp1{
        ...                                //mysubnsp1 成员的声明或定义
    }
    namespace mysubnsp2{
        int isn2;
        ...                                //mysubnsp2 成员的声明或定义
    }
}
```

此代码在命名空间 mynsp 中又嵌套定义了两个命名空间,分别是 mysubnsp1 和 mysubnsp2。

类似于函数内的块作用域,嵌套的命名空间也构成一个嵌套的作用域,它嵌套在外层命名空间的作用域中。使用嵌套命名空间内名字的一般规则有如下两条。

(1) 内层命名空间定义或声明的名字将隐藏外层命名空间同名的成员。

(2) 在嵌套的命名空间内定义的名字只能在内层命名空间内有效,外层命名空间中的代码访问时需要用命名空间的名字限定。

6. 内联命名空间

C++ 11 中引入了一种新的嵌套命名空间,称作内联命名空间(inline namespace)。和普通嵌套命名空间不同,内联命名空间中的名字可以被外层命名空间直接使用,即在外层访问内联命名空间的名字时无须使用该命名空间的名字限定就可以直接访问。

定义内联命名空间的方式就是在定义命名空间的关键字 namespace 前添加一个关键字 inline。

```
inline namespace mysubnsp3{
    ...                                   //成员的声明或定义
}
```

将指定的嵌套命名空间定义成内联命名空间时,关键字 inline 必须出现在命名空间第一次定义的地方,后续再打开命名空间时可以使用 inline,也可以不使用。

7. 未命名的命名空间

未命名的命名空间(unnamed namespace)是指定义命名空间时,在关键字 namespace 后紧跟花括号括起来的一系列成员的声明或定义。未命名的命名空间中定义的变量具有静态生存期:它们在第一次使用时创建,直到程序结束时销毁。

一个未命名的命名空间可以在某个给定的文件内不连续,但不能跨多个文件。每个文件定义的未命名的命名空间作用域仅限于该文件,不同文件定义的未命名的命名空间相互无关。

由于未命名的命名空间没有名字,所以定义在未命名的命名空间内的名字可以直接使用。

未命名的命名空间内定义的名字的作用域与该命名空间所在的作用域相同。若未命名的命名空间定义在文件最外层作用域中,则该命名空间的名字具有全局作用域。

3.6.2 访问命名空间成员

第 1 章介绍 C++ 程序结构时,使用标准命名空间 std 中的名字 cout 和 endl,都需要使用命名空间的名字 std 来限定,如 std::cout、std::endl。像 namespace_name::member_name 这种使用命名空间成员的方式显得非常烦琐,尤其是当命名空间和成员的名字非常长时更是如此。C++ 提供一些简便的方法使用命名空间中的成员。

1. 命名空间的别名

命名空间的别名(namespace alias)使得用户可以为一个命名空间的名字设定一个同义词。如将一个很长的命名空间名字设置为一个较短的名字,或将一个命名空间的名字设置得在程序中看起来意义更明确。C++按照如下方法为命名空间设置别名。

```
namespace alias =namespace_name;
```

其中,声明命名空间别名仍以关键字 namespace 开头,随后是别名所用的名字 alias、运算符(=)、命名空间原来的名字,并以分号(;)结束。

可以为一个嵌套的命名空间指定别名。

```
namespace nsp2 =mynsp::mysubnsp2;
```

2. using 声明

using 声明(using declaration)用于引入命名空间中的成员,但一条 using 声明语句一次只能引入一个命名空间的成员。

using 声明引入的名字遵循与前面一样的作用域规则,它的有效范围从 using 声明语句处开始,一直到 using 声明语句所在的作用域结束时止。在此过程中,外层作用域的同名对象将被隐藏。未加限定的名字只能在 using 声明所在的作用域以及其内层作用域中使用。在有效作用域结束后,就必须使用完整的经过限定的名字了。同声明的变量的作用域类似,局部使用 using 声明引入的名字具有局部作用域,全局引入的具有全局作用域。

所以,一条 using 声明语句可以出现在全局作用域、局部作用域、命名空间作用域以及类作用域中。

在程序中使用 using 声明,使引入 mynsp 中的变量 cnt 具有全局作用域,在函数外使用 using 声明语句即可。名字 cnt 就可以直接使用了。

```
using mynsp::cnt;
```

在 using 声明语句中可以使用命名空间别名,在如下的程序段中,将 mynsp 嵌套命名空间 mysubnsp 中的变量 isn2 引入 main 函数中,使之具有局部作用域。

```
int main(){
    using nsp2::isn2;                        //nsp2 为前面定义的命名空间的别名
    ...                                      //其他语句
    return 0;
}
```

3. using 指示

using 指示(using directive)用于在程序中引入整个命名空间中所有的成员。同 using 声明类似,using 指示也是以 using 关键字开头,但在其后依次紧跟关键字

namespace 和命名空间的名字,最后以分号(;)结束。如下的语句可以将命名空间 mynsp 中的所有名字引入程序中。

```
using namespace mynsp;
```

using 指示和 using 声明相同的地方是,都可以使用命名空间的别名;不同的地方是,使用 using 指示,是引入命名空间中所有的名字,所以无法控制哪些名字是可见的。

与 using 声明不同的是,using 指示也可以出现在全局作用域、局部作用域或命名空间作用域中,但是不能出现在类作用域中。

using 指示使得某个特定的命名空间中所有的名字都是可见的,所以在使用此命名空间中名字时无须再为它们添加任何前缀限定符。

4. 标准命名空间 std

标准 C++ 库所有的标识符都是在一个名为 std 的命名空间中定义的,或者说标准头文件(如 iostream)中函数、类、对象和类模板是在命名空间 std 中定义的。std 是 standard(标准)的缩写,表示这是存放标准库的有关内容的命名空间。

使用标准命名空间 std 中的名字,可以使用 using 声明一次引入一个,也可以使用 using 指示一次引入整个命名空间。

```
using std::cout;              //使用 using 声明引入命名空间 std 中的名字 cout
using namespace std;          //使用 using 指示引入整个命名空间 std
```

3.7 小   结

C++ 是对 C 语言的继承和发展,C++ 是 C 语言的超集,它保留了 C 语言绝大部分特性。本章主要介绍 C++ 对 C 语言知识的扩展,以及 C++ 在非面向对象程序设计方面的特征与语言机制,尤其是在 C++ 11 之后(包括 C++ 14 和 C++ 17)添加的新特性。

第4章

类 与 对 象

  类(class)是面向对象程序设计的核心,是实现数据封装和信息隐藏的工具,是继承和多态的基础。类是一种有别于 C++ 内置类型的自定义数据类型。内置数据类型仅仅是数据定义,是对数据的描述,而类却可以同时包括数据和函数的定义,并把它们组合成一个有机的整体。对象实质上是由类这种数据类型定义出来的变量。广义上讲,类与对象的关系就是数据类型与变量的关系,凡是用数据类型定义的变量都可以称之为对象。

  本章主要内容包括类的定义,类成员访问权限的控制,构造函数和析构函数,类的对象及其初始化,对象的复制,赋值和移动等操作以及静态成员,this 指针,成员指针和友元等内容。

4.1 struct 与 class

  面向对象程序设计语言通常采用 class 实现对抽象数据类型的封装,但在 C++ 中,struct 具有和 class 完全相同的功能,也可以用来设计类。

4.1.1 聚合类

  最初的 C++ 称为"带类的 C",扩展了 C 语言的很多功能。在 C++ 语言中,仍然可以使用 C 语言中的 struct 定义结构。

```
struct 结构名{
    类型 变量名;
    类型 变量名;
    ⋮
};
```

  在 C 语言中,结构名是命名结构的标识符,不是数据类型的名字,也不是变量名。例如,数学上的每一个复数都有实部和虚部两部分组成,可以使用结构定义复数类型。

```
struct Complex{
    double real, imag;
};
```

在 C 语言中,Complex 不是数据类型的名字,struct Complex 才是数据类型的名字,这里 real 和 imag 是结构的成员。到了 C++ 中,结构名就是类型名了。这种类型的变量都可以通过成员运算符(.)访问其成员。按照 C 语言的规则,不能在定义时给结构的成员初始化。这样的结构类型在 C++ 中称作聚合类(aggregate class)。

在 C++ 中,聚合类是一种特殊类型的类,用户可以直接访问其成员,并且具有特殊的初始化语法形式(可以提供一对花括号括起来的成员初始值列表初始化聚合类的数据成员)。

一般地,如果一个类满足如下条件,则称它是聚合的。

(1) 所有的成员都是 public 类型的(任何情况下,对象都可以通过成员运算符访问成员)。

(2) 没有定义任何构造函数(4.4 节介绍构造函数)。

(3) 没有类内初始值(定义时不为成员提供初始化值)。

(4) 没有基类,也没有虚函数(第 6 章介绍)。

上面定义的 Complex 类就是聚合类,再如下面定义的类也是一个聚合类。

```
struct Data{
    int ival;
    string str;
};
```

可以提供一对花括号括起来的成员初始值列表初始化聚合类的数据成员。

```
Data dval ={8, " Smith" };          //dval.ival =8; dval.str =" Smith";
```

初始值的顺序必须与成员声明的顺序一致,也就是说,第一个成员的初始值要放在第一个,然后是第二个,以此类推。

与列表初始化数组的规则一样,如果初始值列表中的元素个数少于类的成员数量,则靠后的成员被值初始化。初始值列表中元素个数绝对不能超过类的成员数量。

需要注意的是,使用列表显式地初始化类的对象成员有非常明显的缺点。

(1) 要求类的所有成员都是 public 的。

(2) 将正确初始化每个对象成员的任务交给了类的使用者(而非类的设计者)。除非用户非常熟悉该类,否则用户很容易忘掉某个初始值或提供一个不恰当的值,初始化容易出错。

(3) 添加或删除一个类的成员后,所有的初始化语句都需要更新。

4.1.2　C++ 对 struct 的扩展

最初的 C++ 称为"带类的 C",扩展了 C 语言的很多功能。C++ 中的 struct 不仅可以包含数据,还可以包含函数。

【例 4-1】　一个包含了数据和数据操作函数的复数结构。

```
//ch4-1.cpp functions members in struct
#include <iostream>
```

```
using namespace std;
struct Complex{
    double real;
    double imag;
    void init(double r, double i){real =r; imag =i; }
    double getReal()  { return real; }
    double getImag() { return imag; }
};
```

Complex 结构的定义中,不仅包含了复数实部 real 和虚部 imag 的定义,而且还包含了初始化函数 init,以及获取实部和虚部的函数 getReal 和 getImag 的定义。原则上,这些函数只负责对结构内部的数据 real 和 imag 进行处理,而与程序中其他数据的处理没有关系。结构中的数据和函数称为成员,real、imag 是数据成员。定义 Complex 结构后,就可以用它来定义变量,并能通过成员运算符访问它的成员函数。

```
int main(){
    Complex c;
    c.init(2, 3);
    cout <<c.getReal() <<"+" <<c.getImag() <<"i" <<endl;
    return 0;
}
```

数据成员是表示属性的,例如它的实部、虚部;函数成员是表示行为,例如取实部、取虚部。

在 main 函数中定义了 Complex 类型的变量 c,通过成员函数 init 将 c 的实部 real 赋值为 2,虚部 imag 赋值为 3,最后在 cout 语句中调用成员函数 getReal 和 getImag 输出复数 c 的内容。

4.1.3 访问权限

将数据和操作数据的函数包装在一起的主要目的是实现数据封装和信息隐藏,信息隐藏就是使结构中的数据和对数据进行操作的细节对外不可见。简单地说,信息隐藏就是不让结构外部的函数直接修改结构中的数据,只能通过结构的成员函数对数据进行间接修改。

为了实现信息隐藏,限制对结构中某些成员的非法访问,C++ 增设了以下 3 个访问权限限定符,用于设置结构中数据成员和成员函数的访问权限。

1. public

被设置为 public 权限的成员(包括数据成员和成员函数)称为类的公有成员,可被任何函数访问(包括结构内和结构外的函数)。

2. private

被设置为 private 权限的成员(包括数据成员和成员函数)称为类的私有成员,仅供结构(类)的内部(自身成员函数)访问。

3. protected

protected 与继承有关。供结构(类)的内部及后代(派生类)访问。

设置权限是为了不让结构外部的函数直接修改结构中的数据,只能通过结构的成员函数对数据进行间接修改。在上面的 Complex 结构中,谁也无法避免在程序中出现类似于下面的语句:

```
Complex b; b.real =10;b.imag =23;
```

处于信息隐藏目的,希望其他函数通过类似于 b.init(20,23)这样的成员函数调用来修改 b.real 和 b.imag,但传统的 struct 结构不能阻止 b.real = 10 和 b.imag = 23 这样的访问,因为 struct 允许其中的数据在外部被访问。

在 C 语言和 C++ 语言中,如果没有声明访问权限,默认的访问权限是 public。所以在类中的成员中如果不让外部直接访问需要加上关键字 private 声明为私有类型。扩展之后,C++ 结构的定义形式如下:

```
struct 类名{
    [public:]
        成员;
    private:
        成员;
    protected:
        成员;
};
```

这里的成员可以是数据成员,也可以是成员函数;public、private 和 protected 用于设置成员的访问权限,这些访问说明符可以按任意次序出现任意多次。

【例 4-2】 增加了访问权限的 Complex 类。

```cpp
//ch4-2.cpp access specifier
#include <iostream>
using namespace std;
struct Complex{
private:
    double real, imag;
public:
    void init(double r, double i){real =r; imag =i; }
    double getReal()   { return real; }
    double getImag() { return imag; }
};
int main(){
    Complex c;
    c.init(2, 3);
```

```
    cout <<c.getReal() <<"+" <<c.getImag() <<"i" <<endl;
    //c.real =3;                //错误,real 为 private 成员
    //c.imag =2.7;              //错误,imag 为 private 成员
    return 0;
}
```

访问权限说明符的有效范围是从其开始直到下一个权限设置。所以本例中的 private 将数据成员 real 和 imag 都设成了 private 权限,public 将 init、getReal、getImag 3 个成员函数设置为 public 权限。因此,real 和 imag 只能被 Complex 内部成员函数 init、getReal 和 getImag 访问,而这 3 个函数都可以被结构之外的任何函数访问。

main 函数中对 c.real 和 c.imag 的直接赋值是错误的,因为 r 和 i 是 Complex 结构内部的私有成员,不允许 Complex 结构之外的函数直接访问它们,c.real 和 c.imag 的修改只能通过 public 函数 init 进行。

4.1.4 类

类(class)具有信息隐藏的能力,能够完成接口与实现的分离,用于把数据抽象的结果封装成可以用于程序设计的抽象数据类型,是面向对象程序设计中通用的数据封装工具。在 C++ 中,class 具有与 struct 完全相同的功能,用法一致。

struct 将所有成员都默认为 public 权限,这很不安全。如果在设计类时,本想将成员设置为 private,但因疏忽而忘了加上关键字 private,成员就变成公有权限了。此外,struct 还容易与传统 C 语言中的结构混淆。基于这些原因,C++ 引进了功能与 struct 相同,但却更安全的数据结构——类。类也是一种自定义数据类型,用关键字 class 表示,用法与 struct 相同,形式如下:

```
class 类名
{
    [private:]
        成员;
    public:
        成员;
    protected:
        成员;
};
```

类名常用首字符大写的标识符表示;private、public 和 protected 用于指定成员的访问权限,与其在 struct 中的含义和用法都相同;一对花括号界定了类的范围;最后的分号必不可少,表示类声明的结束。

【例 4-3】 用 class 定义的 Complex 类。

```
class Complex{
private:
    double real, imag;
```

```
public:
    void init(double r, double i){real = r; imag = i; }
    double getReal()  { return real; }
    double getImag() { return imag; }
    void print() { cout << real << "+" << imag << "i" << endl; }
};
```

对于类的定义需要注意以下一些问题。

1. 访问说明符

对于类声明中的访问说明符 private、public 和 protected 没有先后主次之分，也没有使用次数的限制。

数据成员和成员函数都可以设置为 public、private 或 protected 属性。出于信息隐藏的目的，常将数据成员设置为 private 权限，将需要让类的外部函数（非本类定义的函数）访问的成员函数设置为 public 权限，只能让类内部访问的成员函数设置为 private 权限。

2. 类作用域

class 或 struct 后面的一对花括号包围的区域是一种独立的作用域，称作类域。类域内的数据和函数都称为成员，其中数据称为数据成员，而函数则常被称为成员函数。同一类域内的成员不受访问权限 public、private 或 protected 的限制，也不受先后次序关系的影响，相互之间可以直接访问。如例 4-3 中，成员函数 init、getReal 和 getImag 就直接访问了私有的成员 real 和 imag。事实上，在一个成员函数的内部还可以直接调用另一成员函数。

3. 关键字 struct 和 class

C++ 的 struct 也是一种类，它与 class 具有相同的功能，用法完全相同。可以使用这两个关键字中的任何一个定义类。struct 与 class 的唯一区别是在没有指定成员的访问权限时，struct 中的成员具有 public 权限，而 class 中的成员具有 private 权限。当希望定义的类的所有成员都是 public 时，使用 struct；反之，如果希望成员是 private，则使用 class。

4.1.5 抽象与封装

类是对客观世界中同类事物的抽象，它给出了属于该类事物共有的属性（数据成员）和操作（成员函数）。

类具有封装特性。可以从两方面认识类的封装：其一是类能够把数据和算法（操作数据的函数）组合在一起，构成一个不可分割的整体；其二是类具有信息隐藏的能力，它能够有效地把类的内部数据（即私有和受保护成员）隐藏起来，外部函数只有通过类的公有成员才能访问类的内部数据。

　　封装使类成为一个具有内部数据的自我隐藏能力、功能独立的软件模块。用 private 把不想让外部程序访问的数据或函数设置为私有成员,就可以禁止外部程序对这些数据的随意修改;用 public 把允许外部程序访问的成员设置成公有成员,让本类之外的其他函数能够通过这些公有成员,按照类允许的方法访问其私有数据,就能够实现数据保护的目的。

　　抽象是对具体对象(问题)进行概括,抓住问题的本质,忽略某些与问题无关的细节,抽出这一类对象的共有性质并加以描述的过程,抽象主要包括数据抽象和过程抽象。数据抽象用来描述某类对象的属性或状态(对象相互区别的物理量),描述的是同类对象共有的静态特征,每个属性或状态都是通过值来体现的,所有属性或状态的值就确定了这类的一个具体的对象,在 C++ 中一般用某种类型的变量来表示某个属性。过程抽象用于描述某类对象共有的行为特征或具有的功能,体现的是同类对象共有的动态方面的特征,通过一系列的具体操作来体现,在 C++ 中用函数来描述。

　　抽象与封装的区别在于,抽象是一种思维方式,而封装则是一种基于抽象性的操作方法。一般通过抽象,把所得到的数据信息及其功能(操作),以封装的技术将其重新整合,形成一个新的有机体,这就是类。也可以说,两者是合作的关系,没有抽象,封装就无从谈起,没有封装,抽象也将没有意义。在 C++ 中,抽象与封装是通过类的定义来实现的。

　　【例 4-4】 设计一个时钟类,并借此理解类的封装和信息隐藏,时钟可以为用户提供时间,如果时间不准确,可以进行调整。

　　任何时钟都是一个独立存在的有形实体,根据所给的问题,抓重点,找和问题密切相关的特征。重点是什么? 关键 1:数据描述,对时间信息的描述,时间(值)怎么体现? 通过时、分、秒 3 个数据来体现,结合实际情况,抽象出 3 个整型变量来表示。关键 2:如何修改和展示时间? 即如何调整时、分、秒这个数据,用 3 个相应的 setX 函数即可。对于时间的展示用一个简单的输出数据的函数即可实现。

　　对于时钟的内容结构和运行机制都在时钟的内部,用户不需要知道这些信息,也无须了解时钟的运行机制。也不需要关心那些和时间无关的细节问题,如指针怎么移动? 指针什么颜色? 是电子驱动还是机械驱动? 时钟是圆的还是方的? 这些细枝末节的问题在抽象时都可以忽略。

　　通过上面的分析,可以将时钟类封装如下:

```
class Clock
{
    int hour, minute, second;
    void init(int h, int m, int s);
    void setHour(int h);
    void setMinute(int m);
    void setSecond(int s);
    void print();
};
```

然后将抽象出的数据成员、代码成员相结合,将它们视为一个整体,即为封装。目的是增强安全性和简化编程,使用者不必了解具体的实现细节,而只需要通过外部接口,以特定的访问权限,来使用类的成员。用类来抽象与封装时钟类,把时、分、秒设置为私有数据成员,把时钟提供给外部用户的操作(如设置初始时间、时、分、秒)设置成公有成员函数,用这种思想,设置了成员访问权限的时钟类如下:

```cpp
class Clock
{
private:
    int hour, minute, second;
public:
    void init(int h, int m, int s);
    void setHour(int h);
    void setMinute(int m);
    void setSecond(int s);
    void print();
};
```

类体现了人们认识事物的基本思维方法——分类,把具有相同属性和操作的同类事物归结为一类,用类来完成对它们的抽象描述。在面向对象程序设计中,并不需要对每个对象进行说明,而是着重说明代表全体同类事物共性的类。

4.2 类 的 成 员

类的成员既可以是数据,也可以是函数。其中,数据称为数据成员,函数常被称为成员函数。除了数据成员和成员函数外,类的成员还可以是嵌套类型、枚举、成员模板及其特化(C++17引入)(静态数据成员模板的特化是静态数据成员;成员函数模板的特化是成员函数;特化成员类的模板是嵌套类)。

4.2.1 数据成员

在 C++ 中,类的数据成员可以是任何数据类型,如整型、浮点型、字符型、数组、指针和引用等,也可以是另外一个类的对象或指向对象的指针,还可以是指向自身类的指针或引用,但不能是自身类的对象;可以是 const 常量,但不能是 constexpr 常量;可以用 decltype 推断类型,但不能使用 auto 推断类型;数据成员不能指定为 extern 的存储类别;如果数据成员没有被指定为 static 的存储类别,那么也不能被指定为 thread_local 的存储类别。

```cpp
class A{ /* … */ };
class B{
private:
    int a;                        //正确
```

```
        A aobj, * pbobj;              //正确
        B * bobj, &rbobj;             //正确
        decltype(a) r;                //正确
        const int x;                  //正确
        static int si;                //正确
        //B b;                        //错误
        //auto b =a;                  //错误
        //extern int c;               //错误
        //constexpr int y;            //错误
        //thread_local int li;        //错误
public:
        ...
};
```

C++ 11 支持在定义类的同时为类的数据成员提供一个类内初始值,用于创建类对象时初始化数据成员,例如下面定义 X 类时为其数据成员提供了类内的初始值。

```
class X{
private:
        int a =2;
        int y ={3};
        int b[3] ={1, 2, 3};
        const int ci =a;
public:
        ...
};
```

实际上,类的定义(或声明)只是在程序中增加了一种自定义的数据类型,此时类的数据成员并没有获得相应的内存空间。只有在用类定义对象时,数据成员才会被分配空间,在这个时间点上才会用相应的初始值初始化数据成员。

4.2.2 成员函数

类的成员函数有时也称作方法或服务。它可以在类内定义,也可以在类外定义;可以重载,也可以使用默认实参。

1. 成员函数的定义

类的成员函数有两种定义方式:一种是在声明类时就给出成员函数的定义,例 4-3 中 Complex 类的成员函数都是在类内定义的。以这种方式定义的成员函数如果符合内联函数的条件,C++ 就会自动将它设置为内联函数。

另一种方法是在声明类时,只声明成员函数的原型,然后在类的外部定义成员函数。例如例 4-4 中 Clock 类的成员函数,在 Clock 类内只有声明,而没有定义,此时需要在类的外部给出其实现。可以采用如下方法在类外定义类成员函数。

返回类型 类名::成员函数名(参数列表);

其中,::是作用域运算符,用于说明这里定义的函数是指定类中的一个成员函数。

【例 4-5】 完善 Clock 类,在类外实现成员函数的定义。

```cpp
class Clock
{
private:
    int hour, minute, second;
public:
    void init(int h, int m, int s);
    void setHour(int h);
    void setMinute(int m);
    void setSecond(int s);
    void print();
};
void Clock::setHour(int h) {
    hour =h;
    if(hour >23) hour =0;
}
void Clock::setMinute(int m) {
    minute =m;
    if(minute >59) {
        minute =0;
        hour++;
        setHour(hour);
    }
}
void Clock::setSecond(int s) {
    second =s;
    if(second >59) {
        second =0;
        minute++;
        setMinute(minute);
    }
}
void Clock::init(int h, int m, int s) {
    setHour(h);
    setMinute(m);
    setSecond(s);
}
void Clock::print() {
    cout <<hour <<":" <<minute <<":" <<second <<endl;
}
```

类外定义的成员函数若要指定为内联函数,需要显式地在函数返回类型前使用关键字 inline。

2. const(常量)成员函数

在 C++ 中,为了禁止成员函数修改数据成员的值,可以将它设置为 const(常量)成员函数。设置 const(常量)成员函数的方法是紧跟在成员函数形参列表的后面加上关键字 const,形式如下:

```
class X{
    T f(T1, T2, …) const;
};
```

其中,T 是函数返回类型,f 是函数名,T1,T2,…是各参数的类型。将成员函数设置为 const 类型后,表明该成员函数不会修改任何数据成员的值。

在类的成员函数中,一般都存在一些用来设置数据成员值的 setX 函数。由于类的数据成员大多是私有的,在很多情况下,也往往需要获取数据成员的函数 getX,这里函数往往是仅得到数据成员的值,并不允许修改它。对于这类成员函数 C++ 允许使用 const 关键字将其指定为常量成员函数。

无论是类内定义的成员,还是类外定义的成员函数,都可以通过使用关键字 const 将其指定为常量成员函数。在函数声明或定义中必须同时出现 const 才可。如修改例 4-5 中的 Clock 类,增加获取数据成员值的成员函数,并将其指定为 const 成员函数。

```
class Clock
{
private:
    int hour, minute, second;
public:
    int getHour() const { return hour;      }
    int getMinute() const;                      //必须有 const
    int getSecond() const;                      //必须有 const
    …                                           //同例 4-5
};
int Clock::getMinute() const{ return minute; }   //必须有 const
int Clock::getSecond() const{ return second; }   //必须有 const
```

需要注意的是,只有类的成员函数才能指定为常量函数,一般的函数不能定义为常量函数。同时,const(常量)成员函数与 const(常量)参数是不同的,常量参数是限制函数对参数的修改,而常量成员函数是限制函数对类数据成员的修改。

3. 成员函数的重载与默认实参

与普通函数的重载一样,类的成员函数也可以重载,也可以为类的成员函数指定默认实参。

例如,可以定义与上例中 Clock 类的 init 重载的函数,还可以为 init 函数指定默认实参。在类外定义的函数,只能在类内声明时或类外定义成员函数时指定默认实参,但不能在声明和定义中同时指定。

```
class Clock
{
    ...                                      //同上例
public:
    ...                                      //同上例
    void init(int h = 0, int m = 0, int s = 0);
    void init(int h, int m) { hour = h; minute = m; }
    void init(int h) { hour = h;      }
    ...                                      //同上例
};
```

类成员函数重载和指定默认实参与普通函数设置相同,即重载的函数必须具有不同的形参列表,如果某个参数指定默认实参,则它后边所有的参数都必须指定默认值。

4.2.3 嵌套类型

嵌套类型是在类中定义的类、枚举、使用 typedef 声明为成员的任意类型以及使用 using 声明的类型别名(C++17 中引入)。

1. 嵌套类

定义在另一个类的内部的类称作嵌套类,嵌套类也是一个独立的类,与外层类基本没有关系。特别是,外层类的对象和嵌套类的对象是相互独立的。在嵌套类的对象中不包含任何外层类定义的成员。类似地,在外层类中也不包含任何嵌套类定义的成员。

嵌套类的名字在外层类的作用域中是可见的,在外层类作用域之外不可见。和类其他成员的名字一样,嵌套类的名字不能和它所在类的其他名字冲突。

嵌套类中成员的种类和非嵌套类是一样的。和其他类类似,嵌套类也使用访问说明符来控制外界对其成员的访问权限。外层类对嵌套类的成员没有特殊的访问权限,同样,嵌套类对外层类的成员也没有特殊的访问权限。

嵌套类相当于在其外层定义了一个类型成员,和其他成员类似,该类型的访问权限由外层类决定。位于外层类 public 部分的嵌套类实际上定义了一种可以随处访问的类型;位于外层类 protected 部分的嵌套类定义的类型只能被外层类及其友元和派生类访问;位于外层 private 部分的嵌套类定义的类型只能被外层类的成员和友元访问。

```
class X{
    ...
public:
    class Y{                                 //Y 是在 X 类内定义的嵌套类
        ...
```

```
    };
};
```

嵌套类可以在类内声明,类外定义,在类外定义时需要外层类类型来限定。

```
class X{
    …
public:
    class Y;                    //Y 是 X 的嵌套类,但定义在外层类之外
};
class X::Y{                     //Y 是在 X 类外定义的嵌套类
    …
};
```

2. 类型别名

在类内部可以使用 typedef 和 using 声明类型别名,用法和以前相同。

```
typedef T alias;
using alias =T;
```

其中,T 是已经存在的数据类型,可以是 C++ 内置类型,也可以是自定义数据类型,但前提是该类型名字必须能在类内访问。

3. 枚举

可以在类的内部使用枚举类型的枚举元素,如果是在类内定义的非限定作用域枚举中的枚举元素都是类的成员。若是限定作用域的枚举元素,则需要使用枚举类型名限定访问。非限定作用域枚举(unscoped enumeration)和限定作用域枚举(scoped enumeration)都可以作为类的成员。

1)非限定作用域枚举

定义非限定作用域枚举类型的方法和 C 语言中一致。

```
enum 枚举名 { e1, e2, … };
```

在 C++ 中,枚举名就是定义的枚举类型的名字,要满足 C++ 自定义标识符的命名规则;后面花括号中的元素,均为标识符常量,称为枚举元素或枚举成员。枚举成员的可见性和枚举类型本身的可见性相同。定义枚举的作用域内不能定义与枚举成员同名的变量;但在其所包含的局部作用域内可以定义与枚举成员同名的变量,不过会隐藏枚举成员的可见性。C++ 11 之后,枚举成员可由枚举类型通过作用域运算符限定访问。枚举的元素的默认类型为整型,枚举成员的值可以通过隐式类型转换赋值给整型的变量或参与算术运算。

【例 4-6】 非限定作用域枚举成员的使用分析。

```
//ch4-6.cpp
#include <iostream>
```

```
using namespace std;
enum myColor{ red, green, blue };          //非限定作用域枚举
//int red;                                 //错误,重复定义 red
int main()
{
    int k = red;                           //这里的 red 是枚举成员
    cout << k << endl;                     //输出:0
    int red = 8;                           //隐藏了枚举成员 red
    cout << red << endl;                   //输出:8
    red = green;                           //red 是局部 int 变量,green 是枚举成员
    cout << red << endl;                   //输出:1
    k = myColor::red;                      //枚举成员 red 自动转换成 int 类型
    cout << k << endl;                     //输出:0
    return 0;
}
```

2）限定作用域枚举

C++ 11 引入了限定作用域枚举,从而将枚举成员的可见性限定在枚举类型内,定义限定作用域枚举需要在 enum 关键字后面加上 class(或者 struct)关键字。下面是将枚举 myColor 定义成限定作用域枚举的例子。

```
enum class myColor{ red, green, blue }; //myColor 是限定作用域枚举
```

限定作用域枚举将枚举成员的可见性限定在了定义枚举类型的花括号内,故在枚举类型外,不能直接使用枚举成员的名字。只能通过作用域运算符访问限定作用域枚举的成员,即必须通过枚举类型名称限定才能访问枚举成员。

```
myColor clr = red;                         //错误,red 是限定作用域枚举的成员
myColor clr = myColor::red;                //正确,需要限定访问
```

同时限定作用域枚举是一种更强类型的枚举,不能隐式转换为其他类型。要进行类型转换,需要显式使用 static_cast。

```
int iclr = myColor::red;                   //错误,不能进行隐式转换
int clr = static_cast<int>(myColor::red);  //正确,显式转换
```

4.3　类类型与对象

类是一种用户自定义的数据类型,通过 class 定义的类型都称作类类型。有了数据类型就可以定义这种类型的变量,在 C++ 中由类类型定义的变量称作对象。

4.3.1　类类型

每个类都定义了唯一的类型,对于两个类来说,即使它们的成员完全一样,这两个类

也是不同的类型。

```
struct Firsttype{
    int num;
    int getNum(){ return num; }
};
struct Secondtype{
    int num;
    int getNum(){ return num; }
};
Firsttype = obj1;
Secondtype obj2 = obj1;                  //错误,obj1 和 obj2 的类型不同
```

不同类类型的对象不能进行自动相互转换,即使两个类具有完全相同的成员列表,它们也是不同的类型,也不能相互之间进行自动类型转换。对于一个类来说,它的成员和其他任何类(或者其他任何作用域)的成员都不是一回事。

可以直接把类名作为类型的名字来使用,从而直接指向类类型。也可以把类名跟在关键字 class 或 struct 后面来使用。

```
Complex c;                  //默认初始化 Complex 类型的对象
class Complex c;            //与上一条等价的声明
```

上面两种使用类类型的方式是等价的,其中第二种方式是从 C 语言继承过来的,并且在 C++ 中也是合法的。

就像可以把函数的声明和定义分开一样,类的声明和定义也可以分开,这样就可以仅仅先声明类,而暂时不定义它。

```
class X;                   //X 类的声明
```

这种声明有时被称作前向声明(forward declaration),它向程序中引入了名字 X,并且指明 X 是一种类类型。对于类型 X 来说,在它声明之后、定义之前是一个不完全类型(incomplete type)。也就是说,此时用户仅仅知道 X 是一个类类型,但是不清楚它到底包含哪些成员。

不完全类型只能在有限情景下使用,可以定义指向这种类型的指针或引用,也可以声明(但不可以定义)以不完全类型作为参数或返回类型的函数。

对一个类来说,在创建它的对象之前该类必须被定义过,而不能仅仅被声明。否则编译器就无法了解这样的对象需要多少存储空间。类似地,类也必须首先被定义,然后才能用引用或指针访问其成员。毕竟,如果类没有定义,编译器也无法知道它包含哪些成员。

4.3.2　对象

类是对同类事物的一种抽象,这类事物中具体的一个实例就把它看作一个对象。例如,时钟是抽象的类(class)的概念,而"你手上戴的手表"就是一个实体了,是对象

（object）。类和对象的关系就是数据类型和变量的关系。对象通过封装把它的属性和操作结合在一起，构成一个独立的程序个体，外界只能通过对象提供的公有接口与之进行交流，调用对象的功能。

1. 对象的定义

类类型定义完成后，就可以用它定义变量了。用类定义对象的形式如下：

类类型名 对象名;

定义对象的方法与定义一个普通变量没有区别，一次可以定义一个对象，也可以定义多个对象。例如用例 4-5 最终完善后的时钟类定义两个对象。

```
Clock  clk1, clk2;
```

每个对象都有 11 个成员，3 个数据成员（hour、minute 和 second），8 个成员函数（init、setHour、setMinute、setSecond、getHour、getMinute、getSecond 和 print）。C++ 会为每个对象独立地分配存储空间。类声明的时候是不分配空间的，只有定义对象的时候才分配空间。C++ 只为每个对象的数据成员分配独立的存储空间，同一类的成员函数在内存中则只有一个备份，供该类的所有对象共用。

类类型是一种自定义数据类型，可以定义类类型的变量，也可以定义类类型的指针和引用。

```
Clock * pClk =&clk1;              //定义 Clock 类的指针 pClk,指向对象 clk1
Clock& rClk =clk2;                //定义 Clock 类的引用 rClk,指向对象 ckl2
```

2. 对象对成员的访问

类中成员之间的相互访问，不受访问说明符的限制，可以直接使用成员名。类外访问，只能使用"对象名.成员名"访问具有 public 访问说明符的成员。对象的引用方法与结构相似，必须用成员运算符"."作为对象名和对象成员之间的间隔符，形式如下：

对象名.数据成员名
对象名.成员函数名(实参列表)
clk1.setHour(12);
clk1.print();

说明：

（1）在类外只能访问对象的公有成员，不能访问对象的私有和受保护成员。

（2）如果定义了对象指针，在通过指针访问对象成员时，要用成员运算符"－＞"作为指针对象和对象成员之间的间隔符。

```
Clock * pClock =new Clock;
pClock->setHour(12);
pClock->print();
```

3. 对象间的赋值

由于不同类类型的对象不能进行相互之间的自动类型转换,所以不同类类型的对象之间不能互相赋值。但同类的不同对象之间,以及同类的指针之间可以相互赋值,和 C++ 内置数据类型的变量之间的赋值完全相同。

对象名 1 =对象名 2;

例如,对于前面的 Clock 类,下面的用法是正确的。

```
Clock * p1, * p2, clk1, clk2;
clk1 =clk2;
p1 =new Clock;
p2 =p1;
```

说明:

(1) 进行赋值的两个对象必须类型相同。

(2) 进行数据成员的值复制,赋值之后,两不相干。

(3) 若对象有指针数据成员,赋值可能产生问题。

【例 4-7】 Clock 类及其对象的应用。

```cpp
//ch4-7.cpp usage of class and object
#include <iostream>
using namespace std;
class Clock
{
private:
    int hour, minute, second;
public:
    int getHour() const { return hour;      }
    int getMinute() const;
    int getSecond() const;
    void init(int h =0, int m =0, int s =0);
    void setHour(int h);
    void setMinute(int m);
    void setSecond(int s);
    void print();
};
int Clock::getMinute() const{ return minute; }
int Clock::getSecond() const{ return second; }
void Clock::setHour(int h){
    hour =h;
    if(hour >23) hour =0;
}
void Clock::setMinute(int m){
```

```
    minute =m;
    if(minute >59) {
        minute =0;
        hour++;
        setHour(hour);
    }
}
void Clock::setSecond(int s){
    second =s;
    if(second >59){
        second =0;
        minute++;
        setMinute(minute);
    }
}
void Clock::print(){
    cout <<hour <<":" <<minute <<":" <<second <<endl;
}
void Clock::init(int h, int m, int s){
    setHour(h);
    setMinute(m);
    setSecond(s);
}
int main()
{
    Clock * p1, * p2, clk1, clk2;
    clk1.init(8);
    clk1.print();                          //输出 8:0:0
    clk1.setMinute(45);
    clk1.print();                          //输出 8:45:0
    p1 =&clk1;                             //p1 指向 clk1
    p1->setSecond(30);
    p1->print();                           //输出 8:45:30
    clk2 =clk1;                            //对象间的赋值
    clk2.setHour(14);
    clk2.print();                          //输出 14:45:30
    p2 =new Clock();                       //p2 指向用 new 创建的对象
    p2->init(15,30,30);
    p2->print();                           //输出 15:30:30
    p1 =p2;                                //p1 和 p2 指向同一个对象
    p1->print();                           //输出 15:30:30
    delete p2;
    p1->print();                           //异常:指针悬挂
    return 0;
}
```

程序运行最后输出了一个预期之外的结果,主要是指针 p2 指向了使用 new 创建的对象,且 p1 也指向了该对象。然后用 delete 释放了 p2 所指向的用 new 分配的存储空间,导致指针 p1 指向了一块不存在的内存。

4.4 构造函数和析构函数

构造函数和析构函数是类的两个极其特殊的成员函数,它们由系统自动执行,在程序中不可显式地调用它们。理解这两个函数对学好面向对象程序设计技术是很有帮助的。构造函数的主要作用是用于建立对象时对对象的数据成员进行初始化。析构函数主要用于对象生命期结束时回收对象。

4.4.1 构造函数和类内初始值

每个类都分别定义了它的对象被初始化的方式,类通过一个或几个特殊的成员函数来控制其对象的初始化过程,这些函数叫作构造函数(constructor)。构造函数的任务是初始化类对象的数据成员,无论什么时候创建类的对象,都会执行构造函数。C++11 还支持在类的定义阶段为对象的数据成员提供初始值,这种行为称为类内初始值(in-class initializer)。

1. 构造函数

构造函数的名字和类名相同。但和其他函数不一样的是,构造函数没有返回类型,除此之外类似于其他函数。构造函数也有一个参数列表(可能为空)和一个函数体(可能为空)。类可以包含多个构造函数,和其他重载函数差不多,不同的构造函数之间必须在参数数量或参数类型上有所不同。

其定义形式如下:

```
class X{
    …
public:
    X(…);
    …
};
```

其中,X 是类名,X(…)就是构造函数,它可以有参数表。构造函数的声明和定义方法与类的其他成员函数相同,可以在类的内部定义构造函数,也可以先在类内声明构造函数,然后在类外进行定义。在类外定义构造函数的形式如下:

```
X::X(…) { … }
```

不同于其他成员函数,构造函数不能被声明成是 const 的成员函数。当创建类的一个 const 对象时,直到构造函数完成初始化过程,对象才能真正取得其"常量"属性。因此,构造函数在 const 对象的构造过程中可以向其写值。

构造函数是类的一类特殊成员函数,其具有以下特点。

(1) 构造函数的名字和类名相同,不能是其他名字。

(2) 构造函数没有返回值类型(void 也不行),可以重载,一个类可以有多个构造函数。

(3) 构造函数可以是内联函数。

(4) 构造函数只能由系统自动调用,不能在程序中显式调用构造函数。

(5) 通常情况下,构造函数应该被设置为类的公有成员,虽然它只能被系统自动调用,但这些调用都是在类的外部进行的。

2. 类内初始值

类内初始值也用于为对象的数据成员提供初始值,是在类的定义阶段指定对象数据成员的初始值。在创建类对象时,类内初始值将用于初始化相应的数据成员,没有初始值的成员将被默认初始化。

使用类内初始值时,往往使用初始化的方式,或者放在紧跟数据成员后面的花括号里,或者放在等号右边的花括号里,切记不能使用圆括号。如果是 C++ 内置数据类型,类内初始值出现在等号右侧时,可以不使用花括号。

```
struct Y{ int x, y; };              //聚合类,使用列表初始化
class X{
    const int ci =5;                //等价于 const int ci ={5}; const int ci{5};
    //const int ci(5);              //错误,类内初始化不能使用圆括号
    int i;
    int& ri =i;                     //等价于 int& ri ={i}; int& ri{i}
    Y y{1, 2};                      //等价于 Y y ={1, 2}
    //Y y2(2, 3);                   //错误,类内初始化不能使用圆括号
    ...
};
```

如果希望某个类的对象在开始时总是拥有一个默认初始化的成员,这时最好的方法就是把这个默认值声明成一个类内初始值,尤其是 const 常量成员。

使用类内初始值还可以减少构造函数的复杂度,因为使用了类内初始值之后,构造函数只需要负责和默认值不同的部分成员就可以了,函数就精炼了很多。

4.4.2　默认构造函数

对于前面定义的类 Complex 和 Clock,类的声明中都没有为这类的数据成员提供初始值,那么在定义这些类对象时,就不会执行对象的初始化工作,因此会对它们执行默认初始化。对于类类型来讲,类通过一个特殊的构造函数来控制这个默认初始化的过程,这个函数就叫作默认构造函数(default constructor)。默认构造函数无需任何参数。

默认构造函数在很多方面都有其特殊性,其中最重要的一点是,C++ 的每个类都必须要有构造函数,如果没有为类显式地定义任何构造函数,那么编译器就会为类隐式地

定义一个默认构造函数。

1. 合成的默认构造函数

由编译器创建的构造函数又被称为合成的默认构造函数（synthesized default constructor）。对于大多数类来说，合成的默认构造函数按照如下规则初始化类的数据成员。

（1）如果数据成员存在类内初始值，则用它来初始化成员。

（2）否则，默认初始化该成员。

2. 显式定义默认构造函数

合成的默认构造函数只适合非常简单的类，例如前面定义的类 Complex 和 Clock。对于一个普通类来说，有时候必须定义它自己的默认构造函数，这主要出于以下 3 点考虑。

1）合成的默认构造函数可能导致错误的操作

对于某些类来说，如果类中包含内置类型或复合数据类型的成员（如数组、指针），那么当类的对象被默认初始化时，则相关数据成员的值是未定义的。此时需要显式定义构造函数用来初始化这些成员，否则，用户在创建类的对象时，就可能得到未定义的值，即只有当类内所有的内置数据类型的成员或复合类型的成员都全部被赋予了类内初始值时，这个类才适合于使用合成的默认构造函数。

【例 4-8】 定义一个包含年、月、日的日期类 Date，不定义任何构造函数。

```
//ch4-8.cpp undefined default constructor
#include <iostream>
#include <iomanip>
using namespace std;
class Date{
    int year, month, day;
public:
    void setDate(int y, int m, int d){
        year =y; month =m; day =day;
    }
void print(){
        cout <<"Date:" <<year <<"-" <<month <<"-" <<day <<endl;
    }
};
int main(){
    Date d;                    //调用合成的默认构造函数初始化对象 d
    d.print();                 //未定义的值,结果不可预期
    return 0;
}
```

此时，Date 类中没有定义任何构造函数，那么编译器将为它合成默认构造函数。但

类中的成员是 C++ 内置类型,在使用合成的默认构造函数初始化对象时,其值是未定义的,出现了不可预期的输出结果。

2）类内定义了其他构造函数

因为只有编译器发现类内不包含任何构造函数的情况下,才会自动生成默认构造函数。一旦定义了其他构造函数,除非再定义一个默认的构造函数,否则类将没有默认构造函数。如果没有默认构造函数,在创建对象时,有可能出错。因为创建对象时,都要调用相应的构造函数完成对象的初始化工作。因为类对象的初始化要遵循这样一条规则:如果一个类在某种情况下需要控制对象初始化,那么该类很可能在所有情况下都需要控制,也就是说考虑各种情况下对象的初始化。

【例 4-9】 修改例 4-8 中的 Date 类,为其定义一个带参数的构造函数。

```cpp
//ch4-9.cpp
#include <iostream>
using namespace std;
class Date{
    int year, month, day;
public:
    Date(int y, int m, int d){      //定义了带 3 个参数的构造函数
        year =y;
        month =m;
        day =d;
    }
    void setDate(int y, int m, int d){
        year =y; month =m; day =day;
    }
    void print(){
        cout <<"Date:" <<year <<"-" <<month <<"-" <<day <<endl;
    }
};
int main(){
    Date d;                         //出错,此时需要调用默认构造函数,类中没定义
    d.print();
    return 0;
}
```

当类 Date 中定义了带参数的构造函数时,编译器将不再生成任何默认构造函数。此时程序中要求以默认初始化方式初始化新创建的对象就会出错。此时需要显式定义默认构造函数,为类的成员提供初始值。

3）编译器不能合成默认构造函数的情况

编译器不是万能的,并不能为所有的类合成默认构造函数。如果类中包含一个其他类类型的成员并且这个成员的类型没有默认构造函数,那么编译器将无法初始化该成员。对于这样的类来说,必须显式定义默认构造函数,否则这类将没有可用的默认构造函数。

【例 4-10】 设计一个日期时间类,其中用例 4-9 中的 Date 类的对象作为其数据成员。

```
//ch4-10.cpp
#include <iostream>
using namespace std;
...                              //ch4-9.cpp 中的 Date 类的定义
class DateTime{
    Date d;                      //对象成员
public:
    void print(){
        d.print();
    }
};
int main(){
    DateTime dt;                 //找不到默认构造函数
    dt.print();
    return 0;
}
```

DateTime 类中有一个 Date 类的对象 d 作为数据成员,但 Date 类没有默认构造函数。由于 DateTime 类中没有定义任何构造函数,编译器将要默认初始化 d,但 d 所在的类 Date 没有默认构造函数,此时编译器不再合成默认构造函数,所以就出错了。

3. 使用＝default 合成默认构造函数

如果在一个类中已经定义了其他形式的构造函数,此时编译器将不再合成默认构造函数。但是程序中仍然需要为类的对象提供默认初始化操作,此时可用构造函数后的参数列表后面使用＝default 来要求编译器生成默认构造函数,这是 C++ 11 引入的新特性。

其中,＝default 既可以和构造函数的声明一起放在类的内部,也可以作为定义出现在类的外部。和类的其他成员函数一样,如果＝default 在类的内部,则内部构造函数是内联的;如果它出现在类的外部,则该成员默认情况下不是内联的。

```
class X{
    ...
public:
    X() =default;                //编译器合成默认构造函数
    ...
};
```

4.4.3 重载构造函数与默认实参

在一个类中,构造函数是可以重载的。这和普通函数的重载以及类的普通成员函数的重载一样。重载的构造函数也必须具有不同的函数原型,亦即参数个数、参数类型或参数次序不能完全相同。

【例 4-11】 修改例 4-9 中的 Date 类，为其添加重载的构造函数，可以接受年、月、日三个参数，年、月两个参数，年一个参数或无任何参数建立对象，若未提供数据，使用默认值 2019 年 10 月 11 日。

```cpp
#include <iostream>
using namespace std;
class Date{
    int year =2019, month =10, day =11;
public:
    Date() =default;
    Date(int y, int m, int d) { year =y; month =m; day =d; }
    Date(int y, int m) {  year =y;   month =m;  }
    Date(int y) { year =y; }
    void setDate(int y, int m, int d) {
        year =y; month =m; day =day;
    }
    void print() {
        cout <<"Date:" <<year <<"-" <<month <<"-" <<day <<endl;
    }
};
int main() {
    Date today;                    //调用默认构造函数
    today.print();                 //输出 Date:2019-10-11
    Date day1(2018, 1, 1);         //调用三个参数的构造函数
    day1.print();                  //输出 Date:2018-1-1
    Date day2(2018, 2);            //调用两个参数的构造函数
    day2.print();                  //输出 Date:2018-2-11
    Date day3(2018);               //调用一个参数的构造函数
    day3.print();                  //输出 Date:2018-10-11
    Date day4();                   //此处仅仅声明了一个函数，而非定义对象
    //day4.print();                //错误，day4 是一个函数，不是对象
    return 0;
}
```

在设计 Date 类时，这里为数据成员指定了类内初始值，它将先于构造函数为数据成员指定初值。如果构造函数修改了某数据成员的值，则会覆盖它的类内初始值；否则，该数据成员的值就会保留类内初始值。

特别地，当类的构造函数只有一个参数，且该参数是 C++ 内置类型，调用该构造函数创建对象时，如本例，语句"Date day3(2018);"与"Date day3 = 2018;"等价。

与普通函数以及类的普通成员函数类似，类的构造函数也可以使用默认参数。在有些情况下，可以使用带默认实参的构造函数来代替重载的构造函数。当类的构造函数的所有参数都指定默认实参后，再定义默认构造函数，将产生函数调用的二义性。

【例 4-12】 使用默认实参的构造函数,可以简化 Date 类。

```
class Date{
    int year, month, day;
public:
    Date(int y =2019, int m =10, int d =11){
        year =y;
        month =m;
        day =d;
    }
    ...                          //其他成员
};
```

因为在类中有全部参数都指定默认实参值的构造函数,此时,类中不能再定义默认构造函数,即使是使用=default 生成也不行。

4.4.4 默认构造函数的作用

当对象被默认初始化或值初始化时自动执行默认构造函数。默认初始化在以下情况下发生。

(1) 当在块作用域内不使用任何初始值定义了一个非静态对象或数组时。

(2) 当一个类本身还有类类型的成员且使用合成的默认构造函数时。

(3) 当类类型的成员没有在构造函数初始化列表中显式地初始化时。

值初始化在以下情况下发生。

(1) 在数组初始化的过程中如果提供的初始值数量少于数组的大小时。

(2) 当不使用初始值定义一个静态局部对象时。

(3) 当通过书写形如 T()的表达式显式地请求值初始化时,其中 T 是类型名。

类必须包含一个默认构造函数以便在上述情况下使用,其中大多数情况非常容易判断,不怎么明显的一种情况是类的某些数据成员缺少默认构造函数。

```
class X{
public:
    X(int);
    ...                          //其他成员,但不再包含任何构造函数
};
struct A{
    X x;                         //x 是 public 类型的
};
A a;                             //错误,不能为 A 合成默认构造函数
struct B{
    B() { }                      //错误,x 没有初始值
    X x;
};
```

在实际应用中,如果在类中定义了其他构造函数,那么最好也为它提供一个默认构造函数。

4.4.5　构造函数与初始化列表

构造函数的主要功能是对类的数据成员进行初始化。除了在构造函数的函数体内通过赋值的方式为数据成员赋初值之外,构造函数还可以采用成员初始化列表的方式对数据成员进行初始化。成员初始化列表类似于如下列出的形式。

```
构造函数名(形参列表)：成员 1(初始值)，成员 2(初始值 2)，… {
    …
}
```

其中,介于构造函数名形参列表后面的冒号与花括号之间的内容就是构造函数的成员初始化列表。其含义是用圆括号中的初始值初始化其圆括号前面的成员。它负责为新创建对象的一个或几个数据成员赋初值。

构造函数成员初始化列表是成员名字的一个列表,每个成员名字后面紧跟圆括号(或者花括号)括起来的成员初始值。多个不同成员的初始化之间用逗号来分隔。

如修改例 4-12 中 Date 类的构造函数,使用成员初始化列表为成员初始化。

```
Date(int y, int m, int d)：year(y), month(m), day(d){    }
```

因为构造函数的唯一目的就是为数据成员赋初值,这里所有的成员都已出现在成员初始化列表中,构造函数就无须再执行任何其他任务,故构造函数的函数体为空。即使构造函数的函数体为空,这一对花括号作为函数的组成部分也是必不可少的。

1. 构造函数的成员初始化列表有时候是必需的

在编写程序时,大家都习惯于在定义变量时立即对其进行初始化,而不是先定义、再复制。

```
string s1 = "Hello C++";        //定义并初始化
string s2;                      //定义并默认初始化为空 string 对象
s2 = "Hello C++";               //为 s2 赋一个新值
```

就对象的数据成员而言,初始化和赋值也有类似的区别。如果没有在构造函数的初始化列表中显式地初始化某成员,且构造函数体为空,则该成员将在构造函数体之前执行默认初始化,可能导致其值是不可预期的。对于 C++ 内置数据类型的成员来说,不使用成员初始化列表,而在函数体中通过赋值进行初始化,一般情形下都是没有问题的。但如果数据成员是常量成员,或者是引用成员,再或者是其他类类型的成员,这时通过在构造函数的函数体内使用赋值语句进行初始化就不行了,因为在定义完成后,const 对象名和引用名不能再出现在赋值运算符的左侧。

一种解决方案是,对于 const 常量和引用类型的成员可以使用类内初始值进行初始化。但对于绝大多数数据成员来说,都是非 const 和非引用类型的,使用类内初始值并不能实际上解决多大的问题。更好的一种解决方案是成员初始化列表。

【**例 4-13**】 const 常量成员和引用成员必须通过类内初始值或构造函数初始化列表进行初始化。

```
//ch4-13.cpp
class X{
    int x, y;
    const int c1 = 4, c2;
    int& z;
public:
    X(int a, int b) : x(a), z(y), c2(a){
        y =b;
    }
};
```

类 X 中定义了两个整型数据成员 x 和 y，两个 const 成员 c1 和 c2，一个引用类型 z。const 成员 c1 使用了类内初始值进行初始化，此时 const 成员 c2 和引用成员 z 必须通过构造函数初始化列表进行初始化。

使用类内初始值初始化 const 成员和引用成员比较便捷，但缺点也很明显。例如，对于 const 成员来说，其初始值范围受限，使用类内初始值只能使用字面值或包含其他成员的表达式的值来初始化，无法根据系统的需要进行扩展。

【**例 4-14**】 非常量的类类型的对象成员，且对象成员所在类只有带参数的构造函数，此时类的对象成员必须通过成员初始化列表进行初始化，完善例 4-10 中的 DateTime 类。

```
//ch4-14.cpp
#include <iostream>
using namespace std;
class Date{
    int year, month, day;
public:
    Date(int y, int m, int d){ year =y; month =m;
    day =d; }
    void setDate(int y, int m, int d){
        year =y; month =m; day =day;
    }
    void print(){
        cout <<"Date:" <<year <<"-" <<month <<"-" <<day <<endl;
    }
};
class DateTime{
    Date d;
public:
    DateTime(int y, int m, int d):d(y, m, d){ }
```

```
        void print(){ d.print(); }
};
int main(){
        DateTime dt(2019, 10, 21);      //为 dt 的对象成员 d 初始化
        dt.print();
        return 0;
}
```

DateTime 类中有一个 Date 类的对象成员 d，Date 类只有带参数的构造函数，且没有指定默认实参值。这时，DateTime 类的构造函数要负责其对象成员的初始化，且只能通过构造函数的成员初始化列表进行。

在 C++ 中，类的数据成员的初始化和赋值是两个相关但不相同的操作，由于有些类的成员必须被初始化，所以在编写程序时建议使用构造函数初始化列表进行成员的初始化，这样能避免一些意想不到的编译错误，尤其是遇到有的类含有需要构造函数初始值的成员时。

一般情况下，如果类的成员是 const、引用或者属于某种未提供默认构造函数的类类型，此时必须通过构造函数初始化列表为这些成员提供初始值。

2. 成员初始化顺序

在构造函数中，每个成员的初始化只能出现一次。因为给同一个成员赋两个不同的初始值没有任何意义。

构造函数初始化列表只说明了用于初始化成员的值，而没有限定初始化执行的具体顺序。

1）构造函数初始化列表对成员的初始化顺序

成员的初始化顺序与它们在类定义中的出现顺序一致：第一个成员先被初始化，然后初始化第二个，以此类推。构造函数初始化列表中初始值的先后位置关系不会影响实际的初始化顺序。

对上面 Date 类的构造函数来讲，以下几个构造函数是完全相同的。

```
Date(int y, int m, int d): year(y), month(m), day(d) { }
Date(int y, int m, int d): month(m), year(y), day(d) { }
Date(int y, int m, int d): day(d), year(y), month(m) { }
Date(int y, int m, int d): month(m), day(d), year(y) { }
```

尽管上面 4 个构造函数初始化列表中 year、month、day 的次序不同，但它们都是按照它们在类中出现的先后次序（在类中的声明次序）进行初始化的，从 year→month→day。构造函数初始化列表执行完毕后，最后才去执行构造函数体中的语句。

2）类内初始值与构造函数初始化列表

若定义类时使用了类内初始值为数据成员初始化，则创建对象时优先执行使用类内初始值的成员初始化，然后再使用成员初始化列表执行成员的初始化，最后运行构造函数体中的语句。

3）建议构造函数初始化列表顺序与成员的声明顺序一致

设计类时,最好令构造函数初始化列表的顺序与成员的声明顺序一致。如果可能的话,最好用构造函数的参数作为成员的初始值,且尽量避免使用一个成员初始化另一个成员。这样做的好处是可以不考虑成员的初始化顺序。

```
class X{
    int x, y;
public:
    X(int i): y(i), x(y) { }
}
```

从构造函数初始值的形式上看貌似是先用参数 i 的值初始化 y,然后再用 y 的值初始化 x。实际上,根据成员的初始化顺序,x 先被初始化,但此时 y 的值未定义,出现了试图用未定义的值 y 初始化 x 的情况! 这种情况下,编译器一般会报一条警告信息。

如果将上述构造函数修改为如下情况,就没任何问题了。

```
X(int i): y(i), x(i) { }
```

4.4.6　委托构造函数

C++ 11 扩展了构造函数初始值的功能。一个构造函数可以使用它所在类的其他构造函数执行自己的初始化功能,或者说一个构造函数把它自己的一些(或全部)职责委托给其他构造函数,就称为委托构造函数(delegating constructor)。

和其他构造函数一样,一个委托构造函数也有一个成员初始化列表和一个函数体。在委托构造函数内,成员初始化列表只有一个唯一的入口,就是类名本身。和其他成员初始值一样,类名后面紧跟圆括号(或花括号)括起来的参数列表,参数列表必须与类中另外一个构造函数匹配。

【例 4-15】 修改例 4-11 中 Date 类重载的构造函数,将无参构造函数、具有一个参数的构造函数和两个参数的构造函数的实现都委托给具有 3 个参数的构造函数来实现。

```
class Date{
    int year =2019, month =10, day =11;
public:
    Date(int y, int m, int d): year(y), month(m), day(d) { }
    Date(int y, int m): Date(y, m, 11) { }
    Date(int y): Date(y, 10, 11) { }
    Date(): Date(2019, 10, 11) { };
    ...                          //其他成员
};
```

当一个构造函数委托给另一个构造函数时,受委托的构造函数的初始化列表和函数体被依次执行。如果受委托的构造函数体不为空,先执行完这些代码,然后控制权才会交还给委托者的函数体。

4.4.7 构造函数与隐式类类型转换

C++语言已经为内置的数据类型之间定义了几种自动转换规则。同样,也能为类定义隐式转换的规则。如果类的构造函数只接受一个实参,那么它实际上定义了转换为此类类型的隐式转换机制。有时候就把这种构造函数称为类型转换构造函数(converting constructor)。

也就是说,能通过一个实参调用的构造函数定义一条从构造函数的参数类型(一般为 C++ 内置数据类型)向类类型隐式转换的规则。

1. 只允许一种类类型转换

类类型也能定义由编译器自动执行的类型转换,不过编译器每次只能执行一种类类型的转换。如果同时提出多个转换请求,那么这些请求将被拒绝。

【例 4-16】 验证每次只能执行一种类类型的转换。

```cpp
//ch4-16.cpp
#include <iostream>
#include <string>
using namespace std;
class Mystr{
    string s;
public:
    Mystr(const string& str=""): s(str) { }
    void print() { cout <<s <<endl; }
};
int main() {
    string str ="1001-John";      //正确,将 const char * 转换成 string 对象
    Mystr ss ="1002-Smith";       //错误,需要两步转换
    Mystr s =str;                 //正确,将 string 类对象 str 转换成 Mystr
    return 0;
}
```

此例中,定义了一个 Mystr 类,有一个参数的构造函数,可以实现将 string 类型字符串隐式转换为 Mystr 类。

其中,"Mystr ss = "1002-Smith";"操作是错误的,因为执行过程中需要用户定义两种转换。

(1) 把"1002-Smith"转换成临时 string 对象。

(2) 再把这个临时 string 对象转换成 Mystr。

如果想完成上述转换,可以先显式地把字符串转换成 string 对象,再执行隐式转换构造函数。

```cpp
Mystr ss =string("1002-Smith");
```

2. 隐式类型转换的隐患

通过构造函数实现的隐式类型转换确实带来很大的方便,实际上也有很多时候会带来潜在的隐患,因为转换并不是总能按预想的方式执行。

【例 4-17】 隐式类型转换可能存在隐患。

```cpp
//ch4-17.cpp
#include <iostream>
using namespace std;
class String{                              //自定义一个字符串类
    char * str;
public:
    String(int size) { }               //构造函数 1——创建 size 大小的字符串
    String(const char * s =NULL){}     //构造函数 2——初始化
};
int main(){
    String s ='a';
    return 0;
}
```

从上面的例子可以看出,程序正常运行结束,但 main 函数中第一行,原本是想写 String s = "a",通过构造函数 2 将 s 初始化成字符串"a",结果不小心将双引号""写成了'',由于转换构造函数 1(功能是创建 size 大小的字符串)的存在,它会用'a'构造出一个临时的 String 对象(含 97(a 的 ASCII 码)字节的字符串)来初始化 s。结果 s 被初始化为了含 97 字节的字符串。

上面这种情况并不是我们希望的,程序运行时,凡是用到 s 的地方都可能出现逻辑错误,而这种错误又是很难定位的。

3. explicit 构造函数阻止隐式转换

在要求隐式转换的上下文中,可以通过将构造函数声明为 explicit,从而阻止类类型隐式转换的进行。

如将例 4-16 中的构造函数声明为 explicit 构造函数,则隐式类型转换将无法进行。

```cpp
explicit Mystr(const string& str=""): s(str) { }
string str ="1001-John";              //正确,将 const char * 转换成 string
Mystr s =str;                         //错误,Mystr 构造函数是 explicit 类型
Mystr ss =string("1002-Smith");       //错误,原因同上
```

explicit 关键字只对一个实参的构造函数有效。需要多个实参的构造函数不能用于执行隐式转换,所有无须将这些构造函数指定为 explicit 类型。关键字 explicit 只能在类内声明构造函数时使用,在类外定义的构造函数前不能使用关键字 explicit。

4. 显式地使用构造函数进行类型转换

尽管编译器不会将 explicit 的构造函数用于隐式转换过程,但是可以使用这样的构

造函数显式地进行强制转换。

```
static_cast<Mystr>(str);
static_cast<Mystr>(string("1002-Smith"));
```

4.4.8　析构函数

析构函数(destructor)是与类同名的另一个特殊成员函数,作用与构造函数相反,用于在对象离开作用域或生存期结束时完成被销毁(释放)对象的清理工作。析构函数的名字由"～"+"类名"构成,形式如下:

```
class X{
public:
    ~X ( ) { … };
};
```

在类外定义析构函数的形式如下:

```
X::~X(){ … }
```

1. 析构函数的特点

析构函数是类的一个特殊成员函数,其具有以下特点。

(1) 析构函数的名字是在类名前加上"～",不能使用其他名字。

(2) 析构函数没有返回值类型(void 也不行),没有参数表。

(3) 析构函数不能重载,一个类只能有一个析构函数。

(4) 析构函数可以是内联函数。

(5) 析构函数只能由系统自动调用,不能在程序中显式调用析构函数。

(6) 通常情况下,析构函数应该被设置为类的公有成员,虽然它只能被系统自动调用,但这些调用都是在类的外部进行的。

当创建一个对象时,C++ 将首先为数据成员分配存储空间,接着调用构造函数对成员进行初始化工作;当对象生存期结束时,C++ 将自动调用析构函数清理对象所占据的存储空间,然后才销毁对象。

2. 合成析构函数与＝default

每个类都应该有一个析构函数,当一个类没有显式定义自己的析构函数时,C++ 编译器将会自动生成一个最小化的默认析构函数,称为合成析构函数(synthesized destructor),合成析构函数的函数体为空。

合成析构函数类似下面的情况:

```
X::~X(){}
```

同合成默认构造函数类似,C++ 也支持使用＝default 要求编译器自动生成析构函数。=default 既可以和析构函数的声明一起放在类的内部,也可以作为定义出现在类的外部。如果=default 在类的内部,则析构函数是内联的;如果它出现在类的外部,则该析构函数默认情况下不是内联的。

```
class X{
    …
public:
    ~X() =default;                      //编译器合成析构函数
    …
};
```

3. 析构函数的执行

如同构造函数有初始化列表部分和函数体一样,析构函数也有函数体和隐式的析构部分。在构造函数中,成员初始化列表在函数体之前完成,成员的初始化按照它们在类中声明的次序进行。析构函数首先执行函数体,然后销毁成员,成员的销毁按照初始化的逆序进行。成员的销毁方式完全依赖于成员的类型:销毁类类型的成员需要执行成员自己的析构函数,销毁没有析构函数的内置类型成员什么也不需要做。无论何时一个对象被销毁,都会自动调用其析构函数。

(1) 当非静态对象离开作用域时被销毁。

(2) 当一个对象被销毁时,其成员被销毁。

(3) 数组(或标准库容器)被销毁时,其元素被销毁。

(4) 临时对象,当创建对象的表达式执行结束时被销毁。

(5) 用 new/malloc 动态分配的对象,delete/free 其指针时被销毁;销毁时先调用析构函数清除对象,再释放堆上的内存空间。

若有多个对象同时结束生存期,C++ 将按照与调用构造函数相反的次序调用析构函数。

【例 4-18】 构造函数和析构函数的调用。

```
#include <iostream>
using namespace std;
class A{
    int m;
public:
    A(int n =0): m(n) {cout <<"Constructor: " <<m <<endl; }
    ~A() { cout <<"Destructor: " <<m <<endl; }
};
int main()
{
    A a1(1), a2(2);                    //依次构造 a1、a2
    {
        A a3(3);                       //构造 a3
```

```
    {
        A a4(4);                    //构造 a4
    }                               //销毁 a4
    A a5(5);                        //构造 a5
}                                   //依次销毁 a5、a3
A a6;                               //构造 a6
return 0;                           //依次销毁 a6、a2、a1
}
```

程序运行结果如图 4.1 所示。

4. 显式定义析构函数

在多数情况下,默认析构函数都能够满足对象析构的要求。但在有些情况下需要显式定义析构函数完成对象销毁前的资源清理工作,最常见的情况是用它来释放由构造函数分配的动态存储空间。

```
Constructor: 1
Constructor: 2
Constructor: 3
Constructor: 4
Destructor: 4
Constructor: 5
Destructor: 5
Destructor: 3
Constructor: 0
Destructor: 0
Destructor: 2
Destructor: 1
```

图 4.1 构造函数与析构
函数的调用

【例 4-19】 用析构函数释放构造函数分配的自由存储空间。

```
#include <iostream>
using namespace std;
class B{
private:
    int * p;
public:
    inline B(int n){  p =new int[n]; }
    inline ~B(){ delete[] p; }
};
int main(){
    B a(10);
    return 0;
}
```

如果没有析构函数,程序也能正常地编译运行。但是,当用类 B 建立的对象结束生存期时,系统不会回收由 B 的构造函数分配的自由存储空间,会产生内存泄漏。此例就是应该为类提供析构函数的典型情况,即若在构造函数中用 new 或 malloc 分配了存储空间,就应该在析构函数中用 delete 或 free 释放这些存储空间。

4.5 对象的复制、赋值与移动

当定义一个类时,往往需要显式或隐式地指定在此类型的对象复制、移动和赋值时做什么。一个类通过定义 4 种特殊的成员函数来控制这些操作,包括复制构造函数、复制赋值运算符、移动构造函数和移动赋值运算符。

复制和移动构造函数定义了当用同类型的另一个对象初始化本对象时做什么。复制和移动赋值运算符定义了将一个对象赋予同类型的另一个对象时做什么。通常把这些操作称为复制控制操作。

如果一个类没有定义所有这些复制控制成员,编译器会自动为它定义默认的操作。因此,很多类会忽略这些复制控制操作。但是,对一些类来说,依赖这些操作的默认定义会导致严重的后果。一般来说,如果一个类需要显式地定义析构函数,就需要为它显式地定义复制构造函数和赋值运算符函数。

4.5.1　复制构造函数

在用已经存在的类对象初始化新建对象时,会调用复制构造函数(copy constructor)完成对象的复制,这一操作在面向对象程序设计中非常普遍。因此,在设计类时有必要考虑复制构造函数的设计。

1. 复制构造函数的定义

如果一个构造函数的第一个参数是自身类类型的引用,且任何其他参数都有默认值,则此构造函数就是复制构造函数。

```
class X{
public:
    X();                        //默认构造函数
    X(const X&);                //复制构造函数
};
```

以下几种情况都会调用复制构造函数。

```
X o1;                        //调用默认构造函数
X o2 = o1;                   //调用复制构造函数
X o3(o2);                    //调用复制构造函数
X a[5] = {o1, o2};           //a[0]、a[1]调用复制构造函数
X f(X o){
    X t;
    ...
    return t;                //返回对象时会调用复制构造函数
}
f(o1);                       //以对象作为函数参数时,调用复制构造函数
```

复制构造函数的第一个参数必须是一个引用类型,虽然可以定义一个接受非 const 引用的复制构造函数,但此参数几乎总是一个 const 的引用。因为复制构造函数在多种情况下都会被隐式地调用,因此不能将复制构造函数指定为 explicit。

2. 对象的直接初始化和复制初始化

当使用直接初始化时,实际上是要求编译器使用普通函数匹配来选择与我们提供的

参数最匹配的构造函数。当使用复制初始化时,要求编译器将右侧运算对象复制到正在创建的对象中,如果需要还要进行类型转换。

复制初始化通常使用复制构造函数来完成。但是,如果一个类有一个移动构造函数,则复制初始化有时会使用移动构造函数而非复制构造函数来完成。

复制初始化不仅在使用赋值运算符(=)定义变量时会发生,在下列情况下也会发生。

(1) 将一个对象作为实参传递给一个非引用类型的形参。

(2) 从一个返回类型为非引用类型的函数返回一个对象。

(3) 用花括号列表初始化一个数组中的元素或一个聚合类中的成员。

在函数调用过程中,具有非引用类型的参数要进行复制初始化。同样,当一个函数具有非引用的返回类型时,返回值会被用来初始化调用方的结果。

复制构造函数被用来初始化非引用类类型参数,这也间接说明了复制构造函数自己的参数为什么必须是引用类型的。如果其参数不是引用类型,则调用永远也不会成功——为了调用复制构造函数,必须要复制它的实参,但为了复制实参,又需要调用复制构造函数,从而造成无穷循环。

3. 合成复制构造函数

与一个类必须要有构造函数和析构函数一样,每个类也必须要有复制构造函数。如果没有为一个类显式定义复制构造函数,编译器会为该类自动定义一个复制构造函数。由编译器自动生成的复制构造函数称为合成复制构造函数。合成的复制构造函数会将其参数对象的非静态(static)成员依次复制到正在创建的对象中。

每个成员的类型决定了它的复制机制:对类类型的成员,会使用其复制构造函数来复制;内置类型的成员则直接复制。虽然不能直接复制一个数组,但合成复制构造函数会逐元素地复制一个数组类型的成员。如果数组元素是类类型,则使用元素的复制构造函数来进行复制。

同合成默认构造函数、析构函数类似,C++也支持使用=default要求编译器自动生成复制构造函数。用法与使用=default自动生成默认构造函数和析构函数相同。

4. 显式定义复制构造函数

与必须显式定义析构函数的情况类似,当类中有指针成员,并且在构造函数中让指针指向了一块动态分配的内存。此时必须显式定义类的复制构造函数,否则在使用已存在的对象初始化新建对象时,将造成指针悬挂的问题。

【例 4-20】 自定义表示字符串的类 String,数据成员为一字符指针,用来指向内存空间中存储的字符串。未显式定义复制构造函数将引发指针悬挂。

```cpp
//ch4-20.cpp undefined copy constructor
#include <iostream>
#include <cstring>
using namespace std;
```

```
class String{
public:
    String(const char * str =""); //通用构造函数
    void print(){    cout <<sptr <<endl; }
    ~String() { delete[] sptr; } //析构函数
private:
    char * sptr;                //用于保存字符串
};
String::String(const char * str) {
    if ( str ==NULL )        //避免 strlen 在参数为 NULL 时的异常
    {
        sptr =new char[1] ;
        sptr [0] ='\0' ;
    }
    else {
        sptr =new char[strlen(str) +1];
        strcpy(sptr,str);
    }
}
int main(){
    String s1("abc");
    s1.print();              //输出 abc
    String s2(s1);
    s2.print();              //输出 abc
    return 0;                //程序非正常结束
}
```

　　运行此程序,貌似输出了正确的结果,但此后程序非正常终止(可以查看 main 函数的返回值是否非 0)。造成这种情况的主要原因是在执行"String s1("abc");"和"String s2(s1);"时,调用了不同的构造函数。前者调用了类中定义的构造函数,而后者调用了编译器合成的复制构造函数。对象 s1 的指针成员 sptr 指向了 new 分配的内存(存储了字符串"abc"),而对象 s2 通过合成的复制构造函数由 s1 初始化,s2 的指针成员 sptr 的值也由 s1 的指针成员 sptr 复制得到,亦即 s2 的指针 sptr 与 s1 的指针 sptr 指向了同一块内存。故两次输出均能得到正确结果。其后,程序结束时,s1 和 s2 的作用域结束,按和构造函数相反的顺序调用析构函数。先析构 s2,用 delete 释放指针所指向的内存,则对象 s1 的指针 sptr 就指向了一块已经被回收了的存储空间,导致产生了指针悬挂的现象。从而在析构 s1 时,要用 delete 释放一块已经被回收了的存储空间,执行失败,使得程序非正常结束。

　　解决此问题的方法就是显式定义复制构造函数,并为对象的指针成员初始化,修改后的 String 类如下:

```
class String{
    ...                      //同例 4-20
```

```
public:
    String(const String& s);            //复制构造函数
};
String::String(const String &another){
    sptr =new char[strlen(another.sptr)+1];
    strcpy(sptr, another.sptr);
}
```

4.5.2　复制赋值运算符

赋值运算符用于实现同类对象之间的相互赋值。当把类的一个对象赋值给另一个对象时,就会调用类的赋值运算符成员函数来完成对象间的赋值。

```
class X{ … };
X x1, x2;
x1 =x2;                              //此时调用赋值运算符函数
```

这里的等号“=”即为赋值运算符,它是所有类都拥有的一个成员函数,称为赋值运算符成员函数,功能是把等号右侧的对象复制给左侧对象。

1. 合成复制赋值运算符函数

和一个类必须要有构造函数和析构函数一样,每个类也必须要有复制赋值运算符函数。如果没有为一个类显式定义复制赋值运算符函数,编译器会为该类自动定义一个。由编译器自动生成的复制赋值运算符函数称为合成复制赋值运算符函数。复制赋值运算符函数是以 operator=命名的函数,它的一般形式如下:

```
class X{
public:
    X();                             //默认构造函数
    X& operator=(const X&);          //复制赋值运算符函数
};
```

同复制构造函数的参数不同的是,复制赋值运算符函数只有一个参数,且一般是本类对象的 const 的引用。该函数返回对运算符左侧对象的引用,从而使得赋值运算符适用于连续赋值的情况(类似于表达式 a = b = c)。

合成复制赋值运算符函数在对象间进行赋值的机制与对象复制初始化的机制不同,这里不调用任何其他成员函数,完全是对象成员之间值的直接复制,以按位(bit-by-bit)复制的方式实现对象非静态成员的复制,即把赋值运算符右侧对象的数据成员的值原样复制到赋值运算符左侧对象对应的数据成员中。

赋值和初始化不同。初始化是在创建对象时进行,只有一次,而赋值可以对已经存在的左值多次使用。类类型的对象在初始化时调用构造函数,而赋值时调用赋值运算符函数 operator=()。

赋值运算符“=”可以用在初始化对象的地方,但是这种情况并不会引起赋值运算符函数 operator＝()的调用。赋值运算符的左侧操作对象是已经存在的对象时,才会调用运算符函数 operator＝()。

赋值运算符函数 operator＝()的基本行为就是将右侧操作对象中的信息复制到左侧操作对象中。对于简单对象来说,这是一种非常直接、很容易实现的行为,往往合成的复制赋值运算符函数也能实现这些基本的功能。

【例 4-21】 简单类的赋值运算符函数。

```cpp
//ch4-21.cpp
#include <iostream>
using namespace std;
class A{
    int a;
    double b;
public:
    A(int aa =0, double bb =0.0):a(aa), b(bb) { }
    A& operator=(const A& val){
        a =val.a;   b =val.b;
        return * this;                //赋值运算符返回对当前对象的引用
    }
};
int main()
{
    A a, b{1, 1.1};                   //a 的值为{0, 0.0}
    a =b;                             //调用 operator=,a 的值为{1, 1.1}
    return 0;
}
```

2. 显式定义复制赋值运算符函数

与必须显式定义复制构造函数的情况类似,当类中有指针成员,并且在构造函数中让指针指向了一块动态分配的内存。此时必须显式定义类的复制赋值运算符函数,否则在对象赋值时将造成指针悬挂的问题。

【例 4-22】 以例 4-20 中的字符串类 String 为例,简单实现赋值运算符函数将引起的指针悬挂问题。

```cpp
//ch4-22.cpp dangling pointer
#include <iostream>
#include <cstring>
using namespace std;
class String{
public:
    String& operator=(const String& another);     //赋值运算符函数
    …                                              //同例 4-20
```

```
    };
    ...                                                    //同例 4-20
    String& String::operator=(const String& another){
        sptr =another.sptr;                                //成员之间直接赋值
        return * this;
    }
    int main(){
        String s1("abc"), s2("uvwxyz");
        s1 =s2;
        s1.print();                                        //输出 uvwxyz
        return 0;
    }
```

情况与例 4-20 相同,程序能运行,但非正常终止。引起的原因也完全一样,不同的是例 4-20 是由于合成的复制构造函数引起的,本例是简单版本的赋值运算符函数引起的。

实际上,赋值运算符通常组合了析构函数和构造函数的操作。类似析构函数,赋值操作会销毁左侧运算对象的资源。类似复制构造函数,赋值操作会从右侧操作对象复制数据。

为了解决本例中的指针悬挂问题,需要先用 delete 释放当前对象的指针,然后再用 new 重新分配一块新的存储空间(大小和右侧操作对象指针成员所指向的内存空间相同),然后再复制右侧对象指针所指向存储空间中的内容。而不是直接复制指针本身的值。

本例中的赋值运算符函数可以按照如下形式进行修改。

```
    String& String::operator=(const String& another){
        delete[] sptr;                                     //释放当前内存
        sptr =new char[strlen(another.sptr)+1];            //重新分配内存
        strcpy(sptr, another.sptr);                        //复制字符串
        return * this;                                     //返回
    }
```

除指针悬挂问题之外,例 4-21 中的赋值运算符函数还隐含了一个潜在的错误——在对象赋值之前没有进行自赋值的检测。检测自赋值就是检验对象是否自己在给自己赋值。在对象结构简单的情况下,即使对象给自身赋值也没有什么危害,但在有些情况下,对象的自赋值会导致严重的后果。字符串类 String 修改后的赋值运算符函数解决了指针悬挂的问题,但没有解决自赋值的问题。

若执行 s1=s1,结果如何?

此时运算符左、右的操作对象是同一个,根据修改后的函数,执行函数第一行的语句,就把对象的指针成员所指向的内存区域释放掉了,内存中存储的数据自然也就销毁了,导致后续内容的复制没有任何实际意义。这样做显然是不正确的行为,所以对于赋值运算符函数首先要检查是不是自赋值,自赋值的情况下,无须进行任何操作,直接返回当前对象即可。String 类修改后的赋值运算符函数如下:

```
String& String::operator=(const String& another){
    if(this ==&another) return * this;              //检查自赋值
    delete[] sptr;                                   //释放当前内存
    sptr =new char[strlen(another.sptr)+1];          //重新分配内存
    strcpy(sptr, another.sptr);                      //复制字符串
    return * this;                                   //返回
}
```

所有的赋值运算符函数都要进行自赋值的检测。虽然在某些情况下,这并不是必需的,但要养成严谨的编程习惯,以防止在操作复杂对象时可能引起的错误。

编写赋值运算符函数时,检测自赋值是一种较好的实现。除此之外,还有一种解决方法,就是先将右侧操作对象复制到一个临时对象中。复制完成后,再销毁左侧对象的行为就是安全的。左侧对象销毁后,剩下的就是将数据从临时对象复制到左侧操作对象的过程。按此思路,String 类的复制赋值运算符函数也可按照如下方式实现。

```
String& String::operator=(const String& another){
    String temp =another;                           //调用复制构造函数
    delete[] sptr;                                   //释放当前内存
    sptr =new char[strlen(temp.sptr)+1];             //重新分配内存
    strcpy(sptr, temp.sptr);                         //复制临时对象字符串
    return * this;                                   //返回
}
```

4.5.3　移动构造函数和移动赋值运算符

在很多情况下都会发生对象的复制,如果对象较大,进行不必要的复制代价会比较高。某些情况下,对象复制后就立即被销毁了。这时如果能够避免复制对象,而是将要被销毁的对象的资源"移动"到新对象中,性能会得到很大的提升。

1. 使用标准库的 move 函数实现对象移动

在程序中经常出现被复制后立即被销毁的对象,这些往往都是临时对象,分析如下程序段。

```
class A{ … };
A func(){ A t; … return t; }
A a;
a =f();                         //通过赋值运算符函数把函数返回的临时对象赋值给对象 a
A b =f();                       //通过复制构造函数用函数返回的临时变量初始化 b
```

此程序中的两种操作,都是逐个复制临时对象数据成员的过程。显然,在程序执行过程中,函数返回的临时变量也会占用系统资源(资源的多少与其数据成员有关,若有大容量的数组成员就会占用大量的存储空间),分配和回收这些资源都会占用系统时间和资源,复制给另一个对象也会消耗系统资源。

C++ 11 引入了使用对象移动而非复制的新技术来解决对象的复制问题,可以极大地提高程序的性能。基本原理就是把某对象拥有的内存资源转移给另一对象使用,即把对象资源绑定到要转移给的对象,这种操作就称作对象移动。

    由于变量都是左值,不能直接绑定到右值,C++ 中通过使用标准库提供的 move 函数实现对象的右值绑定,此函数定义在头文件 utility 中。

```
int x = 0;                     //x 是左值
int& lrx = r;                  //正确,左值引用
int&& rrx = x;                 //错误,x 是左值,不能绑定右值
int&& rrx = std::move(x);      //正确,rrx 绑定到 x 的右值
int&& xx = 42;                 //正确,字面值是右值
int&& rxx = xx;                //错误,表达式 xx 是左值!变量都是左值
int&& rxx = std::move(xx);     //正确,绑定到 xx 的右值
```

    move 函数的调用告诉编译器:这里有一个左值,但是在程序中希望像一个右值一样处理它。调用 move 函数就意味着要做到这样一个承诺:除了对绑定的对象赋值或销毁它之外,程序中将不再使用它。

    move 是基于模板技术实现的模板函数,不仅可以绑定内置数据类型的右值,也可以绑定用户自定义类型的右值。

【例 4-23】 使用 move 函数实现对象的移动。

```
//ch4-23.cpp
#include <iostream>
#include <utility>
using namespace std;
class A{
    int a;
public:
    A(int i = 0) : a(i) {  }
    void setA(int i) { a  = i; }
    int getA() { return a; }
};
A f(int i) {  return A(i); }
int main() {
    A a;
    A&& ra = move(a);
    cout << ra.getA() << "\t" << a.getA() << endl;
    ra.setA(10);
    cout << ra.getA() << "\t" << a.getA() << endl;
    cout << &ra    << "\t" << &a << endl;
    A&& r = move(f(7));
    cout << &r << "\t" << r.getA() << endl;
    return 0;
}
```

程序运行结果如图 4.2 所示。

输出结果表明,用 move 函数从源对象 a 移动内存资源给新对象 ra 后,并不会销毁源对象 a,新对象 ra 接管了源对象 a 的内存资源,但仍然可以通过源对象 a 操作对应的内存空间,可以访问也可以赋值。

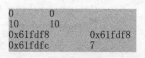

**图 4.2 通过 move 函数
实现对象移动**

程序后半部分,move 函数将函数 f 返回的临时对象的内存资源转移给了新对象 r,新对象 r 接管了原来临时变量的内存资源,然后临时变量就离开了它的作用域(临时变量的作用域仅限域所在的语句),虽然不能再通过临时变量访问它的内存资源了,但可以通过新对象 r 访问接管过来的内存资源。

因为 move 函数移动资源实际上是对资源对象的一种承诺:除了对它赋新值或销毁它之外,就不再使用它。因此,用它来接管临时对象的资源是非常恰当的做法。

2. 移动构造函数和移动赋值运算符

在对象赋值和新对象初始化时,都可以执行对象的移动操作,用"转移"对象资源的方式取代复制资源的方式,将一个对象的右值转移给另一个对象操控。如果要实现对象移动,就要为类定义移动构造函数和移动赋值运算符函数。形式如下:

```
class A{
public:
    A(A&& o) { … }            //移动构造函数
    A& operator=(A&& o) { … } //移动赋值运算符函数
    …
};
```

与复制构造函数和复制赋值运算符函数类似,如果一个类没有定义这些函数,编译器就会合成它们。但合成的条件不同,对于复制构造函数和复制赋值运算符函数,只要没有定义,编译器总会合成它们,尽管有时候编译器合成的这两个函数是要删除的函数。

对于移动函数来说,就不是这样了。如果一个类定义了复制赋值运算符函数、复制构造函数或者析构函数,编译器就不再合成移动构造函数和移动赋值运算符函数。只有当一个类没有定义这些函数,而且每个非静态(static)数据成员都可以移动(内置数据类型是可移动的,如果数据成员是自定义类类型,只有当它定义了移动函数时,才是可移动的),编译器才会合成移动构造函数和移动赋值运算符函数。

```
struct A{
    int i;             //内置数据类型是可移动的
};                     //A 有合成的移动函数
struct B    {          //B 有合成的移动函数
    A a;
};
class C{
    A a;
public:
```

```
        C() =default;
        C(const C&) { }              //定义了复制构造函数,不再合成移动函数
    };
    A a1, a2, a3 =move(a1);          //移动对象,使用合成的移动构造函数
    a2 =move(a3);                    //移动对象,使用合成的移动赋值运算符
    a2 =move(a1);                    //错误,违反了 move 函数的承诺
    B b1, b2 =move(b1);              //移动对象,使用合成的移动构造函数
    C c1, c2 =move(c1);              //复制对象,使用复制构造函数
```

上面代码段中,A、B 的数据成员都是可移动的,它们没有定义复制构造函数和赋值运算符函数以及析构函数,编译器会为它们合成移动构造函数和移动赋值运算符函数。因此,定义对象 a3 和 b2 时,move 函数调用合成的移动构造函数分别将 a1 和 b1 的内存"移动"给 a3 和 b2。

因为 move 函数要求对象移动后,将不再使用它,除了对其赋新值或销毁外。所以一个对象只能移动一次,亦即在程序中可以销毁一个移后源对象,也可以赋予它新值,但不能再使用移后源对象。

所以,上述程序段中,由于 a1 已经将资源移给了 a3,所以"a2 = move(a1);"操作是错误的。

因为 C 类已经定义了复制构造函数,所以编译器将不再合成移动函数,即使调用 move 函数也只能执行对象的复制操作,所以这里初始化 c2 将使用复制构造函数。

3. 显式定义移动函数

与显式定义复制构造函数和复制赋值运算符函数情况类似,很多情况下也需要显式定义这两个移动函数。尤其是需要执行移动操作,但编译器不能合成移动函数时。在显式定义移动函数时,需要考虑两方面的问题。

1) 移动赋值运算符要检测自赋值

与复制赋值运算符函数一样,移动赋值运算符函数执行与析构函数和移动构造函数相同的工作,同时移动赋值运算符也必须能正确处理自赋值问题。

2) 移后源对象必须是可析构的

另外,从一个对象移动数据并不会销毁此对象,但有时在移动操作完成后会被销毁。当显式定义一个移动函数时,必须确保移后源对象处于一个可析构状态。当数据成员有指针成员时,由于移后源对象已经将资源的控制权转移出去,移后源对象的指针将不再具有操作以前所指向对象的能力,此时应将移后源对象的指针成员置为 nullptr (空指针)。

【例 4-24】 为例 4-22 完善后的 String 类增加移动构造函数和移动赋值运算符函数。

```
//ch4-24.cpp move constructor and move assignment operator
class String{
public:
    String(String&& another);                //移动构造函数
    String& operator=(String&& another);      //移动赋值运算符函数
```

```
    ...                                        //同例 4-22
);
String::String(String&& another){
    sptr =new char[strlen(another.sptr)+1];
    strcpy(sptr, another.sptr);
    another.sptr =nullptr;                     //移后可析构
}                                              //移动构造函数
String& String::operator=(String&& another){
    if(this ==&another) return * this;         //检测自赋值
    delete[] sptr;                             //释放当前内存
    sptr =new char[strlen(another.sptr)+1];
    strcpy(sptr, another.sptr);
    another.sptr =nullptr;                     //移后可析构
    return * this;
}                                              //移动赋值运算符函数
```

如果一个类既有移动构造函数,也有复制构造函数,编译器使用普通的函数匹配规则来确定使用哪个构造函数。赋值操作与之相似。使用移动函数还是非移动函数的一般原则:移动右值,复制左值。

【例 4-25】 使用上例的 String 类,验证移动函数的定义。

```
//ch4-25.cpp
#include <iostream>
#include <cstring>
#include <utility>
...                                        //String 类的完整定义
String getString(const char * s){
    return String(s);                      //普通构造、移动构造
}                                          //返回右值的函数
int main()
{
    String s1("abcd"), s2, s3;             //普通构造
    String s4 =s1;                         //s1 是左值,复制构造
    String s5 =move(s4);                   //移动构造
    s2 =getString("1234");                 //函数返回右值,移动赋值
    s4 =s1;                                //s1 是左值,复制赋值
    String s6 =getString("uvw");           //函数返回右值,移动构造
    return 0;
}
```

本例中,getString 函数的调用得到一个右值,该右值通过函数体的 return 语句得到,通过移动构造函数生成表示返回结果的临时对象,是一个右值。getString 函数的 return 语句执行时,会先调用普通构造函数创建一个临时对象,然后再将此对象返回。

```
String s6 =getString("uvw");
```

在这个语句中,实际上整个过程经历了3次对象的构造,要调用三次构造函数,一次普通构造函数和两次移动构造函数,实质上是重复进行对象的复制或移动。编译器对此过程进行了优化,优化为调用一次普通构造函数的过程。

4.5.4 阻止复制

虽然大多数情况下类应该定义(而且通常也确实定义了)复制构造函数和复制赋值运算符函数,但对某些类来说,这些操作没有合理的意义。在此情况下,定义类时必须采取某种机制阻止对象的复制。

为了阻止复制,看起来应该采取的有效措施:不定义复制构造函数和赋值运算符函数。但是,实际上这种策略是无效的。因为,即使不在类中定义这些函数,编译器也会为它们生成合成的版本。

1. 使用＝delete 将复制控制成员声明为删除的

在 C++11 标准中,可以通过将复制构造函数和复制赋值运算符定义为删除的函数(deleted function)来阻止复制。删除的函数是这样一种函数:虽然定义了它们,但是不能以任何方式使用它们。通过在函数的参数列表后面加上＝delete 来指出此函数是删除的。

```
class NoCopy{
public:
    NoCopy() =default;                          //使用合成的默认构造函数
    NoCopy(const NoCopy&) =delete;              //阻止复制
    NoCopy& operator=(const NoCopy&) =delete;   //阻止赋值
    ~NoCopy() =default;                         //使用合成的析构函数
    ...                                         //其他成员
};
```

1)＝delete 和＝default 的区别

＝delete 和＝default 用法相似。＝delete 与＝default 主要的不同有两点:一是＝delete 必须出现在函数第一次声明的时候;二是可以对任何函数指定＝delete,但只能对编译器能自动生成的成员函数使用＝default。

2)析构函数不应指定为＝delete

需要注意的是,析构函数不应该被删除。如果析构函数被删除,则无法销毁该类型的对象。对于一个已经删除了析构函数的类,编译器将不再允许定义该类型的变量和创建该类的临时对象。

而且,如果一个类有某个成员的类型删除了析构函数,也不能定义该类的变量或临时对象。因为一个成员的析构函数是删除的,则该成员无法被销毁,而如果一个成员无法销毁,将导致对象整体上无法销毁。

对于删除了析构函数的类,虽然不能定义这种类型的变量或作为其他类的成员,但可以使用 new 动态分配这种类型的对象,但是不能用 delete 释放。

```
class NoDestructor{
public:
    NoDestructor() =default;
    ~NoDestructor() =delete;
};
NoDestructor * pd =new NoDestructor();
NoDestructor nd;                           //错误,NoDestructor 的析构函数是删除的
delete pd;                                 //错误,NoDestructor 的析构函数是删除的
```

3) 合成的复制控制成员可能是删除的

如果在类中没有定义合成的控制成员,则编译器会自动生成合成的版本。如果一个类没有定义构造函数,则编译器会为其合成一个默认构造函数。但对某些类来说,编译器可能将这些合成的成员定义为删除的。

(1) 如果类的某个成员的析构函数是删除的或不可访问的(例如,访问权限是private 类型,即私有的),则类的合成析构函数被定义为删除的。

(2) 如果类的某个成员的复制构造函数是删除的或不可访问的,则类的合成复制构造函数被定义为删除的。如果类的某个成员的析构函数是删除的或不可访问的,则类的合成复制构造函数被定义为删除的。

(3) 如果类的某个成员的复制赋值运算符是删除的或不可访问的,或者类有一个const 的或引用成员,则类的合成复制赋值运算符被定义为删除的。

(4) 如果类的某个成员的析构函数是删除的或不可访问的;或是类有一个引用成员,但它没有类内初始值;或是类有一个 const 成员,它没有类内初始值且其类型未显式定义默认构造函数,则该类的默认构造函数被定义为删除的。

总之,如果一个类有数据成员不能默认构造、复制、赋值或销毁,则对应的成员函数将被定义为删除的。

2. 将复制控制成员声明为私有的

在 C++ 11 之前,类就是通过将其复制构造函数和复制赋值运算符的访问权限声明为 private 类型,从而来阻止复制。

```
class PrivCopyAssign{
    PrivCopyAssign(const PrivCopyAssign&) =default;
    PrivCopyAssign& operator=(const PrivCopyAssign&) =default;
public:
    PrivCopyAssign() =default;
    ~PrivCopyAssign() =default;
};
PrivCopyAssign n1, n2;
n2 =n1;                          //错误,复制赋值运算符是私有的
PrivCopyAssign n3 =n1;           //错误,复制构造函数是私有的
```

在本例中,PrivCopyAssign 类的构造函数和析构函数都是公有的,故可以定义

PrivCopyAssign 类的对象,但由于复制构造函数和复制赋值运算符是私有的,所以不能执行对象间的赋值和复制初始化。

建议:希望阻止复制的类应该使用=delete 来定义它们自己的复制构造函数和复制赋值运算符,而不应该将它们声明为 private 类型。

4.6 类的其他访问控制

对类成员的访问,除了访问说明符涉及的访问权限外,还有其他对控制成员访问的方式,如 this 指针、指向成员的成员指针以及友元等。

4.6.1 this 指针

在前面设计的类中,类的每个对象都有自己的数据成员,有多少个对象就有多少份数据成员的副本。但类的成员函数只有一份副本,无论有多少个对象,都共用这些成员函数。在程序执行过程中,成员函数怎么确定是哪个对象在调用它,它应该处理哪个对象的数据成员呢?

1. 引入 this 指针

this 指针是指向调用该函数的对象自身的隐含指针,代表对象自身的地址,并且不允许修改。

当类的对象调用某个成员函数时,成员函数通过这个名为 this 的额外隐含参数来访问调用它的对象。当调用一个成员函数时,用请求该函数的对象地址初始化 this 指针。

```
String s("abcd");
s.print();
```

编译器在调用时负责把 s 对象的地址传递给 print 的隐式形参 this,可以等价地认为编译器将该调用重写成了如下形式:

```
String::print(&s);
```

其中,调用 String 类的 print 成员函数时,传入了对象 s 的地址。

在编译类成员函数时,C++ 编译器会自动将 this 指针添加到成员函数的参数列表中。在调用类的成员函数时,调用对象会把自己的地址通过 this 指针传递给成员函数。

在成员函数内部,可以直接使用调用该函数的对象的成员,而无须使用成员访问运算符,正是因为 this 指针所指的就是这个对象。任何对类成员的直接访问都被看作是 this 指针的隐式引用。

1) 显式使用 this 指针

尽管 this 指针是一个隐式指针,其实也可以在类的成员函数内部显式使用它,尽管这么做并没有任何必要。

```
class X{
    int val;
public:
    int getVal(){ return this->val; }       //显式使用 this 指针
};
```

2）this 指针与 const

因为 this 指针总是指向当前"这个"对象，所以 this 是一个常量指针，相当于 X * const 类型，不允许改变 this 中保存的地址。

在类的非 const 成员函数里，this 的类型就是 X * 。然而，this 并不是一个常规变量，不能给它赋值，但可以通过它修改数据成员的值。在类的 const 成员函数里，this 被设置成 const X * 类型，不能通过它修改对象的数据成员值。

3）通过 this 指针区分与局部变量重名的数据成员

```
class X{
    int i;
public:
    void set(int i){ this->i =i; }
};
```

4）通过 this 指针获得当前对象的地址

在判断当前对象和所操作对象是否同一对象时，this 就是当前对象的地址，这在对象的自赋值检测中经常用到。

```
if(this ==&obj) …                              //其中 obj 为操作对象
```

2. 通过 this 返回对象地址或自引用的成员函数

在类成员函数中，可以通过 this 指针返回对象的地址或引用，这也是 this 的常用方式。通过 this 指针返回对当前对象的引用，就意味着函数调用可以被再次赋值，即允许函数调用出现在赋值语句的左边。

前面讲过的复制赋值运算符函数就是通过 this 指针返回对当前对象的引用，从而使得允许连续赋值的情况。

4.6.2 成员指针

类的成员本身也是一个变量，函数或者对象等。因此，也可以直接将它们的地址存放到一个指针变量中，这样就可以使指针直接指向对象的成员，进而可以通过这些指针访问对象的成员。需要指出的是，通过指向成员的指针只能访问公有的数据成员和成员函数。指向对象的成员的指针使用前要先声明，再赋值，然后才能访问。

1. 指向数据成员的指针

和普通指针一样，定义指向类数据成员的指针，也要指定它指向的对象的类型，另外

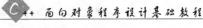

还要说明它指向的是哪个类的成员。指向数据成员的指针采用如下形式进行定义：

    数据类型 类名::＊指针名;

其中，数据类型是指类数据成员的数据类型，类名是数据成员所在类的名字。

    int X::＊p;

这就定义了一个指向 X 类中的 int 成员的指针，它可以指向 X 类中任何一个 int 成员。对数据成员指针赋值的一般格式如下：

    数据成员指针名 =&类名::数据成员名;

对于普通变量，用取地址运算符（&）就可以得到它的地址，将这样的地址赋值给相应的指针就可以通过指针访问该指针指向的对象了。但是类成员指针的声明只确定了各个数据成员的类型，所占内存大小以及它们的相对位置，在声明时并不为数据成员分配具体的地址。因此，经过上述赋值之后只是说明了被赋值的数据成员指针是专用于指向哪个数据成员的，同时在指针中存放数据成员在类中的相对位置（即相对于起始地址的地址偏移量）。由于类是通过对象实例化的，只有在定义了对象时才能为具体的对象分配内存空间，这时只要将对象在内存中的起始地址与成员指针中存放的相对偏移结合起来就可以访问到对象的数据成员。用数据成员指针访问数据成员可通过以下两种格式来实现：

    对象名.＊数据成员指针名 或 对象指针名->＊数据成员指针名

【例 4-26】 通过指向数据成员的指针访问成员。

```
//ch4-26.cpp data member pointer
#include <iostream>
using namespace std;
class A{
public:
    int i, j;
    void print(){    cout <<"i=" <<i <<", j=" <<j <<endl;    }
};
int main(){
    A a, * pa =&a;
    int A::* p;                    //p是指向 A 类 int 成员的指针
    p =&A::i;                      //p指向成员 i,但不指定是哪个对象的 i
    a.* p =18;                     //通过成员指针 p 修改 a 对象成员 i 的值为 18
    p =&A::j;                      //p指向成员 j
    pa-> * p =24;                  //通过成员指针 p 修改 a 对象成员 j 的值为 24
    a.print();                     //输出结果:i=18, j=24
    return 0;
}
```

2. 指向成员函数的指针

普通的函数指针即使和类的成员函数具有相同的形参列表和返回类型,也不能指向类的成员函数。因为成员函数还有一项重要的信息,即它所属的类。因此,定义指向成员函数的指针时也要指明成员函数的类类型。定义格式如下:

返回类型 (类名::﹡指向成员函数的指针名) (形参列表);

可以用一个成员函数的地址初始化成员函数的指针,也可以在其他地方给指针赋值。需要注意的是,获取成员函数的地址必须使用取地址运算符(&)。若指向成员函数的指针指向常量成员函数,则在定义时需要在形参列表后添加 const 关键字。为指向成员函数的指针赋值的一般格式如下:

指向成员函数的指针名 =& 类名::成员函数名;

对于一个普通函数而言,函数名就是它的起始地址,将起始地址赋给指针,就可以通过指针调用函数。虽然类的成员并不在每个对象中复制一份副本,但是语法规定必须要通过对象来调用成员函数,因此上述赋值之后,还不能用指针直接调用成员函数,而是需要首先声明类的对象,然后通过以下两种形式利用成员函数指针调用成员函数:

(对象名.﹡指向成员函数的指针名) (实参表)

或者

(对象指针名->﹡指向成员函数的指针名) (实参表)

和普通函数的指针相同,指向成员函数的指针也是指向一组形参列表和返回类型相同的成员函数,在程序运行时可以改变指针的值,所以通过指针选择成员函数可以提供程序的灵活性。

【例 4-27】 指向成员函数的指针。

```cpp
//ch4-27.cpp member function pointer
#include <iostream>
using namespace std;
class Example{
    int i, j;
public:
    Example(int i =3, int j =5){this->i =i; this->j =j; }
    int geti() const{ return i; }
    int getj() const{ return j; }
    void seti(int i) { this->i =i; }
    void setj(int j) { this->j =j; }
};
int main(){
    int (Example::﹡p) () const;
    void (Example::﹡q) (int);
```

```
        Example e;
        p = &Example::geti;                    //p 指向成员函数 geti
        cout << (e. * p) () <<endl;            //调用对象 e 的成员函数 geti,输出 3
        p = &Example::getj;                    //p 指向成员函数 getj
        cout << (e. * p) () <<endl;            //调用对象 e 的成员函数 getj,输出 5
        q = &Example::setj;                    //q 指向成员函数 setj
        (e. * q) (8);                          //调用对象 e 的成员函数 setj,设值为 8
        cout << (e. * p) () <<endl;            //调用对象 e 的成员函数 getj,输出 8
        return 0;
}
```

程序中 main 函数的第一行,定义了一个指向无参数、返回类型为 int 的常量成员函数的指针,不能用来指向同类型的非常量成员函数;第二行定义了指向一个 int 参数、返回类型为 void 的成员函数指针,同样不能用来指向同类型的常量成员函数。也就是说,指向常量和非常量成员函数的指针要分别定义,即使指向的成员函数具有相同的形参类别和返回类型。

4.6.3 友元

类的封装具有信息隐藏的能力,它使得在类的外部只能通过类的公有(public)成员函数才能访问类的私有(private)成员。如果要多次访问类的私有成员,就要多次访问类的公有成员函数,势必进行频繁的函数调用、参数传递、参数类型检测、函数返回等操作,不但操作麻烦,还占用较多的存储空间和运行时间,降低程序的效率。

类允许其他类或者函数访问它的非公有成员,方法就是令其他类或者函数成为它的友元(friend)。因为类的友元可以访问类的私有成员,所以在声明友元时要遵循这样一条规则:友元必须在被访问的类内进行声明。一个类的友元可以是全局函数、另一个类的成员函数或者另一个类。

1. 友元函数

类的友元函数是一种特殊的普遍函数(全局函数,非类的成员函数),它可以直接访问该类的私有成员。友元使用关键字 friend 来声明,它只能在类内声明。在类域中的函数原型前加上关键字 friend,就将该函数指定为该类的友元了。

友元函数只是一个普通函数而非类的成员函数,所以它不受 public、protected 和 private 的限定,无论将它放在哪里,效果都完全相同。

友元不具有可逆性和传递性,即若 A 是 B 的友元,并不表示 B 是 A 的友元(除非特别声明);若 A 是 B 的友元,B 是 C 的友元,也不能代表 A 是 C 的友元(除非特别声明)。

若仅从形式上看,友元函数的声明形式与定义如下:

```
class X{
    …
    friend T f( … );                       //声明函数 f 为 X 类的友元
    …
```

```
};
…
T f( … ) { … }
```

其中,T 代表函数返回类型,友元不是类的成员函数,在定义时不能把"类名∷"放在它的函数名前面。在上述形式的友元函数中,常常需要把类类型 X 或 X 类型的引用作为它的参数类型,这样才能更好地体现友元的意义。

【例 4-28】 通过友元函数实现复数的求和运算。

```cpp
//ch4-28.cpp friend function
#include <iostream>
using namespace std;
class Complex{
private:
    double real, imag;
public:
    Complex(double r =0, double i =0): real(r), imag(i){ }
    double getReal()  { return real; }
    double getImag() { return imag; }
    void print() {
        cout <<real;
        if(imag <0){ cout <<imag <<"i" <<endl; }
        else { cout <<"+" <<imag <<"i" <<endl; }
    }
    friend Complex add(const Complex& c1, const Complex& c2);
};
Complex add(const Complex& c1, const Complex& c2){
    return Complex(c1.real +c2.real, c1.imag +c2.imag);
}                      //类的友元函数,可以直接访问类私有的成员,不受访问说明符的限制
int main(){
    Complex c1(5, 3), c2(1, 1), c3;
    c3 =add(c1, c2);   //调用友元函数
    c3.print();        //输出:6+4i
    return 0;
}
```

2. 友元类

一个类可以是另一个类的友元,友元类的所有成员函数都是另一个类的友元函数,能够直接访问另一个类的所有成员(包括 public、private 和 protected)。

【例 4-29】 通过友元类实现复数的算术运算。

```cpp
//ch4-29.cpp friend class
#include <iostream>
using namespace std;
```

```
class Oper;              //前置声明,Oper 是一个类,它的定义在其他地方
class Complex{
...                      //同例 4-28
   friend class Oper;
};
class Oper{              //Oper 类的定义
public:
    Complex add(const Complex& c1, const Complex& c2){
        return Complex(c1.real +c2.real, c1.imag +c2.imag);
    }
    Complex subs(const Complex& c1, const Complex& c2){
        return Complex(c1.real -c2.real, c1.imag -c2.imag);
    }
    Complex multi(const Complex& c1, const Complex& c2){
        return Complex(c1.real * c2.real -c1.imag * c2.imag,
                       c1.imag * c2.real +c1.real * c2.imag);
    }
    Complex divide(const Complex& c1, const Complex& c2){
        double t =c2.real * c2.real +c2.imag * c2.imag;
        double real = (c1.real * c2.real +c1.imag * c2.imag) /t;
        double imag = (c1.imag * c2.real -c1.real * c2.imag) /t;
        return Complex(real, imag);
    }
};
int main(){
    Complex c1(5, 4), c2(1, 2), c3;
    Oper op;
    c3 =op.add(c1, c2);
    c3.print();
    c3 =op.subs(c1, c2);
    c3.print();
    c3 =op.multi(c1, c2);
    c3.print();
    c3 =op.divide(c1, c2);
    c3.print();
    return 0;
}
```

程序的输出结果:

```
6+6i
4+2i
-3+14i
2.6-1.2i
```

类 Oper 是类 Complex 的友元类,它的任何成员函数都能直接访问类 Complex 的私有成员。因此,Oper 的成员函数 add、subs、multi 和 divide 直接访问了 Complex 类型参数对象的私有成员。

3. 友元成员函数

对一个类而言,可以指定它的某个成员函数是另一个类的友元,也就是友元成员函数。友元成员函数可以直接访问另一个类的私有成员或保护成员,而不是友元的成员函数只能通过公有的成员函数才能访问其他类的私有和保护成员。

4.7 静态成员

有时一个类所有的对象都需要访问某个共享的数据,如一个带有计数器的类,这个计数器对当前程序中一共有多少个此类型的对象进行计数。计数方法其实很简单,在创建一个新对象时计数器增加 1,每销毁一个对象计数器减少 1,这两个操作可以分别在构造函数和析构函数中进行。

如何实现这样的计数器?

一种方法是使用数据成员,由于每个类都拥有自己独立的数据成员,那么这个计数器也是每个对象拥有的,当程序中对象数目发生变化时,很难更新每个对象的计数器,从而很难保持各对象数据的一致性。

另一种方法是使用全局变量,每当增加或减少对象时,均操作此全局变量,这样比在对象中使用计数器更有效。但全局变量也可能被其他类对象或函数修改,难以保证其安全性。

静态数据成员为此问题提供了一种更好的解决方案。

4.7.1 静态数据成员

C++ 允许将类的数据成员定义为静态成员。静态数据成员是属于类的。整个类只有一份备份,相当于类的全局变量,能够被该类的所有对象共用。

在类数据成员的声明前面加上关键字 static,就将该成员指定成了静态数据成员。静态数据成员遵守 public、private、protected 访问权限的限定规则,形式如下:

```
class X{
    …
static 类型 静态成员名;
    …
};
```

在类的声明中将数据成员指定为静态成员,只是一种声明,并不会为该成员分配内存空间,在使用之前应该对它进行定义。静态数据成员常常在类外进行定义,与类成员函数的定义方法一样,其定义形式如下:

类型 类名::静态变量名;
类型 类名::静态成员名 =初始值;

对静态数据成员,需要注意以下问题。

(1) 在类外定义静态数据成员时,不能加上 static 限定词。

(2) 在定义静态数据成员时可以指定它的初始值(第二种定义形式),若定义时没有指定初值,系统默认其初值为 0。

静态成员属于整个类,如果将它定义为类的公有成员,在类外除可以通过对象名访问外,还可以通过类名来访问,这是非静态成员不具备的。

类名::静态成员名

静态数据成员的一种典型应用是用来统计相关类的对象个数。

【例 4-30】 设计一个员工类,做一个简单的公司员工管理的小程序,并能统计从公司成立以来的员工数目。

```cpp
//ch4-30.cpp
#include <iostream>
using namespace std;
class Employee{
    int id;
    string name;
    static int count;                                  //静态数据成员,做计数器用
public:
    Employee(int id =0, string name ="Noname"){
        this->id =id;
        this->name =name;
        count++;
    }                                                  //每新进一个员工,计数器增加 1
    int getCount() const { return count; }
    ~Employee(){ count--; }                            //每离职一个员工,计数器减 1
};
int Employee::count =0;                                //定义静态数据成员并初始化
int main(){
    Employee e1(1000, "Zhao");                         //count:1
    Employee e2(1001, "Qian");                         //count:2
    Employee * pe =new Employee(1003, "Sun");          //count:3
    cout <<e1.getCount() <<endl;                       //输出 3
    {
        Employee e3;                                   //count:4
        cout <<e3.getCount() <<endl;                   //输出 4
    }                                                  //e3 被析构,count:3
    cout <<e1.getCount() <<endl;                       //输出 3
    delete pe;                                         //析构用指针指向的对象,count:2
    cout <<e1.getCount() <<endl;                       //输出 2
```

```
        return 0;
    }
```

每定义一个对象时,C++就会为对象的非静态数据成员分配独立的内存空间,而静态数据成员在内存中则只分配一次。每个对象都有自己的非静态数据成员,而静态数据成员只有一份内存备份,由本类的所有对象共用此数据。静态数据成员和非静态数据成员主要有以下两点区别。

(1)从逻辑角度来讲,静态数据成员属于类,非静态数据成员属于对象。

(2)从物理角度来讲,静态数据成员存放于静态存储区,由本类的对象共享,生存期不依赖于对象。非静态数据成员独立存放于各个对象中,生存期依赖于对象,随对象的创建而存在,随对象的销毁而消失。

(3)非静态数据成员的作用域局限在定义对象的块作用域内,静态数据成员自它的定义开始到程序结束之前有效。

4.7.2 静态成员函数

在设计类时,数据成员一般都设置为私有的,这样就需要通过类的成员函数来访问数据成员。普通成员函数也可以访问类的静态数据成员,如例 4-30 中 Employee 类的成员函数 getCount。

由于普通成员函数必须通过对象或指向对象的指针来调用,而静态数据成员并不依赖于对象存在。如果成员函数只访问静态数据成员,那么用哪个对象来调用这个成员函数都没有关系,因为调用的结果不会影响任何对象的非静态数据成员。这样的成员函数可以声明为静态成员函数。

在类成员函数的声明前面加上 static 就将它定义成了静态成员函数。静态成员函数属于整个类,它只能访问该类的静态成员(包括静态数据成员和静态成员函数),不能访问非静态成员(包括非静态成员的数据成员和成员函数)。

静态成员函数有两种调用方式。一种是类调用方式:

类名::静态成员函数名(参数表);

另一种是与普通成员函数相同的调用方式:

对象名.静态成员函数名(参数表);

例 4-30 中的成员函数 getCount 仅访问类的静态数据成员,就可以定义为静态成员函数,由于静态成员函数不能使用 const 限定符,所以需要去掉成员函数的 const 限制,然后只需要在返回类型前加上关键字 static 即可。

4.8 小 结

类是 C++语言最基本的特性,可以使用类定义自己的数据类型,从而使得程序更加简洁并且易于修改。每个类都定义了一个新类型以及此类型的对象可以执行的操作。

类有两项基本能力：一是数据抽象，即定义数据成员和成员函数的能力；二是封装，即保护类的成员不被随意访问的能力。通过将类的实现细节设置为 private 就能完成封装。类可以将其他类或者函数设为友元，这样就能访问类的非公有成员了。

　　类可以定义一种特殊的成员函数：构造函数，其作用是控制初始化对象的方式，构造函数可以重载，构造函数应该使用构造函数成员初始化列表来初始化所有的数据成员。

第 5 章

组合与继承

面向对象程序设计的基本特征是封装、继承和多态。C++语言提供了数据抽象、继承和动态绑定机制支持面向对象程序设计。以类和对象为程序的基本构造单元,利用各种关系组织类和对象,可以解决更复杂的问题。组合与继承是复用已有类的两种重要途径,通过组合与继承可以在已有类的基础上建立新类,使得软件复用更简单、易行,复用已有的程序资源,缩短软件开发的周期。

本章主要介绍 C++组合和继承的基本知识,包括:类的组合、继承的方式、类型、派生类对基类成员的重载、覆盖(重定义)和访问,派生类和基类构造函数的关系,以及多继承和虚继承等内容。

5.1 代码重用

面向对象程序设计的主要目的之一就是提供可重用的代码。开发新项目,尤其是当开发的项目非常庞大时,重用经过测试的代码比重新编写代码要好得多。使用已有的代码可以节省时间,提高程序开发的效率。由于已有的代码已经使用和测试过,因此,还有助于避免在程序中引入错误。

传统的 C 语言函数库通过预定义、预编译的函数(如求算术平方根的数学函数 sqrt、求字符串长度的字符串操作函数 strlen 等,在包含相应头文件的情况下,可以在程序中直接使用这些函数)提供了代码的可重用性。很多厂商还提供专有操作的 C 函数库,这些专有库提供了标准 C 语言库中没有的函数,如屏幕控制函数库、数据库管理的函数库等。但是,即使这样,函数库也有很大的局限性。一般来说厂商是不提供库函数源代码的,所以,用户很难根据自己特定的需求来对函数进行扩展或修改。虽然也有些厂商提供库函数的源代码,但在修改时也有一定的风险,如可能会不经意间改变库函数之间的关系或修改了函数的工作方式等。

面向对象程序设计语言 C++提供了更高层次的代码重用。首先,标准 C++提供了大量的标准类库,同时很多应用服务商提供了大量的非标准类库,类库有类声明和实现两部分组成,因为类在封装时组合了数据表示和对象的行为,所以提供了比函数更完整的程序包。通常情况下,类库是以源代码的方式提供的,这样就可以对其进行修改,以满足用户的需求。

C++ 提供了比修改代码更好的方法来扩展和修改类,即类的组合与继承,这是复用已有类的两种重要途径,通过这两种途径可以在已有类的基础上建立新类。类的组合就是在一个类中嵌入另一个类的对象作为数据成员;类的继承就是从已有的类派生出一个或多个新类(称为派生类),派生类继承了原有类(称为基类)的特征,包括数据成员和成员函数,就像谚语"龙生龙,凤生凤,老鼠的儿子会打洞"所说的子继承父的特征,通过继承而派生出的类通常比设计新类要容易得多。

5.2 组 合

面向过程程序设计的重点是设计函数,面向对象程序设计的核心则是将数据和函数封装在一起构成类,其重点在类的设计和对象的操作上。面向对象程序设计以一种反映真实世界的方式组织在一起,在现实世界中,所有的对象都与属性及操作相关联,使用对象拥有了更高的灵活性和更好的模块性。很多复杂的对象可以由比较简单的对象以某种方式组合而成,复杂对象和组成它的简单对象之间的关系就是组合关系。例如,所有的智能手机构成智能手机类,手机的数据成员就有生产厂家、型号、操作系统、CPU 参数、内存参数、存储参数、上市日期等,其中的数据成员生产厂家又是公司类的对象,上市日期又是日期类的对象。这样智能手机的数据成员就有公司类的对象、日期类的对象,也就是说一个类的对象是另一个类的数据成员。这样在生成一个智能手机对象时,其中就内嵌着一个公司类的对象和一个日期类的对象。

5.2.1 组合的一般形式

在一个类中嵌入另一个类的对象作为数据成员,就称为类的组合。该内嵌的对象称为对象成员,也称为子对象。组合常用来描述类的对象之间的拥有(has-a)关系,即一个类的对象拥有另一个类的对象,反过来也可以说一个类的对象是另一个类对象的组成部分。类的对象成员同样受 public、private、protected 访问权限的限定,需要在声明时显式指定,省略访问权限修饰符,则默认为私有。

组合的一般形式如下:

```
class X{
[public: | private: | protected:]
    类名 1  成员名 1;
    类名 2  成员名 2;
    ...
    类名 n  成员名 n;
    ...
};
```

例如:

```
class A{
```

```
    ...
};
class B{
private:
    A a;                                    //类 A 的对象 a 作为类 B 的对象成员
    ...
};
```

组合具有如下优点。

(1) 组合是一种在已有类的基础上构造和扩展新类的有效手段。

(2) 组合是自动传播代码的有力工具。

(3) 组合能减少代码和数据的冗余度,提高程序的复用性。

(4) 当前对象只能通过所包含的那个对象去调用其成员函数,所以所包含的对象的内部细节对当前对象是不可见的。

(5) 当前对象与包含的对象是一个低耦合关系,如果修改包含对象的类中代码不需要修改当前对象类的代码。

(6) 当前对象可以在运行时动态地绑定所包含的对象。可以通过成员函数 set 给所包含的对象赋值。

同样,组合也具有一些缺点,主要描述如下。

(1) 容易产生过多的对象。

(2) 为了能组合多个对象,必须仔细地对接口进行定义。

5.2.2 对象成员的初始化

使用对象成员需要注意的就是对象成员的初始化问题,如果 A 类的对象是 B 类对象的数据成员,那么在构造 B 类对象时要负责其对象成员的初始化。对象成员必须使用构造函数成员初始化列表为其对象成员初始化,否则会产生错误。如 5.2.1 节中声明的类 X,其构造函数的定义形式如下:

```
X(参数表):对象成员名 1(参数表 1),对象成员名 2(参数表 2),…,对象成员名 n(参数表 n){
    ...                                     //用于初始化类的非对象成员
}
```

只有当对象成员所在的类存在不需要参数构造函数(含未定义任何构造函数、不带参数的构造函数或所有参数均有缺省实参值的构造函数)时,编译器才会以隐式初始化列表的方式为对象成员进行初始化。

当一个类未定义任何构造函数时,C++ 会产生一个默认无参数构造函数;一旦定义了任何构造函数,C++ 就不再产生任何无参数构造函数了,此时必须显式定义无参数构造函数,或提供缺省参数值的构造函数。

类的非对象成员,也可以使用构造函数成员初始化列表进行初始化。在使用成员初始化列表进行初始化类成员时,C++ 标准建议:成员初始化列表中成员的顺序和它们在类中的声明顺序一致,并按照它们在类中的声明顺序依次构造。构造函数运行时会先执行成员初始化列表,然后再运行构造函数体中的语句。析构函数的调用次序与构造函数的调用次序正好相反。

【例 5-1】 验证类成员的构造次序。

```cpp
//ch5-1.cpp
#include <iostream>
using namespace std;
class A{
    int a;
public:
    A(int i){
        a =i;
        cout<<"Constructor: A-" <<a <<endl;
    }
    ~A(){
        cout<<"Destructor: A-" <<a <<endl;
    }
};


class B{
    int b;
    A a1, a2;
public:
    B(int i, int j, int k): a1(i), a2(j){
        b =k;
        cout<<"Constructor: B" <<endl;
    }
    ~B(){
        cout<<"Destructor B" <<endl;
    }
};


int main()
{
    B b(1,2,3);
    return 0;
}
```

程序运行结果如下:

```
Constructor: A-1
Constructor: A-2
Constructor: B
Destructor: B
Destructor: A-2
```

```
Destructor: A-1
```

5.2.3 应用类的组合解决实际问题

【**例 5-2**】 通过类的组合解决问题,声明一个三角形类和一个平面上点的类,三角形由平面上的 3 个点构成,并在三角形类中定义一个计算三角形面积的成员函数。

```cpp
//ch5-2.cpp
#include <iostream>
#include <cmath>
using namespace std;
class Point{
    double x, y;
public:
    Point(double i=0, double j=0){
        x =i;
        y =j;
    }
    //友元函数,用于求两点之间的距离
    friend double dist(Point p1, Point p2);
};
double dist(Point p1, Point p2){
    double x=(p2.x-p1.x);           //友元可以直接访问对象的私有成员
    double y=(p2.y-p1.y);
    return sqrt(x * x+y * y);
}
class Triangle{
    Point p1, p2, p3;
public:
    Triangle(double x1, double y1, double x2, double y2,double x3,
        double y3) : p1(x1, y1), p2(x2, y2), p3(x3, y3) { }
    double area();
};
double Triangle::area(){
    double a =dist(p1, p2);
    double b =dist(p2, p3);
    double c =dist(p1, p3);
    double s = (a+b+c)/2;
    return sqrt(s * (s-a) * (s-b) * (s-c));
}
int main()
{
    Triangle t(1, 1, 4, 1, 4, 5);
    double area =t.area();
```

```
        cout<<"The area of Triangle is: " <<area <<endl;
        return 0;
}
```

程序运行结果如下:

The area of Triangle is: 6

5.3　继　　承

继承的概念源于生物界,指后代能够继承上一代及祖先的特征和行为,后代为适应环境的变化,在继承的基础上会发生相应的改变(也称为变异或进化)。继承是一个非常自然、非常常见的概念,现实世界中的许多对象都具有继承特性,一般用分类细化的方法来描述它们之间的关系,如图 5.1 所示为一个简单的学生分类的层次结构图。

图 5.1　学生分类的层次结构图

在这个分类图中建立了一个类别间的层次结构,最上层是最普遍、最一般的类,自上到下,每一层都比它的上一层更具体、更细化,下层含有上层的特征,同时也与上层有细微的差别,它们之间就是基类与派生类的关系。在图 5.1 中,学生是小学生、中学生和大学生的基类,而小学生、中学生和大学生就是学生的派生类。派生类也可以是其他类的基类,如中学生是初中生和高中生的基类,初中生和高中生就是中学生的派生类。在上述的继承层次结构图中,学生也是高中生的基类,为了与中学生基类区别,往往把继承层次结构图中距离派生类最近的基类称为直接基类,较远的基类称为间接基类,继承层次结构最上层的类称为根基类。如图 5.1 中,学生就是根基类,其他下层中的类都是学生的派生类,学生是小学生、中学生和大学生的直接基类,是初中生、高中生、专科生、本科生和研究生的间接基类。

在设计类时,可以把各类人员共有的数据成员和成员函数放在最上层的基类中,其他各类人员则从基类继承这些数据成员和成员函数。例如,在图 5.1 中,把每类学生都有的学号、姓名和性别,以及设置、修改和获取学号、姓名和性别等行为,分别设计为基类的数据成员和成员函数。中学生和大学生类只需要在定义它们特有的数据成员(如大学生专业、学科类别等)和成员函数(如设置、修改和获取大学生的专业、学科类别等成员函数),至于学号、姓名、性别等的数据成员,以及设置、修改和获取学号、姓名和性别等的成员函数则从基类学生中继承。

继承使得一个类可以复用其他类的代码,提高了软件复用的效率,缩短了软件开发的周期。总的来说,继承具有如下几个优点。

(1) 继承是一种在普通类的基础上构造和扩展新类的有效手段。

(2) 继承是自动传播代码的有力工具。

(3) 继承能减少代码和数据的冗余度,提高程序的复用性。

(4) 继承能够清晰地体现类之间的层次结构关系,类和类之间具有隶属关系,一个类的对象都是另一个类的对象,即 is-a 的关系。

(5) 继承能够通过增强一致性来减少模块间的接口,提高程序的可维护性。

(6) 派生类可以通过重载和重写基类的成员函数,从而可以方便地实现对基类的扩展。

继承的缺点如下。

(1) 基类的内部细节对派生类是可见的。

(2) 派生类从基类继承的成员函数在编译时就确定下来了,所以无法在运行期间改变从基类继承的成员函数的行为。

(3) 如果对基类的成员函数进行了修改(例如增加了一个参数),则派生类的成员函数必须进行相应的修改。所以说派生类与基类是一种高耦合,在一定程度上违背了面向对象思想。

5.3.1 继承的实现

继承就是从上一代得到属性和行为特征。类的继承就是新类(派生类)从已有类(基类)那里得到已有的特性。

1. 继承的一般形式

派生类必须通过使用类派生列表(class derivation list)明确指定它是从哪个(或哪些)基类派生而来的。类派生列表的形式:由冒号(:)开头,其后紧跟基类的名字,基类名字的前面可以有 public、protected 或 private 三者中的一个,用于指定继承方式。

定义派生类,即继承的一般语法结构如下:

```
class |struct 派生类名 : [ 继承方式 ] 基类名
{
    ...                                    //派生类成员的声明或定义
};
```

其中,class 和 struct 是声明类的关键字,两者使用其一即可;继承方式可以是 public、private、protected,分别对应公有继承、私有继承和保护继承,也分别称为公有派生、私有派生和保护派生,继承方式可以省略。不同的继承方式会不同程度地改变基类成员在派生类中的访问权限。但无论在哪种继承方式下,基类私有的成员都不能被派生类直接访问。

class 和 struct 具有完全相同的功能,区别是在省略继承方式时,用 class 声明派生类时 C++ 默认为私有继承(private),而用 struct 声明派生类时默认为公有继承(public)。
如下代码为一个简单的继承实例:

```
class B{ … };                  //用 class 或 struct 声明的类都可以作为基类
class D1: B { … };             //D1(私有)继承于 B
struct D2: B { … };            //D2(公有)继承于 B
```

　　派生类成员的声明或定义和普通类成员的声明或定义相同,同样受 public、private、
protected 访问权限的限定,派生类通过继承获得了基类全部的数据成员和成员函数的一个
副本,不需要再编写额外的代码即能拥有与基类相同的功能。但在派生类内部仅可以直接
访问基类公有的和保护的成员,派生类对象仅能访问公有继承方式下基类公有的成员。
　　具有 protected 访问权限的成员称为保护成员,对于一个没有被任何派生类继承的
类而言,protected 访问权限与 private 完全相同,只能被类的成员或友元使用。访问说明
符 protected 的主要意义就是用于继承,在类的继承层次结构中,基类 protected 的成员可
以被派生类及派生类的友元使用,但不能被派生类的对象使用。
　　【例 5-3】　类 Base 具有私有的数据成员 i,受保护的数据成员 j 和公有的数据使用 k,
验证其公有派生类 Derived 对所继承成员的访问控制。

```cpp
//ch5-3.cpp
#include <iostream>
using namespace std;
class Base{
private:
    int i;
protected:
    int j;
public:
    int k;
public:
    voidsetI(int x) {
        i = x;
    }
};
class Derived : public Base {        //Derived 由 Base 公有派生
    int m, n;
public:
    void set(){
        i = 3;                       //错误,基类私有的成员在派生类中不能直接访问
        j = 4;
        k = 5;
    }
};
int main(){
    Derived d;
```

```
d.i = 4;                        //错误,访问权限为私有的成员
d.j = 5;                        //错误,访问权限为保护的成员
d.k = 6;
d.set();
return 0;
}
```

注意：

（1）一个类如果不被其他类继承，则其 private 和 protected 成员具有相同的访问属性。只能在类内访问，不能在类外访问。

（2）一个类如果被其他类继承，派生类不能直接访问其 private 成员，但能直接访问它的 protected 成员，这也是 protected 成员和 private 成员的区别。

（3）尽管基类的 public 和 protected 成员都能被派生类直接访问，但两者还是有区别，public 成员能在类的外部直接访问，而 protected 成员则不能。

2. 派生类对象

在例 5-3 中，派生类 Derived 继承了类 Base，基类的数据成员 i、j、k 会被派生类 Derived 继承，派生类 Derived 还定义了数据成员 m、n。也就是说，一个派生类对象包含多个组成部分：一个含有派生类自己定义的（非静态）成员的子对象，一般称之为派生子对象；以及一个该派生类继承的基类成员所构成的子对象，一般称之为基类子对象，如果有多个基类，那么这样的子对象也有多个。因此，在例 5-3 中，一个 Derived 对象将包含 5 个数据成员：它从 Base 继承而来的 i、j、k，以及 Derived 自己定义的 m 和 n。

C++ 标准并没有明确规定派生类的对象在内存中如何分布，但是可以认为派生类 Derived 的对象包含如图 5.2 所示的两部分。

在一个派生类对象中，继承自基类的部分和派生类自定义的部分不一定是连续存储的。图 5.2 只是表示类工作机理的概念模型，而非物理模型。

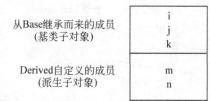

图 5.2 派生类对象的组成

3. 阻止继承

有时候，在进行类设计时，不希望某个类被其他类继承，或者认为某个类不适合作为一个基类。为了实现这个目的，C++ 11 标准提供了一种防止继承发生的方法，即在声明类时，在类名后使用关键字 final 以阻止它被继承。

```
class NoDerived final { … };        //NoDerived 不能作为基类
class Base { … };
class Last final : Base { … };      //Last 不能作为基类
```

在声明了上述类后，如下语句是错误的。

```
class Error1 : NoDerived { … };
```

```
class Error2 : Last { … };
```

5.3.2 公有继承

继承方式为 public 的继承称为公有继承,是一种最常用的继承方式。在公有继承方式下,基类成员的访问权限在派生类中保持不变。

【例 5-4】 公有继承的例子。

```cpp
//ch5-4.cpppublic inheritance
#include <iostream>
using namespace std;
class Base{
    int x;
public:
    void setX(int i){
        x =i;
    }
    int getX(){
        return x;
    }
    void printX(){
    cout<<x <<endl;
    }
};
class Derived : public Base{          //public 指定继承方式为公有继承
    int y;
public:
    void setY(int i){
        y =i;
    }
    void setY(){
        y =getX();
    }
    int getY(){
        return y;
    }
    void printY(){
        cout<<y <<endl;
    }
};
int main(){
    Derived drv;
    drv.setX(5);
    drv.printX();
```

```
    drv.setY(10);
    drv.printY();
    drv.setY();
    drv.printY();
    return 0;
}
```

　　Base 类公有的成员函数 setX、getX、printX 形成了它的接口,外部函数或 Base 类的对象可以通过这些接口函数访问 Base 类的功能,并通过这些接口访问其私有的数据成员 x,如图 5.3 上半部分。

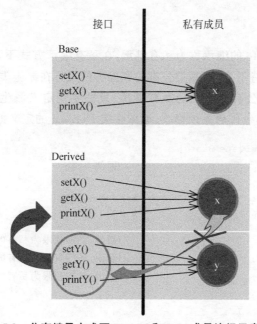

图 5.3　公有继承方式下 Derived 和 Base 成员访问示意图

　　类 Derived 公有继承于 Base,拥有与 Base 类相同的一份数据成员和成员函数,而且继承的这些成员在派生类中具有与它们在基类 Base 中相同的访问权限。在图 5.3 中,Derived 成员的 setX、getX、printX 和 x 就是从基类 Base 继承来的。由于 setX、getX、printX 是 Base 类的公有成员,在公有继承方式下,它们在派生类 Derived 中保持其在 Base 中的访问权限,即这些成员在 Derived 类中也是公有的。

　　Derived 具有两个私有数据成员 x 和 y,其中 x 是它自己定义的,x 是从 Base 继承的。它们虽然均为 Derived 类的私有成员,都不能在 Derived 的外部直接访问,但也有区别:在 Derived 中定义的成员函数 setY、printY 不能直接访问 x,但可以通过 Base 公有的成员函数 setX、getX 和 printX 来访问 x。如例 5-4 中的函数 setY 访问继承于 Base 的 x 就是一个例子,其定义为

```
    void Derived::setY() { y = getX(); }
```

但不能定义成:

```
void Derived::setY() { y = x; }
```

main 函数定义了一个派生类对象 drv,并调用了继承于 Base 的成员函数 setX、printX,以及 Derived 类自定义的成员函数 setY 和 printY。

注意:

(1) 公有继承不改变基类成员在派生类中的访问权限,即在公有继承方式下,基类 public 成员、protected 成员和 private 成员在派生类中保持它们在基类中的访问权限不变。

(2) 派生类自己定义的成员函数不能直接访问继承于基类的私有成员,只能通过从基类继承的 public 或 protected 成员函数来访问。

5.3.3　私有继承

继承方式为 private 的继承称为私有继承,在私有继承方式下,基类私有的成员在派生类中的访问权限保持不变,而基类公有的和保护的成员在派生类中都会变为私有的。

在例 5-4 中,若将公有继承改为私有继承,只需要在定义派生类的类派生列表中将 public 改为 private,其余代码无须修改,即派生类 Derived 的定义如下:

```
class Derived: private Base {
    ...                                  //同例 5-4
};
int main(){
    Derived drv;
    drv.setX(5);                         //错误,访问权限为私有的成员
    drv.printX();                        //错误,访问权限为私有的成员
    drv.setY(10);                        //错误,访问权限为私有的成员
    drv.printY();
    drv.setY();
    drv.printY();
    return 0;
}
```

在私有继承方式下,基类 Base 和派生类 Derived 类成员结构如图 5.4 所示。从图 5.4 中可以看出,基类 Base 中公有的成员函数 setX、getX 和 printX 在派生类 Derived 中都变成了私有成员,这种改变就是由私有继承方式引起的。3 个成员函数 setX、getX 和 printX 不再是 Derived 类的公有接口,在 Derived 的外部不能访问它们。

注意:

(1) 在私有继承方式下,基类的公有成员和保护成员在派生类中都变成了私有成员,不能在派生类的外部被访问。

(2) 在私有继承方式下,虽然基类的公有成员和保护成员在派生类中都变成了私有成员,但和从基类继承过来的私有成员还是有一定的区别。在派生类内部不能直接访问从基类继承的私有成员,但可以直接访问基类的公有和保护成员,并能通过这样的成员函数访问基类的私有成员。

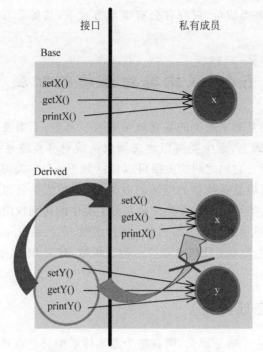

图 5.4 私有继承方式下 Derived 和 Base 成员访问示意图

5.3.4 保护继承

继承方式为 protected 的继承称为保护继承,在保护继承方式下,基类私有的和保护的成员在派生类中的访问权限保持不变,而基类公有的成员在派生类中都会变为保护的。

5.3.5 基类成员的访问

在不同的继承方式下,基类成员在派生类中的访问权限会发生不同程度的变化。无论在何种继承方式下,派生类内部都可以直接访问基类的公有成员和受保护成员;无论在何种继承方式下,派生类内部都不能直接访问基类的私有成员。在不同的继承方式下,基类成员在派生类中的访问权限如表 5.1 所示。

表 5.1 基类成员在派生类中的访问权限

基类	派 生 类								
	public 继承			protected 继承			private 继承		
	public	protected	private	public	protected	private	public	protected	private
public	√				√				√
protected		√			√				√
private			√			√			√

被派生类继承的基类成员,只有在公有继承方式下,基类公有成员才能被派生类的对象访问。

5.4   派生类对基类的扩展

通过继承,派生类复制了基类的数据成员和成员函数,不需要编程就具备了基类的程序和功能。在此基础上,派生类可以定义新成员或对基类继承过来的成员进行重定义,实现需要的新功能。它们之间的关系可以概括如下:派生类可以增加新的数据成员和成员函数;派生类可以重载从基类继承的成员函数;派生类可以覆盖(重定义)从基类继承的成员函数;派生类可以改变基类成员在派生类中的访问权限。

但是派生类不能继承基类如下的内容:析构函数、友元函数和友元类、静态成员。在C++ 11 标准之前,派生类也不能继承基类的构造函数,自 C++ 11 标准起,基类的构造函数可以被继承。

5.4.1   继承与静态成员

如果基类定义了一个静态成员,则在整个继承体系中只存在该成员的唯一定义。不论从基类中派生出来多少个派生类,对于每个静态成员来说都只存在唯一的实例。

```
class Base {
public:
    static void staticfunc();
};
class Derived: public Base {
    void ff(const Derived&);
};
```

静态成员遵循通用的访问控制规则,如果基类中的成员是私有的,则派生类无权访问它。如果某静态成员是可访问的,那么既能通过基类使用它,也能通过派生类使用它。

```
void Derived::ff(const Derived& obj){
    Base::staticfunc();
    Derived::staticfunc();
    obj.staticfunc();
    staticfunc();
}
```

5.4.2   友元与继承

友元关系不能传递,友元关系同样也不能继承。基类的友元在访问派生类时不具有特殊性;类似地,派生类的友元也不能随意访问基类的成员。

```
class Base{
```

```
private:
    int pri_member;
protected:
    int pro_member;
    friend class C;
};
class Derived: public Base{
    friend void f(Derived&);          //能访问 Derived::pro_member
    friend void f(Base&);             //不能访问 Base::pro_member
    friend void ff(Derived&);         //不能访问 Derived::pri_member
    int j;                            //j 默认是 private
};
void f(Derived& d) { d.j =d.pro_member = 0; }   //正确
void f(Base& b) { b.pro_member = 0; }           //错误
void ff(Derived& d) { d.pri_member = 0; }       //错误
```

因为在派生类内部不能访问从基类继承过来的私有成员,所以派生类的友元同样不能访问从基类继承过来的私有成员。也就是说,派生类及其友元可以访问派生类对象中基类子对象部分的保护成员;派生类的友元不能直接访问基类对象的私有成员和保护成员。

```
class C{
public:
    int f1(Base b){
        return b.pro_member;          //正确,C 是 Base 的友元
    }
    int f2(Derived d){
        return d.j;                   //错误,C 不是 Derived 的友元
    }
    int f3(Derived d){
        return d.pro_member;          //正确,C 是 Base 的友元
    }
};
```

如前所述,每个类控制自己成员的访问权限,此处尽管看起来有些奇怪,但 f3 确实是正确的。C 是 Base 的友元,所以 C 能够访问 Base 对象的成员,这种可访问性包括了 Base 对象内嵌在其派生类对象中的情况。

当一个类将另一个类声明为友元时,这种友元关系只对做出声明的类有效。对于原来那个类来说,其友元的基类或者派生类不具有特殊的访问能力。

```
class Deri: public C{
public:
    int f(Base b){
        return b.pro_member;          //错误,友元关系不能继承
    }
};
```

注意：不能继承友元关系，每个类负责控制各自成员的访问权限。

5.4.3　改变基类成员在派生类中的访问权限

C++ 11 标准支持根据需要改变派生类继承的某个名字的访问级别，通过使用 using 声明可以达到这一目的。

```
class Base {
protected:
    int x;
public:
    int value() const {
        return x;
    }
};
class Derived : private Base {
public:
    using Base::value;
protected:
    using Base::x;
};
```

由于 Derived 使用了私有继承，所以继承来的数据成员 x 和成员函数 value 都是 Derived 类的私有成员。上述代码中，使用 using 声明语句改变了这些成员的可访问性。改变之后，Derived 类对象将可以使用 value 成员，而 Derived 的派生类将能使用 x。

通过在类的内部使用 using 声明语句，可以将该类的直接或间接基类中的任何可访问成员（非私有成员）标记出来。using 声明语句中名字的访问权限由该 using 声明语句之前的访问说明符来决定。也就是说，如果一条 using 声明语句出现在该类的 private 部分，则该名字只能被类的成员和友元访问；如果 using 声明语句位于 public 部分，则类的所有用户都能访问它；如果 using 声明语句位于 protected 部分，则该名字对于成员、友元和派生类是可访问的。

注意：派生类只能为那些它可访问的名字提供 using 声明。

5.4.4　继承中的类作用域

每个类定义自己的作用域，在这个作用域内定义类的成员。当存在继承关系时，派生类的作用域嵌套在其基类的作用域内。如果一个名字在派生类的作用域内无法解析，则编译器将继续在外层的基类作用域中寻找该名字的定义。

派生类的作用域位于其基类作用域之内这一事实其实也很容易理解，正因为基类和派生类的类作用域具有这种嵌套关系，才使得派生类可以像使用自己的成员一样使用基类的成员。

```
class A {
```

```
public:
void f() { ⋯ }
};
class B : public A {
public:
    void g() { ⋯ }
};
class C : public B {
public:
    void t() { ⋯ }
};
⋯
C c;
c.f();
```

执行上述语句时,就会从 C 的作用域逐层向外寻找函数 f 的定义。由于类 C 没有定义 f,接着在其直接基类 B 所在的外层作用域内寻找 f 的定义,仍然没找到,接下来就在最外层基类 A 的作用域内查找,最后找到函数 f 并调用它。

5.4.5 名字冲突与继承

由于派生类的作用域嵌套在其基类的作用域内,和其他作用域一样,派生类也能重用定义在其直接基类或间接基类中的名字,即在派生类中定义与其基类中相同名字的成员,此时定义在内层作用域(即派生类)的名字将隐藏定义在外层作用域(即基类)的名字(即派生类的成员将隐藏同名的基类成员,不管是数据成员还是成员函数),修改 5.4.4 节中代码如下:

```
class A {
public:
void f() { ⋯ }
};
class B : public A {
public:
    void g() { ⋯ }
};
class C : public B {
public:
void t() { ⋯ }
    void f(int x) { ⋯ }                    //隐藏基类的成员函数 f
};
⋯
C c;
c.f();                                     //错误,基类同名的成员被隐藏
```

此时执行上述语句,将发生编译错误。编译器在解析过程中,将按名字进行查找,在

匹配派生类对象成员名字的过程中,一旦在某个作用域内找到了,就停止查找。即使外层作用域内还有同名的成员,也不再找了。接下来会进行调用函数的参数匹配。c.f()错误的原因就在这里,在类 C 的作用域内找到了成员函数 f,但需要参数,虽然基类中存在符合要求的成员函数 f,但编译器不会再在其外层作用域进行查找,所以也不会调用它。

因此,如果派生类具有和基类同名的成员,则派生类中的同名成员会隐藏基类中与之同名的成员,如果需要在派生类中访问基类同名的成员,需要通过基类的名字使用作用域运算符进行限定,使用方法为"类名::成员名"。上述错误的语句可以改为

c.B::f(); 或 c.A::f();

注意:

(1) 派生类的成员将隐藏同名的基类成员。

(2) 可以通过作用域运算符来使用被隐藏的基类成员。

5.4.6 类型转换与继承

一般情况下,如果要把引用或者指针绑定到一个对象上,则引用或指针的类型应与对象的类型一致,或者对象的类型含有一个可接受的 const 类型转换规则(非常量可以转换成 const 的引用,非常量的地址可以转换成 const 的地址)。但存在继承关系的类是一个重要的例外,C++ 允许将基类的指针或引用绑定到派生类对象上。

```
class Base{…};
class Derived : public Base { … };
Base b;
Derived d;
Base& bRef1 =b;
Base& bRef2 =d;
Base * bPtr1 =&b;
Base * bPtr2 =&d;
```

可以将基类的指针或引用绑定到派生类对象上包含一个极为重要的含义:当使用基类的引用或指针时,实际上并不清楚该引用或指针所绑定对象的实际类型。该对象既可以是基类类型,也可以是派生类类型。

1. 静态类型与动态类型

静态类型(static type)是对象被定义的类型或表达式产生的类型。静态类型在编译时是确定的。

动态类型(dynamic type)是对象在运行时的类型。引用所引用的对象或指针所指向对象的类型可能与该引用或指针的静态类型不同。

当使用存在继承关系的类型时,必须将一个变量或其他表达式的静态类型与该表达式所表示对象的动态类型区分开来。表达式的静态类型在编译时总是已知的,就是变量声明时的类型或表达式生成的类型,而动态类型则是变量或表达式表示的内存中对象的

类型,直到运行时才可知。

如果表达式既不是引用也不是指针,则它的动态类型永远与静态类型一致。如上代码中,Base 类的变量 b 永远是 Base 类的对象,同样 Derived 类的变量 d 也永远是 Derived 类的对象,在任何情况下都不能改变变量对应的对象类型。

2. 不存在从基类向派生类的隐式类型转换

之所以存在派生类向基类的类型转换是因为每个派生类对象都包含一个基类部分的子对象,而基类的引用或指针可以绑定到该子对象上。一个基类的对象既可以以独立的形式存在,也可以作为派生类对象的一部分存在。如果基类对象不是派生类的一部分,则它只含有基类定义的成员,而不含派生类定义的成员。

因为一个基类的对象可能是派生类对象的一部分,也可能不是,所以不存在从基类向派生类的自动类型转换。

```
Base base;
Derived& dRef =base;                    //错误,不能将基类转换成派生类
Derived* dPtr =&base;                    //错误,不能将基类转换成派生类
```

如果以上赋值是合法的,那么有可能会使用 dRef 或 dPtr 访问 base 中根本不存在的成员。

即使一个基类指针或引用绑定在了一个派生类对象上,也不能执行从基类向派生类的转换。

```
Derived d;
Base * bPtr =&d;                        //正确,动态类型是 Derived
Derived* dPtr =bPtr;                    //错误,不能将基类转换成派生类
```

编译器在编译时无法确定某个特定的转换在运行时是否安全,这是因为编译器只能通过检查指针或引用的静态类型来推断该转换是否合法。如果在基类中存在一个或多个虚函数(第 6 章介绍),可以使用 dynamic_cast 请求一个类型转换,该转换的安全检查将在运行时执行。同样,如果已知某个基类向派生类的转换是安全的,则可以使用 static_cast 来强制覆盖掉编译器的检查工作。

3. 对象之间不存在类型转换

派生类向基类的自动类型转换只对指针或引用类型有效,在派生类类型和基类类型之间不存在这样的转换。

当初始化或赋值一个类类型的对象时,实际上是在调用某个函数。当执行初始化时,调用构造函数;当执行赋值操作时,调用赋值运算符函数(将在第 7 章叙述),这些成员通常都包含一个参数,该参数的类型是类类型的 const 引用。

因为这些成员接受引用作为参数,所以派生类向基类的转换允许给基类的复制/移动操作传递一个派生类对象。当给基类的构造函数传递一个派生类对象时,实际运行的构造函数是基类中定义的那个,显然该构造函数只能处理基类自己的成员。类似地,如

果将一个派生类对象赋值给一个基类对象,则实际运行的赋值运算符也是基类中定义的那个,该运算符同样只能处理基类自己的成员。

```
Derived deri;                    //派生类对象
Base base(deri);                 //使用 Base::Base(const Base&)构造函数
base =deri;                      //使用 Base::operator=(const Base&)
```

当用一个派生类对象为一个基类对象初始化或赋值时,只要该派生类对象中的基类部分会被复制、移动或赋值,它的派生类部分将被忽略。

注意:

(1) 如果表达式既不是引用也不是指针,则它的动态类型永远与静态类型一致。

(2) 基类的指针或引用的静态类型可能与其动态类型不一致。

(3) 任何情况下都不能改变变量对应的对象类型。

(4) 即使一个基类指针或引用绑定在一个派生类对象上,也不能执行从基类向派生类的转换。

(5) 在对象之间不存在类型转换。

5.4.7 派生类对基类成员的访问

在派生类中,可以直接访问派生类通过继承得到的基类公有成员和保护成员,就好像这些成员是派生类自己定义的一样。派生类对象对基类成员的访问主要有以下 3 种形式。

(1) 派生类对象直接访问基类成员。在公有继承方式下,基类公有的成员在派生类中也是公有的,可以被派生类对象直接访问。

(2) 派生类成员函数中直接访问基类成员。在 public、protected、private 3 种继承方式下,基类的 public 成员和 protected 成员可以在派生类内部直接访问,故可以被派生类的成员函数直接访问。

(3) 通过基类名字限定访问被派生类隐藏的成员。在派生类中可以定义与其基类中相同名字的成员,此时基类同名的成员被派生类隐藏。如果派生类需要访问基类同名的成员,需要通过基类的名字使用作用域运算符进行限定访问,使用方法为"类名::成员名"。根据同名基类成员在派生类中的访问权限,来控制是在派生类内部访问,还是通过派生类对象访问。

5.5 派生类的构造函数和析构函数

在类的继承体系结构中,派生类不但继承了基类的数据成员,而且还可以定义新的数据成员,这些成员都需要通过构造函数进行初始化。与类的设计原则相同,位于继承体系中的类(包括基类和派生类)也需要设计构造函数、复制构造函数、赋值运算符函数、移动构造函数、移动赋值运算符函数以及析构函数,来控制它们的对象在执行相应操作时的行为。如果一个类(派生类)没有定义它们,编译器会在符合条件的情况下,自动为它们合成相应的默认函数。

5.5.1　派生类构造函数

尽管在派生类对象中含有从基类继承来的成员,但是派生类并不能直接初始化这些成员。和其他创建了基类对象的代码一样,派生类也必须使用基类的构造函数来初始化它的基类子对象部分。也就是说,每个类控制它自己的成员初始过程。

1. 派生类可以不定义构造函数的情况

本章前面的例子中,基类和派生类都没有定义构造函数,但它们都符合默认构造函数的生成规则,C++ 编译器会在必要时自动为它们创建默认构造函数,并用它们对基类和派生类的数据成员进行初始化。

在派生类没有成员需要初始化的情况下,若基类没有定义任何构造函数,或基类有无参数构造函数,或基类有全部参数都有默认值的构造函数时,派生类可以不定义构造函数。

在此情况下,派生类不需要向基类传递构造函数的参数,甚至不需要构造函数。如果派生类没有定义构造函数,编译器会自动生成派生类默认的构造函数,并通过它调用基类的默认构造函数,实现基类成员的初始化。

【例 5-5】　派生类不定义构造函数的情况。

```
//ch5-5.cppno constructor in derived class
#include<iostream>
using namespace std;
class B {
public:
    B() { cout<<"Base Constructor: B"<<endl; }
    ~B() { cout<<"Base Destructor: B"<<endl; }
};
class D : public B{
public:
    ~D() { cout<<"Derived Destructor: D"<<endl; }
};
int main(){
    D d;
    return 0;
}
```

程序运行结果如下:

```
Base Constructor: B
Derived Destructor: D
Base Destructor: B
```

此例中,虽然派生类 D 没有定义构造函数,但它符合生成默认构造函数的条件(基类有无参数构造函数),故编译器会为它生成一个默认构造函数,并提供它调用基类的无参数构造函数以创建派生类对象的基类子对象。

2. 派生类构造函数的形式

如果基类只含有带参数的构造函数,即使派生类本身没有数据成员需要初始化,此时也必须定义派生类的构造函数。类似于对象成员初始化方式,派生类需要在构造函数成员初始化列表中为基类子对象进行初始化。派生类构造函数的一般形式如下:

派生类构造函数名(参数表):基类构造函数名(参数表) { … }

【例 5-6】 派生类必须定义构造函数的情况。

```cpp
//ch5-6.cpp
#include <iostream>
using namespace std;
class B {
private:
    int x;
public:
    B(int i){
        x =i;
        cout<<"Base Constructor: B"<<endl;
    }
    ~B() { cout<<"Base Destructor: B"<<endl; }
};
class D: public B{
public:
    D(int i): B(i){ cout<<"Derived Constructor: D"<<endl; }
    ~D() { cout<<"Derived Destructor: D"<<endl; }
};
int main(){
    D d(1);
    return 0;
}
```

本例中,基类只有带参数的构造函数,此时派生类必须定义构造函数,并通过成员初始化列表为基类子对象的成员进行初始化。

3. 派生类构造函数只负责其直接基类的初始化

C++ 标准规定:如果派生类的基类同时是另一个类的派生类,则每个派生类只负责其直接基类的构造函数调用。这个规则表明,当派生类的直接基类只有带参数的构造函数但没有无参数构造函数,也没有所有参数都有默认值的构造函数时,它必须在构造函数的成员初始化列表中调用其直接基类的构造函数,并向基类的构造函数传递参数,以实现派生类对象中基类子对象的初始化。

【例 5-7】　派生类构造函数的调用。

```cpp
//ch5-7.cpp
#include <iostream>
using namespace std;
class B {
private:
    int x;
public:
    B(int i){
        x =i;
        cout<<"Base Constructor: B"<<endl;
    }
    ~B() { cout<<"Base Destructor: B"<<endl; }
};
class D: public B{
private:
    int y;
public:
    D(int i, int j): B(i){
        y =j;
        cout<<"Derived Constructor: D"<<endl;
    }
    ~D() { cout<<"Derived Destructor: D"<<endl; }
};
class DD: public D {
public:
    DD(int i, int j): D(i, j) {
        cout<<"Last Derived Destructor: DD"<<endl;
    }
};
int main(){
    DD d(1, 2);
    return 0;
}
```

程序运行结果如下：

```
Base Constructor: B
Derived Constructor: D
Last Derived Destructor: DD
Derived Destructor: D
Base Destructor: B
```

从运行结果可以看出，第一个被调用的构造函数属于最远的基类。其执行过程如下：在 main 函数中定义了最终派生类 DD 的对象 d 时，将导致 DD 的基类 D 的构造函数调用；在调用 D 的构造函数时，由于 D 又是 B 的派生类，所以要先调用 B 的构造函数；然后返回到 B 的派生类 D，最后返回到 D 的派生类 DD。D 和 DD 的构造函数在返回过程中被调用。

4. 继承的构造函数

从 C++ 11 标准开始，派生类可以重用其直接基类定义的构造函数，这在之前的 C++ 标准中是被禁止的。尽管这些构造函数并非以常规方式继承而来，但为了方便，仍然称其为继承而来。由于一个类只初始化它的直接基类，出于同样的原因，一个类也只能继承其直接基类的构造函数。派生类不能继承默认、复制和移动构造函数。如果派生类没有直接定义这些构造函数，那么编译器将为派生类生成它们。

新标准为派生类构造函数的设计带来一定程度上的方便，尤其是基类具有带参数的构造函数，而派生类没有数据成员需要初始化，但它必须提供构造函数来为其基类构造函数提供初始化值。在这种情况下，派生类只需要继承直接基类的构造函数即可。

派生类继承基类构造函数的方法就是使用 using 在派生类中声明基类的构造函数名。举个例子，重新定义 Derived 类，令其继承 Base 类的构造函数，形式如下：

```
class Base {
    …
public:
    Base(int x){ … }
};
class Derived: public B {
public:
    using Base::Base;                //继承基类 Base 的构造函数
    …
}
```

通常情况下，using 声明语句只是令某个名字在当前作用域内可见，而当作用于构造函数时，using 声明语句将令编译器产出代码。对于基类的每个构造函数，编译器都会生成一个与之对应的派生类构造函数。也就是说，对于基类的每个构造函数，编译器都在派生类中生成一个形参列表完全相同的构造函数。编译器生成的构造函数形式如下：

```
Derived(params) : Base(args){ … }
```

这里，Derived 是派生类的名字，Base 是基类的名字，params 是构造函数的形参列表，args 将派生类的构造函数的形参传递给基类的构造函数。上例中，派生类继承的构造函数等价于：

```
Derived(int x) : Base(x) { }
```

如果派生类含有自己的数据成员，则这些成员将被默认初始化。

一个构造函数的 using 声明不会改变该构造函数的访问级别，不受访问说明符的限制。而且,一个 using 声明语句不能指定 explicit 或 constexpr。如果基类的构造函数是 explicit 或者 constexpr,则继承的构造函数也拥有相同的属性。

注意:

(1) 如果基类有多个构造函数,都会被继承,但基类的默认构造函数、复制构造函数、移动构造函数都不能被继承。如果派生类没有定义这些构造函数,编译器将按正常规则自动生成。

(2) 如果基类有默认参数值的构造函数,这些默认值不会被继承,编译器将为派生类生成多个构造函数,每个构造函数的参数依次减少一个。如果某基类有一个接受两个形参的构造函数,其中第二个形参有默认实参值,则派生类将获得两个构造函数:一个构造函数接受两个形参(没有默认实参);另一个构造函数只接受一个实参,它对应于基类中最左侧的没有默认值的那个形参(另一个参数自动接受默认实参值)。

(3) 若派生类继承基类构造函数的同时,还需要定义其他构造函数,必须按照前面的规则进行,即必须在构造函数成员初始化列表中为基类构造函数提供初始值(除非基类有无参数构造函数或所有参数都有默认值构造函数)。

5. 派生类构造函数的调用次序

如果派生类既有基类,又有对象成员,在创建派生类对象时,它们构造函数的调用次序为

基类构造函数→对象成员构造函数→派生类构造函数

当派生类具有多个基类时,将按照它们在类派生列表中声明的先后次序调用,与它们在构造函数成员初始化列表中的次序无关(C++ 标准建议派生类构造函数成员初始化列表中的次序与类派生列表中的顺序一致)。当直接基类又是另一个类的派生类时,则最远基类的构造函数最先调用。

多个对象成员构造函数的调用次序与 5.2.2 节中说明相同。

5.5.2 派生类析构函数

如前所述,在析构函数体执行完成后,对象的成员会被隐式销毁。类似地,对象的基类部分也是隐式销毁的。因此,和构造函数及赋值运算符不同的是,派生类析构函数只负责销毁由派生类自己分配的资源。

```
classDerived : public Base {
public:
    //Base::~Base() 被自动调用执行
    ~D() { … }
};
```

对象销毁的顺序正好与其创建的顺序相反,派生类析构函数首先执行,然后是基类的析构函数,以此类推,沿着继承体系的反方向直至最后。

【例 5-8】 D 从 B 类派生,并具有类 C1 和 C2 的对象成员。验证在创建 D 类对象时,

各类构造函数和析构函数的调用次序。

```cpp
//ch5-8.cpp 基类和派生类构造函数与析构函数的调用次序
#include <iostream>
using namespace std;
class B{
    int x;
public:
    B(int i): x(i) {
        cout<<"Constructor: B-" <<x <<endl;
    }
    ~B(){ cout<<"Destructor: B-" <<x <<endl; }
};
class C1 {
    int x;
public:
    C1(int i):x(i){
        cout<<"Constructor: C1-" <<x <<endl;
    }
    ~C1(){cout<<"Destructor: C1-" <<x <<endl; }
};
class C2 {
    int x;
public:
    C2(int i):x(i){
        cout<<"Constructor: C2-" <<x <<endl;
    }
    ~C2(){cout<<"Destructor: C2-" <<x <<endl; }
};
class D: public B {
    C1 c11, c12;
    C2 c21, c22;
public:
    D(int i, int j, int k, int m, int n):
        B(i), c11(j), c12(k), c21(m), c22(n){
        cout<<"Constructor: Derived D" <<endl;
    }
    ~D(){ cout<<"Destructor: Derived D" <<endl; }
};
int main(){
    D d(1, 2, 3, 4, 5);
    return 0;
};
```

程序运行结果如下：

```
Constructor: B-1
Constructor: C1-2
Constructor: C1-3
Constructor: C2-4
Constructor: C2-5
Constructor: Derived D
Destructor: Derived D
Destructor: C2-5
Destructor: C2-4
Destructor: C1-3
Destructor: C1-2
Destructor: B-1
```

该结果证实了上面讨论的构造函数与析构函数的调用次序。派生类 D 具有基类 B 和对象成员 c11、c12、c21、c22，根据前面介绍的调用次序，在程序运行到创建 D 类对象 d 时，将按照 B→c11→c12→c21→c22 的顺序依次调用基类和对象成员的构造函数，在销毁对象时，调用析构函数的次序与调用构造函数的次序正好相反。

5.5.3　派生类的复制控制成员

派生类构造函数在其初始化阶段不但要初始化派生类自己的成员，还要负责初始化派生类对象的基类部分。因此，派生类的复制和移动构造函数在复制和移动自有成员的同时，也要复制和移动基类部分的成员。类似地，派生类赋值运算符也必须为其基类部分的成员赋值。

和构造函数及赋值运算符不同的是，析构函数只负责销毁派生类自己分配的资源。由于对象的成员是被隐式销毁的，所以派生类对象的基类部分也是自动销毁的。

当派生类定义了复制或移动操作时，该操作负责复制或移动包括基类部分成员在内的整个对象。

1. 定义派生类的复制或移动构造函数

当为派生类定义复制或移动构造函数时，通常使用对应的基类构造函数初始化对象的基类部分：

```
class Base { … };
class Derived : public Base {
public:
    //默认情况下,基类的默认构造函数初始化对象的基类部分
    //要想使用复制或移动构造函数,必须在构造函数成员初始化列表中
    //显式地调用该构造函数
    Derived(const Derived& d) : Base(d) {            //复制基类成员
        //Derived 的成员的初始值
        …
    }
```

```
Derived(Derived&& d) : Base(std::move(d)){          //移动基类成员
    /* Derived 的成员的初始值 */
    ...
    }
};
```

初始值 Base(d) 将一个 Derived 对象传递给基类构造函数。尽管从理论上来讲，Base 可以接受一个参数类型为 Derived 的构造函数，但是在实际应用时通常不会这么做。Base(d) 一般会匹配 Base 的复制构造函数。Derived 类型的对象 d 将被绑定到该构造函数的 Base& 形参上。Base 的复制构造函数负责将 d 的基类部分复制给要创建的对象。如果没有提供基类的初始值：

```
//Derived 的整个复制构造函数很可能是不正确的定义
//在此情况下，基类部分将被默认初始化，而不是复制
Derived(const Derived& d){                 //成员初始值,但是没有提供基类初始值
    ...
    }
```

在此例子中，Base 的默认构造函数将被用来初始 Derived 对象的基类部分。假定 Derived 的构造函数从 d 中复制了派生类成员，则这个新构建的对象的配置将非常奇怪，它的 Basc 成员被赋予了默认值，而 Dcrived 成员的值是从其他对象复制得来的。

默认情况下，基类默认构造函数初始化派生类对象的基类部分。如果想复制或移动基类部分，则必须在派生类的构造函数成员初始化列表中显式地使用基类的复制或移动构造函数。

2. 派生类赋值运算符

与复制和移动构造函数相同，派生类的赋值运算符也必须显式地为基类部分赋值。

```
//Base::operator=(const Base&)不会被自动调用
Derived&Derived::operator=(const Derived &d){
    Base::operator=(d);                    //为基类部分赋值
    //按照过去的方式为派生类的成员赋值
    //酌情处理自赋值及释放已有资源等情况
    return *this;
}
```

在上例中，运算符函数首先显式地调用基类赋值运算符，令其为派生类对象的基类部分赋值。基类的运算符（应该可以）正确地处理自赋值的情况，如果赋值命令正确，则基类运算符将释放掉其左侧运算对象的基类部分的旧值，并利用 d 为其附一个新值。然后，继续进行其他为派生类成员赋值的工作。

注意：无论基类的构造函数或赋值运算符是自定义的版本还是合成的版本，派生类的对应操作都能正确地使用它们。对于 Base::operator= 的调用将执行基类 Base 的复制赋值运算符，至于该运算符是由 Base 显式定义的还是由编译器合成的无关紧要。

5.6　多　继　承

C++ 允许一个类从一个或多个直接基类派生。如果一个派生类只有一个直接基类，称为单继承。多继承是指从多个直接基类中产出派生类的能力。多继承的派生类继承了所有基类的属性。

5.6.1　多继承的实现

多继承就是一个类有两个或两个以上的基类，即在定义派生类的派生列表中包含多个基类，多继承的定义形式如下：

class|struct 派生类名：[继承方式]基类名 1，[继承方式]基类名 2，… {
　　//派生类成员声明或定义；
};

其中，关键字 class、struct 以及继承方式的意义与 5.3.1 节中相同。通过多继承，派生类可以继承多个基类的数据成员和成员函数，具有多个基类的复合功能。

和单继承一样，多继承的派生列表也只能包含已经被定义的类，而且这些类不能是final 类型。对于派生类能够继承的基类个数，C++ 标准没有进行特殊的限定，但在某个给定的派生列表中，同一个基类只能出现一次。

例如，在一个企业的人力资源管理系统中，除企业员工外，还会从学校招收一些实习生，这些实习生既具有员工的特征，也具有学生的特征。经过抽象之后，可以将这几类人抽象成员工类（Employee）、学生类（Student）、实习生类（StuEmp），实习生类是员工类和学生类的派生类，继承关系如图 5.5 所示。

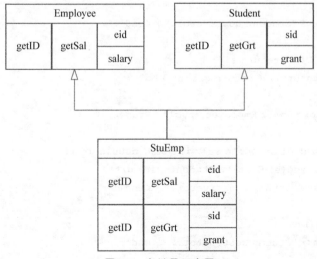

图 5.5　多继承示意图

【例 5-9】 实现上例多继承关系的简单程序。

```cpp
//ch5-9.cpp multi-inheritance
#include <iostream>
using namespace std;
class Employee{
    int eid;                                    //员工编号
    double salary;                              //员工工资
public:
    Employee() =default;
    Employee(int id, int sal): eid(id), salary(sal) {
        cout<<"Employee Constructor." <<endl;
    }
    ~Employee(){
        cout<<"Employee Destructor." <<endl;
    }
    int getID() { return eid;}
    double getSal() { return salary; }
};
class Student{
    int sid;                                    //学生学号
    double grant;                               //学生助学金
public:
    Student() =default;
    Student(int id, double grt): sid(id), grant(grt) {
        cout<<"Student Constructor." <<endl;
    }
    ~Student(){
        cout<<"Student Destructor." <<endl;
    }
    int getID() { return sid; }
    double getGrt() { return grant; }
};
class StuEmp: public Employee, public Student {
public:
    StuEmp(int eid, double sal, int sid, double grt):
        Employee(eid, sal), Student(sid, grt){
        cout<<"StuEmp Constructor." <<endl;
    }
    ~StuEmp(){
        cout<<"StuEmp Destructor." <<endl;
    }
};
int main(){
```

```
//…
return 0;
}
```

此例中,派生类 StuEmp 除构造函数和析构函数外,虽然没有定义其他任何成员,但它拥有从基类继承过来的私有数据成员 eid、salary、sid、grant 以及 Employee 类的公有成员函数 getID、getSal,以及 Student 类的公有成员函数 getID、getGrt,这些公有的成员函数允许在派生类 StuEmp 的外部直接调用。

5.6.2 多继承方式下成员的二义性

在多继承方式下,派生类继承了多个基类的成员,对于不同基类同名的成员会产生命名冲突问题。

【例 5-10】 在例 5-9 中类 StuEmp 是类 Employee 和 Student 的派生类,两个基类 Employee 和 Student 都有成员函数 getID,在派生类 StuEmp 中通过就继承得到两个同名的成员函数 getID,在调用的时候就会产生冲突。

```
//ch5-10.cpp
//… 类的定义同例 5-9
int main(){
    StuEmpste(1001, 1000, 2001, 600);
    cout<<ste.getID() <<endl;                //错误
    cout<<ste.Employee::getID() <<endl;      //正确
    cout<<ste.Student::getID() <<endl;       //正确
    return 0;
}
```

程序中,ste.getID()调用会产生二义性的命名冲突,因为 ste 有两个名为 getID 的成员函数:一个继承于类 Employee;另一个继承于类 Student。此时编译器无法确定 ste.getID()究竟调用来自于哪个类的函数 getID,故会产生编译错误。

在这种情况下,应该使用类作用域运算符限定调用的成员函数来自于哪个基类。如要调用继承于基类 Employee 的成员函数 getID,就应该明确地写成 ste.Employee::getID(),而要调用继承于基类 Student 的成员函数 getID,就应该明确地写成 ste.Student::getID()。

5.6.3 多继承派生类的构造函数和析构函数

在多继承关系中,派生类的对象包含每个基类的子对象。构造一个派生类的对象将同时构造并初始化它的所有基类子对象。与从一个基类进行派生相同,在多层次下的多继承派生类的构造函数初始值也只能初始化它的直接基类。

```
StuEmp::StuEmp(int eid, double sal, int sid, double grt):
    Employee(eid, sal), Student(sid, grt){
```

```
        cout<<"StuEmp Constructor." <<endl;
    }
```

上述代码为例 5-9 中派生类 StuEmp 的构造函数,此构造函数显式地初始化所有的基类。

在派生类的构造函数中,也可以使用基类的默认构造函数初始化该基类子对象,如下的构造函数使用 Employee 的默认构造函数初始化 Employee 子对象。

```
StuEmp(int sid, double grt): Student(sid, grt){}
```

派生类构造函数的成员初始化列表将实参分别传递给每个直接基类,其中基类的构造顺序与派生列表中基类出现的顺序保持一致,而与派生类构造函数初始化列表中基类的顺序无关。

一个 StuEmp 对象按照如下次序进行初始化:Employee 和 Student 是 StuEmp 的两个基类,根据派生列表中的顺序,首先初始化 StuEmp 的第一个直接基类 Employee;接着初始化 StuEmp 的第二个直接基类 Student;最后初始化 StuEmp。

1. 继承的构造函数与多继承

在 C++ 11 及以后的标准中,允许派生类从它的一个或多个基类中继承构造函数。但是如果从多个基类中继承了相同的构造函数(即构造函数的形参列表完全相同),则在使用继承的构造函数创建对象时会出现错误。

如例 5-9 中,两个基类具有相同参数列表的构造函数:

```
Employee::Employee(int, double);
Student::Student(int, double);
```

若派生类的定义如下:

```
class StuEmp: public Employee, public Student {
public:
    using Employee::Employee;            //从 Employee 继承构造函数
    using Student::Student;              //从 Student 继承构造函数
};
int main(){
    StuEmpste(1001, 1000);               //错误
    return 0;
}
```

此处会发生错误,编译器无法确定调用哪个继承过来的构造函数。如果一个类从它的多个基类中继承了相同的构造函数,则这个类必须为该构造函数定义它自己的版本,并同时显式生成派生类的默认构造函数,如上例的派生类 StuEmp 可以定义如下:

```
class StuEmp: public Employee, public Student {
public:
    using Employee::Employee;            //从 Employee 继承构造函数
```

```
    using Student::Student;                    //从 Student 继承构造函数
    StuEmp(int eid, double sal, int sid, double grt):
        Employee(eid, sal), Student(sid, grt){
        cout<<"StuEmp Constructor." <<endl;
    }
StuEmp(int sid, double grt): Student(sid, grt){}
//一旦派生类定义了自己的构造函数,则下一行语句必须出现
StuEmp() =default;
    ~StuEmp() { cout<<"StuEmp Destructor." <<endl; }
};
```

2. 析构函数与多继承

和以前阐述相同,派生类的析构函数只负责销毁派生类自身分配的资源,派生类的
对象成员及基类子对象都是自动销毁的。合成的析构函数体为空。

析构函数的调用次序正好与构造函数相反,在例 5-9 中,析构函数的调用次序为
～StuEmp→～Student→～Employee。如下的 main 函数验证了多继承方式下,构造函
数与析构函数的调用次序。

```
int main(){
    StuEmp ste(1001, 1000, 2001, 600);
    return 0;
}
```

程序运行结果如下:

```
Employee Constructor.
Student Constructor.
StuEmp Constructor.
StuEmp Destructor.
Student Destructor.
Employee Destructor.
```

5.6.4 多继承派生类的复制和移动操作

与单继承相同,多继承的派生类如果定义了自己的副本、移动构造函数和赋值运算
符,则必须在完整的对象上执行复制、移动或赋值操作。只有当派生类使用的是合成版
本的复制、移动或赋值成员时,才会自动对其基类部分执行这些操作。在合成的复制控
制成员中,每个基类分别使用自己的对应成员隐式地完成构造、赋值或销毁等工作。

使用例 5-9 中定义的类,如下代码使用了合成版本的成员。

```
StuEmp ste_zhang(2001, 400);
StuEmp ste_li =ste_zhang;                     //使用合成的复制构造函数
```

上述代码将先调用 Employee 的复制构造函数,一旦 ste_li 的 Employee 部分构造完

成,接着调用 Student 的复制构造函数来创建对象相应的部分。最后执行 StuEmp 的复制构造函数。合成的移动构造函数的工作原理与之类似。

5.6.5 类型转换与多个基类

在单继承方式下,派生类只有一个基类,派生类的指针或引用能自动转换成一个基类的指针或引用。多继承方式下,多个基类的情况与单继承类似。可以令某个基类的指针或引用直接指向一个派生类对象。如一个 Employee 或 Student 类型的指针或引用可以绑定到 StuEmp 对象上。

```
//如下代码行可以接受 StuEmp 的基类引用的一系列操作
void func1(const Employee&);
void func2(const Student&);
StuEmp ste(1001, 1000, 2001, 400);
func1(ste);                         //把一个 StuEmp 对象传递给一个 Employee 的引用
func2(ste);                         //把一个 StuEmp 对象传递给一个 Student 的引用
```

编译器不会在派生类向基类的几种转换中进行比较和选择,引用在它看来转换到任意一种基类都一样好,但如果有重载的 func 函数如下:

```
void func(const StuEmp&);
void func(const Employee&);
```

则通过 StuEmp 不带前缀限定的 func 函数进行调用将产生编译错误。

```
StuEmp ste(1001, 1000, 2001, 400);
func(ste);                          //二义性错误
```

与单继承相同,对象、指针和引用的静态类型决定了它能够访问哪些成员。如果使用了一个 Employee 指针,则只有定义在 Employee 中的操作是可以使用的,而 StuEmp 接口中的 Student 和 StuEmp 特有的部分都是不可见的。同样,一个 Student 类型的指针或引用只能访问 Student 的成员。

5.6.6 多继承下的类作用域

在单继承情况下,派生类的作用域嵌套在直接基类和间接基类的作用域中。查找过程沿着继承体系自底向上进行,直到找到所需的名字。派生类的名字将隐藏基类的同名成员。

在多继承情况下,相同的查找过程在所有直接基类中同时进行。如果名字在多个基类中被找到,则对该名字的使用将具有二义性。

如例 5-9 中,如果 StuEmp 的对象、指针或引用使用了名字 getID,则程序会并行地在 Employee 和 Student 两个基类中查找,这个名字在两个基类中都被找到,则该名字的使用具有二义性。对于一个派生类来说,从它的几个基类中分别继承名字相同的成员是完全合法的,只不过在使用这个名字时必须明确使用基类的名字来限定访问它来自于哪个基类,如 5.6.5 节中的 ste 访问名字 getID,应使用 ste.Employee::getID() 或 ste. Student::getID()。

要想避免潜在的二义性,最好的办法是在派生类中为该函数定义一个新版本,如例 5-9 的 StuEmp 类中,定义一个 getID 函数从而解决二义性问题。

```
int StuEmp::getID(){…}
```

5.7 虚 继 承

尽管一个派生类可以从一到多个基类派生而来,但在派生列表中同一个基类只能出现一次,实际上派生类可以多次继承同一个类。派生类可以通过它的两个直接基类分别继承同一个间接基类,也可以直接继承某个基类,然后通过另一个基类再一次间接继承该类。

如例 5-9 中,无论是企业中的员工还是学校的学生,都具有社会群体人的特征,因此在此例中可以抽象一个类 Person 表示社会群体人,员工类 Employee 和学生类 Student 都可以由 Person 类派生得到,而实习生 StuEmp 就由 Employee 和 Student 派生得到,如图 5.6 所示。

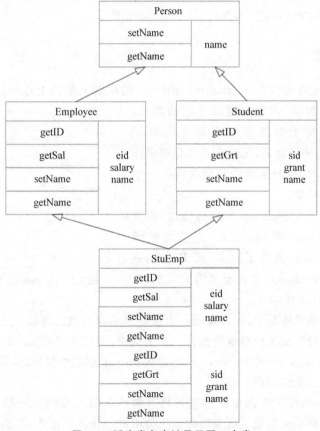

图 5.6 派生类多次继承于同一个类

类之间的继承关系如下:

```cpp
class Person{
    string name;
public:
    void setName(string s):name(s){ … }
    string getName() { return name; }
    …
};
class Employee : public Person { … };
class Student: public Person { … };
class StuEmp: public Employee, public Student { … };
```

在上例中,类 Employee 和 Student 分别继承了一个名为 Person 的类,而 StuEmp 又是 Employee 和 Student 的派生类。在默认情况下,派生类中含有继承链上每个类对应的子部分。如果某个类在派生过程中出现了多次,则派生类中将包含该类的多个对象。所以,StuEmp 继承了 Person 两次,在 StuEmp 的对象就包含了 Person 的两份副本,拥有两份 Person 类的成员,这种形式的继承容易使派生类对象的成员解析产生二义性。

```cpp
SteEmpste;
ste.setName("person_name");        //二义性错误
```

5.7.1 虚基类

在 C++ 中,通过虚继承(virtual inheritance)的机制来解决上述问题,虚继承的目的是令某个类做出声明,承诺愿意共享它的基类。其中,共享的基类子对象称为虚基类(virtual baseclass)。在这种机制下,无论虚基类在继承体系中出现了多少次,在派生类中只包含唯一一个共享的虚基类子对象。

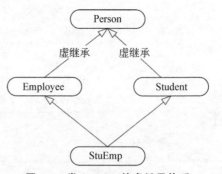

图 5.7　类 **StuEmp** 的虚继承体系

对上述的实习生 StuEmp 类进行修改,该类同时继承 Employee 和 Student。为避免赋予 StuEmp 两份 Person 类的子对象,将 Employee 和 Student 继承 Person 的方式定义为虚继承,新的继承体系如图 5.7 所示。

在这个新的继承体系中,可以发现一个虚继承不太直观的特性:必须在虚继承真实需求出现前就已经完成了虚继承的操作。在上例中,当定义 StuEmp 时才出现了对虚继承的需求,但如果 Employee 和 Student 不是从 Person 虚继承得到的,那么 StuEmp 类就无法解决上述的二义性问题。

在实际应用中,位于中间层次的基类将其继承声明为虚继承一般不会带来什么问题。但虚继承只影响从指定了虚基类的派生类中进一步派生出来的类,它不会影响派生类本身。

5.7.2 虚继承的一般形式

在定义派生类的派生列表中基类名字前添加关键字 virtual,就可以将该基类指定为虚基类,则该基类的成员在继承体系的派生类中只有一份副本,虚基类的定义形式如下:

```
class 派生类名: virtual [继承方式] 基类名{
    …                              //派生类成员的声明或定义
};
```

这里,virtual 和继承方式的顺序可以互换,virtual 说明符表明在后续的派生类中共享虚基类的同一份实例,至于什么样的类能够作为虚基类并没有特殊规定。如果某个类指定了虚基类,则该类的派生仍按常规方式进行,那么图 5.7 的虚继承体系可以用如下方式实现。

```
class Person { … };                    //定义形式同前
class Employee: virtual public Person { … };
class Student: public virtual Person { … };
class StuEmp: public Employee, public Student { … };
```

此时,下面的代码通过派生类对象引用虚基类中的成员就不会再产生二义性的错误了。

```
StuEmp s;
s.setName("person_name");
```

5.7.3 虚基类成员的可见性

由于在每个共享的虚基类中只有唯一一个共享的子对象,所以该基类的成员可以被直接访问,并且不会产生二义性。此外,如果虚基类的成员只被一条派生路径覆盖,则仍然可以直接访问这个被覆盖的成员。如果成员被多于一个的基类覆盖,则一般情况下派生类必须为该成员自定义一个新的版本。

例如,假定类 B 定义了一个名为 func 的成员函数,D1 和 D2 都是从类 B 虚继承而来,D 继承了 D1 和 D2,则在 D 的作用域中,func 通过 D 的两个基类都是可见的。若通过 D 的对象访问 func,则有 3 种可能。

(1)如果在 D1 和 D2 中都没有 func 的定义,则 func 将被解析为 B 的成员,此时不存在二义性问题,一个 D 的对象只含有一个 func 的实例。

(2)如果 func 是 B 的成员,同时也是 D1 和 D2 中某一个的成员,则同样不存在二义性问题,派生类的 func 比共享虚基类 B 的 func 优先级更高。

(3)如果在 D1 和 D2 中都有 func 的定义,直接访问 func 将产生二义性问题,需要通过基类的名字限定访问。

与非虚的多继承相同,解决这种二义性问题最好的方法就是在派生类中为该成员自定义新的实例。

5.7.4 构造函数与虚继承

在虚继承方式下，虚基类由最底层的派生类负责初始化。也就是说，派生类需要在其构造函数成员初始化列表中对虚基类进行初始化，以实现对虚基类对象的初始化。

1. 虚继承的对象的构造方式

含有虚基类的对象的构造顺序与非虚继承不同：首先，使用提供给最底层派生类构造函数的初始值为该对象的虚基类子部分；其次，按照直接基类在派生列表中出现的次序依次对其进行初始化。

虚基类总是先于非虚基类构造，与它们在继承体系中的次序和位置无关。按照 5.7.2 节，在虚继承体系结构中，当创建一个 StuEmp 对象时，首先使用 StuEmp 的构造函数初始值列表中提供的初始值构造虚基类 Person 部分，接着构造 Empoyee 部分，然后构造 Student 部分，最后构造 StuEmp 自定义部分。

如果 StuEmp 没有显式地初始化 Person 基类，则 Person 的默认构造函数将被调用。如果 Person 没有默认构造函数，将发生错误。

【例 5-11】 类 B 是类 D1 和 D2 的虚基类，类 D 是由 D1、D2 派生得到，是继承体系中的最终派生类，它必须负责虚基类 B 的初始化。

```cpp
//ch5-11.cpp
#include<iostream>
using namespace std;
class B{
    int x;
public:
    B(int i): x(i){
        cout<<"virtual base: B" <<endl;
    }
    int getX(){ return x; }
};
class D1: virtual public B{
public:
    D1(int i): B(i){
        cout<<"Constructor: D1" <<endl;
    }
};
class D2: virtual public B{
    int y;
public:
    D2(int i, int j): B(i), y(j){
        cout<<"Constructor: D2" <<endl;
    }
```

```
    };
    class D: public D1, public D2{
    public:
        //这里必须对虚基类 B 进行初始化
        D(int i, int j, int k): B(i), D1(j), D2(k, k){
            cout<<"Constructor: D" <<endl;
        }
    };
    int main(){
        D d(1, 2, 3);
            cout<<d.getX() <<endl;
        return 0;
    }
```

程序运行结果如下：

```
virtual base: B
Constructor: D1
Constructor: D2
Constructor: D
1
```

在此例中，尽管 B 是 D 的间接基类，但由于它是虚基类，且没有默认构造函数，所以 D 的构造函数必须对 B 进行初始化。如果 D 还要派生类，则它的派生类也必须为 B 提供构造函数初始值。

如果 D1 和 D2 从 B 以非虚继承的方式派生而来，则在其构造函数中对间接基类 B 的构造函数的调用是不必要的，并且会产生编译错误。

程序运行结果的最后一行，说明虚基类在其后的派生类中只存在一份副本，故不存在二义性问题，且由运行结果看出虚基类子对象的值由派生类的构造函数负责初始化。

2. 构造函数与析构函数的次序

一个类可以有多个基类，这些基类可以是虚基类，也可以是非虚基类。此时，构造函数的调用次序如下。

(1) 先调用虚基类的构造函数，再调用非虚基类的构造函数。

(2) 若同一继承层次中包含多个虚基类或非虚基类，则按照它们在派生列表中的先后次序调用，若某个虚基类的构造函数已被调用过，则不再被调用。

(3) 若虚基类由非虚基类派生而来，则先调用虚基类的基类构造函数，再调用该虚基类的构造函数。

对象的销毁顺序与构造顺序正好相反。

【例 5-12】 有如图 5.8 所示的继承体系，分析构造函数与析构函数的调用次序。

图 5.8 中，B 是 A 的派生类；D1 和 D2 是 B 的派生类，其中 D1 由 B 虚继承得到；D3 是 B 和 C 的派生类，且 B 是 D3 的虚基类；DD 是 D1、D2 和 D3 的派生类，是整个继承结

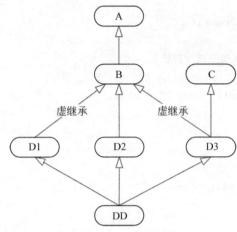

图 5.8　例 5-12 的继承体系

构中的最终派生类。

```
//ch5-12.cpp
#include <iostream>
using namespace std;
class A{
public:
    A(){ cout<<"Constructor: A" <<endl; }
    ~A(){ cout<<"Destructor: A" <<endl; }
};
class C{
public:
    C(){ cout<<"Constructor: C" <<endl; }
    ~C(){ cout<<"Destructor: C" <<endl; }
};
class B: public A{
public:
    B(){ cout<<"Constructor: B" <<endl; }
    ~B(){ cout<<"Destructor: B" <<endl; }
};

class D1: virtual public B{
public:
    D1(){cout<<"Constructor: D1" <<endl; }
    ~D1(){cout<<"Destructor: D1" <<endl; }
};
class D2: public B{
public:
    D2(){cout<<"Constructor: D2" <<endl; }
```

```
    ~D2(){cout<<"Destructor: D2" <<endl; }
};
class D3: virtual public B, public C{
public:
    D3(){cout<<"Constructor: D3" <<endl; }
    ~D3(){cout<<"Destructor: D3" <<endl; }
};
class DD: public D1, public D2, public D3{
public:
    DD(){ cout<<"Constructor: DD" <<endl; }
    ~DD(){ cout<<"Destructor: DD" <<endl; }
};
int main(){
    DD d;
    return 0;
}
```

程序运行结果如下：

```
Constructor: A
Constructor: B
Constructor: D1
Constructor: A
Constructor: B
Constructor: D2
Constructor: C
Constructor: D3
Constructor: DD
Destructor: DD
Destructor: D3
Destructor: C
Destructor: D2
Destructor: B
Destructor: A
Destructor: D1
Destructor: B
Destructor: A
```

　　按如图 5.8 的继承体系，DD 是整个继承体系中的最终派生类，它由 D1、D2、D3 派生而来。由于都不是虚继承，则按照派生列表中的次序依次构造 D1、D2、D3。构造 D1 时，由于 D1 虚继承于 B，故先调用虚基类 B 的构造函数，但虚基类 B 由非虚基类 A 派生而来，所以在调用 B 的构造函数之前先调用其基类 A 的构造函数，即按照 A→B→D1 的次序构造，对应程序运行结果的前 3 行。

　　当 DD 的 D1 基类构造完成后，按次序接着构造基类 D2。D2 由 B 继承而来，而 B 又是 A 的派生类,在此派生链中不存在虚继承,故最远的基类先构造,所以先调用 A 的构造函数,然后 B 调用 B 的构造函数,再调用 D2 的构造函数,即按照 A→B→D2 的次序构造,对应程序运行结果的第 4~6 行。

接着构造 DD 的基类 D3,D3 由 B 和 C 派生而来,且 B 是 D3 的虚基类。按照派生列表中的次序先构造虚基类 B,再构造非虚基类 C。由于虚基类 B 在构造 DD 的基类 D1 时已经被构造了,所以就不再构造,而直接调用 C 的构造函数构造非虚基类 C,再调用 D3 的构造函数,即按照 C→D3 的次序构造,对应程序运行结果的第 7 和第 8 行。

DD 的所有基类构造完成后,最后调用派生类 DD 自己的构造函数构造自身。这就是程序运行结果的第 9 行。

从程序运行结果可以看出,调用析构函数的次序与调用构造函数的次序正好相反。

5.8 小　结

类的组合与继承是代码重用的两种重要途径,通过这两种途径可以在已有类的基础上建立新类。

组合是在一个类中嵌入另一个类的对象作为数据成员,从而得到一个新类。组合使得新得到类的对象拥有另一个类的对象,因为另一个类的对象属于新类的成员,所以在调用新类的构造函数进行初始化时,也要对对象成员进行初始化,并且在新类的对象之前进行构造,而析构的顺序正好相反。

继承也可以根据已经存在的类构造一些新的类,这些新类既能共享其基类的行为,又能根据需要覆盖或添加行为。由于所有的派生类对象都含有基类部分,故在派生类对象中都包含它每个基类对应的子对象,所以在应用时可以将派生类的引用或指针转换为一个可访问的基类引用或指针。

当执行派生类的构造、复制、移动和赋值操作时,首先构造、复制、移动和赋值其基类部分,然后才是派生类自定义部分。析构函数的执行顺序则正好相反,首先销毁派生类,接下来执行基类子对象的析构函数。

派生类为它的每个基类提供一个访问控制,public 基类的成员也是派生类接口的一部分;private 基类的成员是不可访问的;protected 基类的成员对于派生类是可访问的,但对于派生类的对象是不可访问的。

一个类可以从多个直接基类派生而来,在派生对象中既包含派生类部分,也包含与每个基类对应的基类部分。在这种多继承方式下,可能会引入新的命名冲突,并造成来自于基类部分的名字的二义性问题。

如果一个类是从多个基类直接继承而来,那么有可能这些基类本身又共享了另一个基类。在这种情况下,中间类可以选择使用虚继承,则继承层次中虚继承于同一基类的其他类共享虚基类。在虚继承方式下,后代派生类中将只有一个共享虚基类的副本。

第 6 章

chapter 6

多 态

多态是面向对象程序设计的又一个重要特征,是指不同对象接收到同一消息时会产生不同的行为。主要体现之一就是一个函数名对应多种状态,即多种实现,像这样一对多的情况就是多态。多态、封装和继承一起并称为面向对象程序设计的三大特征,封装是基础,继承是关键,多态是补充。其中,封装是指类和对象将与之相关的数据和操作组合起来;继承是类与类之间的派生关系,处理的是类与类之间的层次关系问题;而多态处理的是类的层次结构之间同一个类内部同名函数的关系问题,在继承的环境中,当同样的消息被不同类型的对象接收时,有可能导致完全不同的行为。

本章主要介绍 C++ 多态的原理与实现,主要内容包括 3 个方面:函数重载(含运算符重载)、虚函数和联编。

6.1 多态概述

多态(polymorphism)是面向对象程序设计的核心思想。"多态"一词来源于希腊语,其含义是"多种形式"。面向对象程序设计把具有继承关系的多个类型称为多态类型,可以直接使用这些类型的"多种形式"而无须关注它们之间的差异。引用或指针的静态类型与动态类型不同,这一事实正是 C++ 语言支持多态的根本所在。

6.1.1 多态的概念

多态是面向对象程序设计的重要特征之一,它是指对象根据所接收的消息而做出动作,同样的消息为不同的对象接收时可导致完全不同的行为,这种现象称为多态。

简单来讲,多态就是在同一个类或继承体系结构的基类与派生类中,用同名函数来实现各种不同的功能。直观地说就是可以用同一个名字定义多个不同的函数,而这些函数可以通过不同的数据类型实现不同的功能,简言之就是"单接口,多实现"。例如如下代码:

```
int func(int x, int y) { … }
float func(float x, float y) { … }
double func(double x, double y) { … }
```

这里,func 就是一个接口,定义了接受两个参数执行相关操作的功能,但它有多种实现,可以分别接受两个整数、浮点数、双精度浮点数执行相关操作的功能。对于 func 函数的使用者来说,只需要知道 func 函数所实现的功能即可。在调用时,把要执行的两个参数传递给 func 即可,并不需要知道 func 究竟定义了多少个函数版本,也不需要了解这些函数是如何实现的。这就是通过函数重载实现的多态,从这个意义上来讲,多态简化了程序设计的复杂性,减轻了程序员的负担。

　　广义上来讲,面向对象程序设计的多态不仅仅通过函数重载来呈现。实际上,多态主要有 3 种表现形式。

　　(1) 重载多态,即通过重载表现出来的多态,包括函数重载和运算符重载(第 7 章介绍),上面的 func 函数就是函数重载体现多态的例子。

　　(2) 模板多态,就是通过模板表现出来的多态,包括函数模板和类模板,通过设计模板生成不同的函数或类(第 8 章介绍)。

　　(3) 继承多态,通过基类的指针或引用绑定派生类对象,使用基类的指针或引用调用不同派生类对象重定义的与基类同名的成员函数,从而表现出不同的行为。

6.1.2　多态的实现

　　多态和联编密切相关,一个源程序需要经过编译、连接才能形成可执行文件,在这个过程中必须把调用函数名与对应函数关联起来,这个过程就是绑定(binding),也称为联编。

　　绑定分为静态绑定和动态绑定。静态绑定也称为静态联编,是在程序编译时就根据调用函数提供的信息,把它所对应的具体函数确定下来,即在编译时就把调用函数名与具体函数绑定在一起。

　　动态绑定又称为动态联编,是指在程序编译时还没有足够的信息确定函数调用所对应的具体函数,需要在程序运行过程中,执行函数调用时,才能取得对应的信息,确定调用函数所对应的具体函数,即在运行时才能将调用函数与具体函数绑定在一起。

　　静态联编和动态联编都能够实现多态,采用静态联编实现的多态称为静态多态。由于静态联编是在编译时完成的,所以静态多态也称为编译时多态。静态多态是通过重载来实现的多态,重载包括函数重载和运算符重载。

　　采用动态联编实现的多态称作动态多态,由于动态联编是在运行时完成的,所以动态多态也称为运行时多态。动态多态是通过继承和虚函数在程序执行时通过动态绑定实现的。

　　一般来讲,面向对象程序设计的多态通常指的是动态多态,是在继承体系结构中,通过虚函数来实现的。要实现这种多态,要具备以下 3 个条件。

　　(1) 要有继承,建立类的继承体系结构。

　　(2) 要有虚函数,在基类中定义虚函数,在派生类中重定义基类的虚函数,即派生类具有和基类函数原型完全相同的虚成员函数。

　　(3) 要有动态绑定,把基类的指针或引用绑定到派生类对象上。

　　【例 6-1】　所有的动物都需要吃食物,不同种类动物的食物类型不同,有的吃肉

(虎),有的吃草(马),有的吃鱼(猫)等,设计一个展示动物吃食物的小程序。

可以用 Animal 表示动物类,用虚成员函数 eat 表示动物都需要吃食物这一行为。Tiger、Horse、Cat 都是具体的动物种类,它们是 Animal 的派生类,可以继承 Animal 的所有特征和行为。但是,每类动物能够吃什么食物是明确的,而且各不相同,所以派生类需要覆盖(重定义)从 Animal 继承来的成员函数 eat。Animal 和 Tiger 等动物的继承体系如图 6.1 所示。

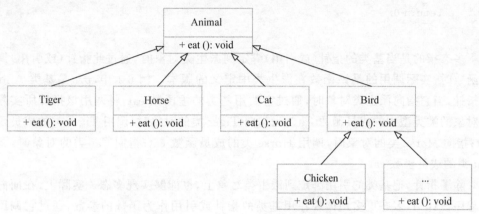

图 6.1 Animal 和 Tiger 等动物的继承体系

```cpp
//ch6-1.cpp
#include <iostream>
using namespace std;
class Animal{
public:
    virtual void eat() { cout <<"eat!" <<endl; }
};
class Tiger: public Animal{
public:
    void eat() { cout <<"老虎吃肉" <<endl; }
};
class Horse: public Animal{
public:
    void eat() { cout <<"马吃草" <<endl; }
};
class Cat: public Animal{
public:
    void eat() { cout <<"猫吃鱼" <<endl; }
};
int main(){
    Animal * pA;
    Tiger t;
    Horse h;
```

```
        Cat c;
        pA = &t;
        pA->eat();                      //pA 绑定到 Tiger 对象,调用 Tiger 的 eat 函数
        pA = &h;
        pA->eat();                      //pA 绑定到 Horse 对象,调用 Horse 的 eat 函数
        pA = &c;
        pA->eat();                      //pA 绑定到 Cat 对象,调用 Cat 的 eat 函数
        return 0;
    }
```

多态指的是当基类的指针(或引用)绑定到派生类对象时,通过此指针(或引用)调用虚函数时,实际调用的是该函数在派生类中定义的版本。例 6-1 中,pA 是基类 Animal 的指针,当它指向派生类对象时,通过它调用基类的虚函数 eat,将调用该指针所实际指向对象的类类型中的成员函数 eat。当指向 Tiger 类的对象时,调用 Tiger 类的成员函数 eat;指向 Horse 类的对象时,调用 Horse 类的成员函数 eat;指向 Cat 类的对象时,调用 Cat 类的成员函数 eat。

除了指针,把基类的引用绑定到派生类对象上,也能够实现多态。实际上,在面向对象程序设计中,多态更多地体现在用基类的指针或引用作为函数的参数,通过它调用派生类中定义的虚函数版本。例如,在例 6-1 的继承体系下,设计一个函数 animalEat,展示不同类型动物的食物。

```
void animalEat(Animal& animal) { animal.eat(); }
```

animalEat 函数就体现了类的继承体系结构下的"单接口,多实现",以基类的引用作为函数参数,可以访问例 6-1 继承体系中 Animal 类的任何派生类对象的 eat 函数。

```
animalEat(t);                       //调用 Tiger::eat()
animalEat(h);                       //调用 Horse::eat()
animalEat(c);                       //调用 Cat::eat()
```

6.1.3 多态的意义

多态是继数据抽象与封装、继承之后,面向对象程序设计的第 3 个重要特征。通过多态,基类可以表达"做什么"的设计思维,而派生类则体现"怎么做",从另一角度将接口与实现分离开来,基类体现了接口,派生类则体现了实现。多态的这种特征对于软件开发和维护而言意义重大,使得开发者在没有确定某些具体功能如何实施的情况下,站在高层(基类)设计并完成系统开发,等新功能明确并实现后,通过多态可以很容易地整合到系统中。总的来说,多态具有如下优点。

(1)可替换性,多态对已存在的代码具有可替换性。例如在 Animal 继承体系中,如果现有的 Tiger 类需要更新,重新编写了 eat 函数,只要该函数的原型保持不变,不需要修改原系统中的 animalEat 函数的任何代码,就能够调用 Tiger 类新编写的 eat 函数。也就是说,用新编写的 Tiger 类替换以前的 Tiger 类,原系统不受任何影响就能够调用修改

后的类的功能,这样就使得软件升级变得简单易行。

(2)可扩展性,多态对已有代码具有可扩展性。增加新的派生类不影响已存在类的继承和多态,也不影响其他特定的运行和操作,即在不影响原系统功能的情况下,很容易派生新类,扩展系统的新功能。例如,在例 6-1 中没有涉及鸟类的食物(鸟吃虫子)的展示,现在需要扩展系统的功能,使得它能展示鸟类的食物。这在多态中很容易实现系统功能的扩展,只需要从 Animal 类派生 Bird 类,再由 Bird 类派生各种鸟,如鸡(Chicken),并重定义 Animal 类的 eat 函数,如图 6.1 所示的继承体系。现在只需要将 Bird 或 Chicken 类的对象传递给 animalEat,即可自动调用它们的 eat 函数,展示鸟类的食物。

```
Bird b;
Chicken ck;
animalEat(b);              //调用 Bird::eat()
animalEat(ck);             //调用 Chicken::eat()
```

animalEat()函数不需要做任何修改,就扩展了展示鸟类食物的功能,由此可见,通过多态扩展系统功能非常方便。

(3)灵活性,在多态程序结构中,基类通过虚函数,向派生类提供了一个共同接口,派生类只需要重定义基类的虚函数,基类的指针或引用就能很容易地调用派生类实现的虚函数版本。从这个意义上讲,基类提供接口,派生类提供实现,两者分离,使得系统功能的整体设计和功能的逐步实现、扩展更加灵活。

6.2　虚　函　数

如果某个类的对象都是另一个类的对象,即两个类具有隶属关系,则这两个类可以通过继承来实现。可以将一个派生类对象赋值给基类对象,也可以将基类的指针或引用绑定到派生类对象上。

6.2.1　基类对象与派生类对象之间的关系

在继承方式下,派生类继承基类的成员,获得了一份基类成员的备份,从而构成了派生类对象内部的一个基类子对象。基于此原因,基类对象与派生类对象之间存在赋值相容性。

基类和派生类对象之间的赋值相容性是指在公有继承方式下,需要基类对象的地方都可以使用派生类对象来替代。基类对象能够解决的问题,用派生类对象也能够解决,包括以下 3 种情况。

(1)把派生类对象赋值给基类对象。

(2)把派生类对象的地址赋值给基类的指针。

(3)用派生类对象初始化基类对象的引用。

由于任何一个派生类对象内部都包含一个基类子对象,在进行派生类对象向基类对象的赋值时,C++从派生类对象中截取其基类子对象部分并将它赋值给基类对象,如

图 6.2 所示。

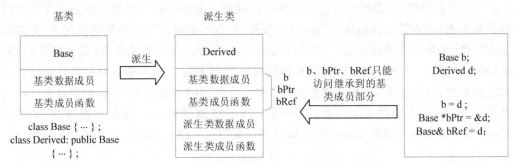

图 6.2 派生类和基类之间的赋值相容性关系

通过上面的赋值后,就可以通过基类对象、基类的指针或引用访问派生类对象,但只能访问派生类从基类继承而来的成员,不能访问派生类自己定义的新成员。

【例 6-2】 某公司由多种不同类型的员工组成,不同类型的员工计薪方式各不相同。例如一般员工按月固定计薪,销售员按底薪(如底薪 1000 元)＋销售提成(如按销售额的 1%计算),实习生按日薪(如按 160 元/天计算)结算等。每个员工均有姓名,公司为每个员工分配唯一编号,设计该公司员工薪金管理系统。

分析:一般员工、销售员、实习生等各类人员都是公司员工,所有员工都有编号和姓名等信息,可以将它们抽象为员工类 Employee,用 id 和 name 分别表示编号和姓名。其他各类人员都可以从 Employee 派生。

将一般员工抽象成 Staff 类,用 salary 表示他的月薪,并设计 setSalary 和 getSalary 函数用于修改和获取其工资。将销售员抽象成 SalesPerson 类,用 baseSal 表示底薪,salesValue 表示其销售额,并分别设计修改和获取修改值的函数。将实习生抽象成 Trainee 类,用 daySal 表示其日薪,days 表示其工作天数,并分别设计修改和获取其值的成员函数。

由于要输出各类人员的信息及其收入,但因为各类人员的信息即收入计算方式不同,这就需要在各类中定义不同的函数来实现收入计算及信息输出,各类之间的继承关系如图 6.3 所示,在各派生类中重定义基类的 print 函数。

为了简化问题,这里仅给出 Employee 和 Staff 类的设计及实现,SalesPerson 和 Trainee 类与 Staff 类似。

```cpp
//ch6-2.cpp
#include <iostream>
#include <string>
using namespace std;
class Employee{
    int id;
    string name;
public:
    Employee(int ID, string Name) { id =ID; name =Name; }
```

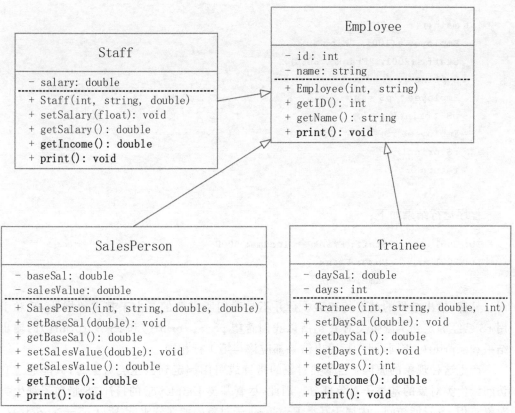

图 6.3 员工类及其派生类的继承体系

```cpp
    int getID() { return id; }
    string getName() { return name; }
    void print(){
        cout <<"ID: " <<id <<"\tName: " <<name <<endl;
    }
};
class Staff: public Employee{
    double salary;
public:
    Staff(int ID, string Name, double sal): Employee(ID, Name){
        salary = sal;
    }
    void setSalary(double sal){ salary=sal; }
    double getSalary() { return salary; }
    double getIncome() { return salary; }
    void print(){
        cout <<"ID: " <<getID() <<"\tStaff: " <<getName()
            <<"\tIncome: "<<getIncome() <<endl;
    }
```

```
    };
    int main(){
        Employee e(1001, "King");
        Staff s(2001, "Frank", 8000);
        s.print();
        Employee * pS =&s;
        pS->print();
        Employee& rS =s;
        rS.print();
        return 0;
    }
```

程序运行结果如下：

```
ID: 2001        Staff: Frank     Income: 8000
ID: 2001        Name: Frank
ID: 2001        Name: Frank
```

显然，输出结果的第 2 行和第 3 行并不是我们所需要的。由于基类的指针 pS 和引用 rS 已经绑定到了派生类对象 s，所以我们希望 pS—＞print()和 rS—＞print()的输出结果和 s.print()相同，即 3 行输出结果都应该与第 1 行相同。

产生这种现象的原因：当基类对象的指针或引用绑定到派生类对象时，只能通过它访问派生类对象的基类子对象部分。因此，尽管基类 Employee 的指针 pS 指向了派生类对象 s，但 pS 只能访问 s 中属于基类 Employee 子对象的那部分成员，所以 pS—＞print()执行的是 Employee 中定义的成员函数 print()，不能访问 Staff 中定义的成员函数 print()，引用也是这个道理。

6.2.2   虚函数的引入与意义

事实上，可以通过数据类型转换部分解决上述问题。如例 6-2 中通过基类的指针 pS 访问派生类 Staff 中的 print 函数，因为 pS 实际指向的是一个 Staff 类的对象。在 C++ 中，当基类的指针指向派生类对象时，可以通过强制类型转换将基类指针转换成派生类的指针，这就能实现对派生类成员函数的访问。如在例 6-2 中，把 pS—＞print()修改为如下函数调用的形式：

```
((Staff * )pS)->print();
```

则通过指针 pS 访问到的就是派生类 Staff 中定义的成员函数 print，输出结果为

```
ID: 2001        Staff: Frank     Income: 8000
```

这种由基类指针到派生类指针的转换方式并不安全，并且转换的是指针的类型，对象本身的类型并不会发生任何转换。同时，由于引用不能独立存在，它必须绑定到一个具体的对象上。在继承体系结构中，只能用派生类对象去初始化基类对象的引用，反过来不能用基类对象去初始化派生类对象的引用。所以，强制类型转换也不能完全解决这

个问题。

1. 虚函数的引入

针对上述问题,C++ 提供了一种完美的解决方案——虚函数。只有类的成员函数才能被指定为虚函数,不属于任何类的普通函数不能被指定为虚函数。虚函数的定义方法非常简单,只需要在类成员函数的声明前加上关键字 virtual 即可,其他方面与普通成员函数的定义和使用方法完全相同。虚函数的定义形式如下:

```
class X{
    …
    virtual DataType vf_name(parameter-type-list);
};
```

其中,virtual 是定义虚函数的关键字;DataType 是函数的返回类型,可以是 C++ 内置数据类型,也可以是类类型;vf_name 是函数名;parameter-type-list 为该函数的参数类型表。

任何构造函数之外的非静态成员函数都可以是虚函数,virtual 关键字只能出现在类内部的声明语句之前,而不能用于类外部的成员函数定义。

2. 虚函数的意义

在 C++ 语言中,当使用基类的指针或引用调用一个虚成员函数时会执行动态绑定。关键字 virtual 的意义就是通知编译器,该函数是采取动态绑定的方法,在程序运行时才能确定到底调用哪个版本的虚函数,所以所有的虚函数都必须有定义。通常情况下,如果不使用某个函数,则无须为该函数提供定义。但是必须为每一个虚函数都提供定义,而不管它是否被用到了,这是因为连编译器也无法确定到底会使用哪个虚函数。

对虚函数的调用可能在运行时才被解析,也就是说,当某个虚函数通过指针或引用调用时,编译器产生的代码知道运行时才能确定应该调用哪个版本的函数。被调用的函数是与绑定到指针或引用上的对象的动态类型相匹配的那一个。

如 6.1.2 节中定义的函数“void animalEat(Animal&);”,此函数非常简单,它调用函数 eat,但调用哪个类中定义的 eat 版本是在程序运行到调用 animalEat 函数时,传递过来的实参确定的,只有此函数运行时,才能确定实参绑定的对象。

虚函数的运行机理可以解释如下:如果基类中的非静态成员函数被指定为虚函数,且当派生类覆盖了基类的虚函数,当通过基类的指针或引用调用派生类对象中的虚函数时,编译器将执行动态绑定,调用到该指针或引用实际所绑定对象所在类的虚函数版本。

在例 6-2 中,若将基类 Employee 中的成员函数 print 指定为虚函数,就能让 pS->print()和 rS->print()访问到在派生类 Staff 中定义的 print。只需要在 Employee 类的成员函数 print 定义前面加上关键字 virtual 即可,其余代码无须做任何修改,如下所示。

```
class Employee{
    …
```

```
    virtual void print(){
        cout <<"ID: " <<id <<"\tName: " <<name <<endl;
    }
    …
};
```

修改后的程序运行结果如下：

```
ID: 2001        Staff: Frank        Income: 8000
ID: 2001        Staff: Frank        Income: 8000
ID: 2001        Staff: Frank        Income: 8000
```

结果表明，pS->print()和 rS->print()调用的都是派生类 Staff 中定义的 print 函数。

当使用基类的指针或引用调用基类中定义的一个函数时，并不知道该函数真正作用的对象是什么类型，因为它可能是一个基类对象，也可能是一个派生类对象。如果该函数是虚函数，则直到运行时才会决定到底执行哪个版本，判断的依据是指针或引用所绑定对象的真实类型。当且仅当通过指针或引用调用虚函数时，才会在运行时解析该调用，也只有在这种情况下对象的动态类型才有可能与静态类型不同。

另一方面，对非虚函数的调用在编译时进行绑定。类似地，通过对象（虚函数或非虚函数）进行的函数调用也在编译时绑定。因为对象的类型是确定不变的，在任何情况下，对象的静态类型与动态类型都是一致的。也就是说，无论如何都不能令对象的动态类型与静态类型不一致。因此，通过对象进行的函数调用将在编译时绑定到该对象所属类中的函数版本上。

3. 派生类中的虚函数

当在派生类中覆盖了某个虚函数时，可以再一次使用 virtual 关键字指出该函数的性质。但这不是必需的，因为一旦某个函数被声明为虚函数，则在所有派生类中它都是虚函数。

一个派生类的函数如果覆盖了某个继承而来的虚函数，则它的形参类型必须与被它覆盖的基类函数完全一致。

同样，派生类中虚函数的返回类型也必须与基类函数匹配。该规则存在一个例外，当类的虚函数返回类型是类本身的指针或引用时，该规则无效。也就是说，如果 D 是 B 的派生类，则基类的虚函数可以返回 B*，而派生类的对应函数可以返回 D*。

6.2.3 override 和 final 说明符

如果派生类定义了一个与基类中虚函数名字相同但参数列表不同的函数，这仍然是合法的操作，C++ 允许这么做。编译器将认为新定义的这个函数与基类中原有的函数是相互独立的、互为重载的两个函数。这时，派生类的函数并没有覆盖基类中的版本，例如：

```
struct B{
    virtual void func(int);
};
struct D: B{
    void func();
};
```

此时基类的虚函数 func 将被派生类新定义的成员函数 func 隐藏,需要通过基类的名字限定访问。就实际的编程习惯而言,这种操作往往意味着会发生错误,因为可能原本希望派生类覆盖掉基类中的虚函数,但是一不小心把形参列表搞错了。

要想通过编译发现这样的错误非常困难,编译时程序往往没有任何问题,甚至连任何警告信息都没有。为避免这种情况,只需要在派生类强制覆盖此函数即可;还有些时候,某虚函数只想让派生类继承,而不允许派生类覆盖。从 C++ 11 标准开始,提供了 override 和 final 两个说明符来解决此问题。

1. override 说明符

关键字 override 用于对派生类提供的虚函数进行标记,使得派生类强制覆盖此虚函数。如果使用 override 标记了某个函数,但该函数并没有覆盖已经存在的虚函数,此时编译器将会报错,我们就能及时发现错误,避免出现问题。

```
struct B{
    virtual void f1(int) const;
    virtual void f2();
    void f3();
};
struct D1: B{
    void f1(int) const override;    //正确,f1 与基类中的 f1 匹配
    void f2(int) override;          //错误,B 中没有形如 f2(int)的函数
    void f3() override;             //错误,f3 不是虚函数
    void f4() override;             //错误,B 中没有名为 f4 的函数
};
```

在 D1 中,f1 的 override 说明符是正确的,因为基类和派生类中的 f1 都是 const 成员,并且它们都接受一个 int 返回 void,所以 D1 中的 f1 正确地覆盖了它从 B 中继承而来的虚函数。

D1 中 f2 的声明与 B 中 f2 的声明不匹配,B 中定义的 f2 不接受任何参数,而 D1 中的 f2 接受一个 int 参数。由于这两个声明不匹配,所以 D1 的 f2 不能覆盖 B 中的 f2,它是一个新函数,仅仅是名字正好与原来的函数一样而已。这里使用 override 所表达的意思是我们希望能覆盖基类中的虚函数,但实际上并没有做到,所以编译器会报错。

只有虚函数才能使用 override 说明符,所以编译器会拒绝 D1 中的 f3 函数,因为该函数在 B 中不是虚函数,因此它不能被覆盖。类似地,f4 函数的声明也会发生错误,因为 B 中根本不存在名为 f4 的函数。

2. final 说明符

可以将某个虚函数指定为 final,则该函数只能被派生类继承,而不能被覆盖,之后任何尝试覆盖该函数的操作都是错误的。

```
struct D2: B{
    void f1(int) const final;        //不允许后续的派生类覆盖 f1(int)
};
struct D3: D2{
    void f2();                       //正确,覆盖从间接基类 B 继承而来的非虚函数 f2
    void f1(int) const;              //错误,D2 已经将 f2 声明为 final
    void f5() final;                 //错误,f5 不是虚函数
};
```

派生类 D2 中覆盖了从基类 B 中继承到的虚函数 f1,并用 final 指定它的 f1 为最终版本,不允许 D2 的任何派生类覆盖 f1,只能继承它。故派生类 D3 企图覆盖 f1 是错误的。f5 不是虚函数,不允许使用 final 限定,所以也是错误的。

注意:

(1) override 和 final 说明符只能用在虚函数中。

(2) override 和 final 说明符必须出现在形参列表(包括任何 const 或引用修饰符)以及尾置返回类型之后。

6.2.4   虚函数的特征

派生类继承基类的全部成员函数,但是对于从基类继承来的虚函数,派生类通常需要定义自己的覆盖版本,以实现派生类自己特定的功能。如果派生类没有覆盖基类的虚函数,则该虚函数仍会被派生类继承,且在派生类中仍为虚函数。

此外,通常情况下,如果在程序中声明了某个函数而没有调用它,则可以不提供该函数的定义,但是类的虚函数不一样,无论程序中是否使用了虚函数,都必须为每一个虚函数提供定义。这是因为编译器无法确定到底哪个虚函数会被调用。为了避免虚函数被调用时还没有定义的情况发生,要求所有的虚函数在程序执行之前都要定义。

那么,虚函数在定义及执行过程中有什么特征? 又是如何体现的呢?

虚函数最显著的特征就是在程序执行过程中以执行动态联编的方式实现多态,当通过基类的指针或引用调用派生类对象中的虚函数时,编译器将执行动态绑定,调用到该指针或引用实际所绑定对象所在类的虚函数版本。

除此之外,还可以从以下几个方面掌握虚函数及其特征。

(1) 一旦将某个成员函数指定为虚函数后,那么它在类的继承体系中就永远为虚函数了。将基类的成员函数指定为虚函数后,虚特征在定义它的类和之后继承它的派生类中有效,即使派生类在覆盖该函数时没有使用 virtual 关键字将它指定为虚函数,它仍然是虚函数。如果定义虚函数的类从其他类派生而来,这些虚函数不会影响基类中的同名成员函数,基类中的同名函数保持它的原有特征。

【例 6-3】 派生类中虚函数的特征。

```cpp
//ch6-3.cpp
#include <iostream>
using namespace std;
struct A{
    void f() { cout <<"A" <<endl; }
};
struct B: A{
    virtual void f() { cout <<"B" <<endl; }
};

struct D: B{
    void f() override { cout <<"D" <<endl; }
};

struct DD: D{
    void f() override { cout <<"DD" <<endl; }
};
int main(){
    A * pA, a;
    B * pB, b;
    D d;
    DD dd;
    pA =&a; pA->f();                //调用 A::f
    pA =&b; pA->f();                //调用 A::f
    pA =&d; pA->f();                //调用 A::f
    pA =&dd; pA->f();               //调用 A::f
    return 0;
}
```

程序运行结果如下：

```
A
A
A
A
```

从运行结果来看，并没有体现出成员函数的虚特征。主要是因为函数 f 在 A 类中不是虚函数，在 B 中将其指定为虚函数，所以在 B 的派生类 D 以及 D 的派生类 DD 中，f 才都是虚函数。

（2）虚函数的特征只对定义它之后的派生类有效，而对之前的基类则没有任何影响。因此，在 B 的基类 A 中，f 不是虚函数，则在例 6-3 main 函数中的 4 次调用都只是调用基类 A 中定义的函数 f。

（3）如果基类定义了虚函数，只有当通过基类的指针或引用绑定派生类对象时，才会执行动态绑定,将访问到它们实际所指对象中的虚函数版本。如将例 6-3 的 main 函数中的 pA 修改为 pB,将体现虚函数的特征。

```
int main(){
    A * pA, a;
    B * pB, b;
    D d;
    DD dd;
    //pB =&a; pB->f();              //错误,不能将基类对象的地址赋值给派生类指针
    pB =&b; pB->f();                //调用 B::f
    pB =&d; pB->f();                //调用 B::f
    pB =&dd; pB->f();               //调用 B::f
    return 0;
}
```

其中,表达式"pB = &a;"是错误的,因为 pB 使用派生类 B 定义的指针,将它指向其基类 A 的对象是错误的。

对于 d 和 dd 而言,pB 是它们基类 B 的指针,而 f 在 B 中是虚函数。因此,通过 pB 绑定 d 和 dd 是正确的,而且会体现函数 f 的虚特征。也就是说,当 pB 指向 d 时,将调用 D::f();当 pB 指向 dd 时,将调用 DD::f()。所以,程序的运行结果为

```
B
D
DD
```

(4) 只有通过基类的指针或引用访问派生类对象的虚函数时,才能体现虚函数的特征。

当通过基类对象访问派生类对象时,不能体现虚函数的特征,只能访问到派生类从基类继承到的成员。通过基类的指针或引用访问非虚函数,同样只能访问派生类从基类继承到的成员。

【例 6-4】 虚函数的特征只能通过基类的指针或引用体现。

```
//ch6-4.cpp
#include <iostream>
using namespace std;
struct B{
    virtual void vf() { cout <<"B::vf" <<endl; }
    void f() { cout <<"B::f" <<endl; }
};
struct D: B{
    void vf() { cout <<"D::vf" <<endl; }
    void f() { cout <<"D::f" <<endl; }
};
int main(){
    D d;
```

```
    B b =d, * pB =&d;
    B& rB =d;
    b.vf();
    pB->vf();
    rB.vf();
    pB->f();
    rB.f();
    return 0;
}
```

程序运行结果如下：

```
B::vf
D::vf
D::vf
B::f
B::f
```

程序运行结果的第一行是由 b.vf()生成的，表明当将派生类对象赋值给基类对象后，通过基类对象只能访问基类子对象的部分成员，因此 b.vf()调用的是基类 B 的成员函数 vf。程序运行结果的第二行是由 pB->vf()生成的。第三行是由 rB->vf()生成的，该结果表明通过基类的指针或引用都能体现虚函数的多态，访问派生类中定义的虚函数 vf。程序运行结果的第 5 行和第 6 行，基类指针或引用访问的是基类的非虚函数 f，故不能体现虚函数的特征。

（5）派生类中的虚函数要保持其虚特征，必须与基类虚函数的函数原型完全相同，否则就是重载的成员函数，与基类的虚函数无关。

【例 6-5】 派生类 D 重载而非覆盖基类 B 的虚函数，不能体现虚函数的特征。

```
//ch6-5.cpp
#include <iostream>
using namespace std;
struct B{
    virtual void vf() { cout <<"B::vf" <<endl; }
};
struct D: B{
    void vf(int x) { cout <<"D::vf" <<endl; }
};
int main(){
    D d;
    B *  pB =&d;
    pB->vf();
    return 0;
}
```

程序运行结果如下：

```
B::vf
```

程序运行结果表明,基类的成员函数 vf 是虚函数,但派生类中的成员函数 vf(int)和基类的虚函数 vf 函数原型不同,所以派生类中的成员函数 vf(int)不是虚函数,通过基类 B 的指针并不能访问派生类中定义的成员函数 vf。

(6) 派生类对象通过从基类继承的成员函数调用虚函数时,将会访问到派生类中定义的虚函数版本。

【例 6-6】　派生类对象通过继承的成员函数调用虚函数。

```cpp
//ch6-6.cpp
#include <iostream>
using namespace std;
struct B{
    virtual void vf() { cout <<"B::vf" <<endl; }
    void f() { vf(); };
};
struct D: B{
    void vf() { cout <<"D::vf" <<endl; }
    void g() { f(); }
};
int main(){
    D d;
    d.f();
    d.g();
    return 0;
}
```

程序运行结果如下:

```
D::vf
D::vf
```

由于派生类 D 中没有定义函数 f,但在基类 B 中有定义,故会被派生类 D 继承,所以 d.f()将调用从基类继承的函数 f,而函数 f 又调用了虚函数 vf,vf 将是派生类 D 中定义的版本。派生类中定义的函数 g 同样如此。

(7) 即使派生类覆盖了基类的虚函数,基类的虚函数仍然会被派生类继承,派生类或派生类的对象都可以通过基类的名字限定访问基类的虚函数。

【例 6-7】　派生类及派生类对象访问基类的虚函数。

```cpp
//ch6-7.cpp
#include <iostream>
using namespace std;
struct B{
    virtual void vf() { cout <<"B::vf" <<endl; }
};
```

```
struct D: B{
    void vf() { cout <<"D::vf" <<endl; }
    void g() { B::vf(); }
};
int main(){
    D d;
    d.g();
    d.B::vf();
    return 0;
}
```

程序运行结果如下：

```
B::vf
B::vf
```

程序运行结果表明,基类的虚函数同样会被派生类继承,在派生类中可以通过基类的名字与作用域运算符限定访问基类的虚函数,此时不体现虚函数的虚特征。

(8) 当基类的指针或引用绑定到派生类对象时,基类的指针或引用通过基类成员函数调用虚函数时,仍然运行派生类中定义的虚函数版本,从而体现虚函数的虚特征;而非虚函数的调用由指针或引用的静态类型决定。

【例 6-8】 根据指针的静态类型和动态类型分析程序的运行结果。

```
//ch6-8.cpp
#include <iostream>
using namespace std;
struct B{
    void f() { cout <<"B::f" <<endl; }
    virtual void vf() { cout <<"B::vf" <<endl; }
    void ff() { vf(); f(); }
    virtual void vff() { vf(); f(); }
};
struct D: B{
    void f() { cout <<"D::f" <<endl; }
    void vf() { cout <<"D::vf" <<endl; }
    void ff() { f(); vf(); }
};
int main(){
    D d;
    B* pB =&d;
    pB->f();
    pB->ff();
    pB->vf();
    pB->vff();
    return 0;
}
```

程序运行结果如下:

```
B::f
D::vf
B::f
D::vf
D::vf
B::f
```

程序运行结果的第一行是由执行 pB—>f()产生的,此时 f 为非虚函数,调用基类中定义的 f。第二和第三行是由执行 pB—>ff()产生的,此时 ff 为基类的非虚函数,但此函数调用了虚函数 vf 和非虚函数 f,调用的虚函数由动态类型决定,而调用的非虚函数由静态类型决定。同理可以分析第 4~6 行的运行结果。

(9) 只有类的非静态成员函数和析构函数才能被指定为虚函数,而类的静态成员函数和构造函数不能是虚函数。

(10) 由于虚函数在程序运行时才与具体的函数进行绑定,采用的是动态联编的方式。内联函数采用的是静态联编的方式,在编译时就与具体的函数进行绑定,所以内联函数不能是虚函数。即使虚函数是在类内定义的,C++编译器也将它视为非内联函数进行处理。

6.2.5 虚函数与默认实参

和其他函数一样,虚函数也可以拥有默认实参。如果某次函数调用使用了默认实参,则该实参值由本次调用的静态类型决定。

换句话说,如果通过基类的指针或引用调用拥有默认实参的虚函数,则使用基类中定义的默认实参,即使实际运行的是派生类中的函数版本也是如此。此时,传入派生类函数的将是基类函数定义的默认实参。如果派生类函数依赖不同的实参,则程序结果将与预期结果不符。

一般来讲,如果虚函数使用默认实参,则基类和派生类中定义的默认实参最好一致。

【例 6-9】 拥有默认实参的虚函数。

```cpp
//ch6-9.cpp
#include <iostream>
using namespace std;
struct B{
    virtual void vf(int x=0, int y=0) {
        cout <<"B::vf-" <<x+y <<endl; }
};
struct D: B{
    void vf(int x=1, int y=1) {
        cout <<"D::vf-" <<x+y <<endl; }
};
int main(){
```

```
    D d;
    B* pB =&d;
    pB->vf(3);
    return 0;
}
```

程序运行结果如下：

```
D::vf-3
```

在此例中，派生类覆盖了基类的虚函数，但与虚函数使用了不同的默认实参。通过基类的指针访问派生类定义的虚函数版本，但使用了基类中虚函数的默认实参。

6.2.6　回避虚函数的机制

在某些情况下，希望对虚函数的调用不要进行动态绑定，而是强制其执行虚函数的某个特定版本。使用作用域运算符可以实现这一目的，如将例 6-1 中 main 函数的代码 pA−>eat()都修改为 pA−>Animal::eat()，则强制调用基类 Animal 中定义的虚函数版本，而不管 pA 的动态类型是什么。

```
    pA->Animal::eat();
```

该行代码将强制调用 Animal 的 eat 函数，而不管 pA 实际指向的对象类型到底是什么，该调用将在编译时完成解析。一般只有成员函数（或友元）中的代码才需要使用作用域运算符来回避虚函数的机制。

通常情况下，当一个派生类的虚函数要调用它覆盖的基类的虚函数版本时，需要回避虚函数的默认机制。在此情况下，基类的版本通常完成继承层次中所有类型都要做的共同任务，而派生类中定义的版本需要执行一些与派生类本身密切相关的操作。

如果一个派生类虚函数需要调用它的基类版本，但是没有使用作用域运算符，则在运行时该调用将被解析为对派生类版本自身的调用，从而导致无限递归。

6.2.7　虚函数的实现技术

虚函数与非虚成员函数的实现技术并不相同，非虚成员函数采用静态联编的方式，在编译时就将函数调用与具体函数绑定在一起；而虚函数则采用动态联编的方式，在程序运行时才能确定需要调用的函数，才能将函数调用与对应的函数绑定在一起。

C++ 标准并没有规定多态、虚函数和动态绑定的底层实现机制，不同的编译器也可能有不同的实现原理，我们仅在此讨论或解释一种可能的实现方式。

1. 虚函数表

C++ 通过虚函数表来实现虚函数的动态绑定。在编译带有虚函数的类时，C++ 将为该类建立一个虚函数表（vtable），在虚函数表中存放指向本类虚函数的指针，这些指针指向本类的虚函数地址。在调用虚函数时，执行程序就根据虚函数表找到正确的虚函数地

址,从而调用到正确的虚函数,例如:

```
class B{
    int m;
public:
    void f() { cout <<"B::f" <<endl; }
    virtual void bvf1() { cout <<"B::bvf1" <<endl; }
    virtual void bvf2() { cout <<"B::bvf2" <<endl; }
};
class D: public B{
    double x;
public:
    virtual void bvf2() { cout <<"D::bvf2" <<endl; }
    virtual void dvf() { cout <<"D::dvf" <<endl; }
};
```

则类 B 和类 D 对象的布局及虚函数表如图 6.4 所示。

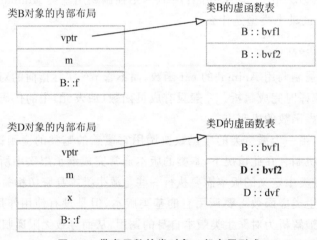

图 6.4　带虚函数的类对象一般布局形式

类 B 的虚函数表中存放着 B∶∶bvf1 和 B∶∶bvf2 两个函数指针。

类 D 的虚函数表中存放的既有继承自 B 的虚函数 B∶∶bvf1,又有覆盖(override)的基类虚函数 B∶∶bvf2 的 D∶∶bvf2,还有新增的虚函数 D∶∶dvf。

在有虚函数的类对象中,C++ 除了为它保存每个数据成员及非虚成员函数的地址外,还保存了一个指向本类虚函数表地址的指针(vptr)。对象根据指针 vptr 能够找到本类的虚函数表,从而找到正确的虚函数版本。

2. 虚函数表的生成过程

从编译器的角度来考虑,基类 B 的虚函数表很好构造,派生类 D 的虚函数表构造相对复杂一些。图 6.5 给出了一种可能的构造派生类虚函数表的实现方式。

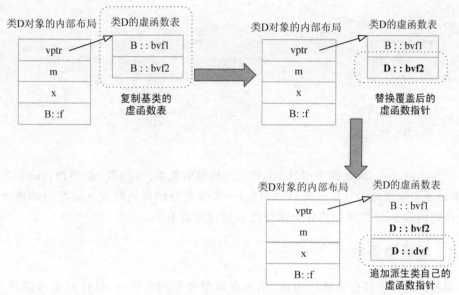

图 6.5 虚函数表的生成过程

3. 虚函数的调用过程

当 C++ 编译含有一个或多个虚函数的类时,会创建一个虚函数表(简称 vtable),vtable 中包括指向该类虚函数的指针,多态是通过 3 级间接取值实现的。当一个多态指针指向派生类对象时,首先根据该指针所绑定的动态类型找到该指针动态类型的虚函数表,再根据所要调用的虚函数确定该虚函数在虚函数表中的位置,最后调用该虚函数指针所指向的虚函数。

【例 6-10】 虚函数的调用过程。

```cpp
//ch6-10.cpp
#include <iostream>
#include <cstdio>
using namespace std;
class B{
    int m;
public:
    void f(){ cout <<"B::f" <<endl; }
    virtual void bvf1(){ cout <<"B::bvf1" <<endl; }
    virtual void bvf2(){ cout <<"B::bvf2" <<endl; }
};
class D: public B{
    double x;
public:
    virtual void bvf2(){ cout <<"D::bvf2" <<endl; }
    virtual void dvf(){ cout <<"D::dvf" <<endl; }
```

```
};
void func(B * pB){
    pB->bvf2();
}
int main(){
    D d;
    func(&d);
    return 0;
}
```

针对此例,func 函数的调用过程:将 &d 传递给基类指针 pB→获得指针的动态类型
(即指针所实际指向的对象是类 D 的对象)→获得类 D 的虚函数表→从类 D 的虚函数表
中获得虚函数 bvf2 的函数指针→执行类 D 的虚函数 bvf2。

6.2.8 虚析构函数

类的析构函数具有特殊的用途,用于在对象生存期结束时,执行对象的清理工作。
无论何时一个对象被销毁,都会自动调用其析构函数。由于析构函数自动运行,程序可
以按需要分配资源,通常情况下无须担心何时释放这些资源。如果是类类型的对象,在
其生存期结束时,自动调用其析构函数;如果是用 new 动态分配的对象,当对使用它的指
针执行 delete 运算符时,调用其析构函数。但是在类的继承体系结构下,可以用一个基
类的指针指向用 new 动态分配的派生类对象,如果还是按照以前定义析构函数的方式,
此时用 delete 销毁该对象时,将会调用基类的析构函数,可能导致对象销毁不彻底。

【例 6-11】 通过基类的指针指向动态创建的派生类对象导致析构不彻底。

```
//ch6-11.cpp
#include <iostream>
using namespace std;
struct B{
    ~B() { cout <<"~B" <<endl;}
};
struct D: B{
    D(int len) {
        buf =new int[len];
    }
    ~D() {
        delete[] buf;
        cout <<"~D" <<endl;
    }
private:
    int * buf;
};
int main(){
    B * pB =new D(10);
```

```
    delete pB;
    return 0;
}
```

程序运行结果如下：

```
~B
```

也就是说，只有基类的析构函数被执行，而派生类的析构函数没有执行，即通过基类指针 pB 对派生类对象的销毁是不彻底的，分配给派生类对象的 buf 成员的动态存储空间没有被回收，造成内存泄漏。

由于基类指针 pB 指向了动态分配的派生类的对象，C++ 提供的虚析构函数完美地解决了这一问题。C++ 规定，类的析构函数可以定义为虚函数，在类的继承体系结构中，如果基类的析构函数是虚函数，则所有直接或间接从基类派生的类的析构函数也都是虚函数。在销毁通过基类指针或引用绑定的派生类对象时，虚析构函数能够使得继承体系中各层的类对象的析构函数被调用。在销毁用 new 创建的动态对象时，完成对象所占用内存空间的回收。

例 6-11 中，只需要在基类 B 的析构函数前加上关键字 virtual，就将类 B 的析构函数指定为虚函数了。

```
struct B{
    virtual ~B() { cout <<"~B" <<endl;}
};
```

使用修改后的代码，则程序的运行结果如下：

```
~D
~B
```

这也表明，如果基类的析构函数是虚函数，在通过基类的指针或引用销毁派生类对象时，同时调用了派生类和基类的析构函数，派生类对象的指针成员 buf 所指向的动态存储空间被回收，派生类对象被彻底销毁。

一般情况下，有一条经验准则，即如果一个类需要析构函数，那么它也同样需要复制和赋值操作。但基类的析构函数并不遵循这一准则，它是一个重要的例外。一个基类总是需要析构函数，而且要将析构函数设定为虚函数。此时，无法推断该基类还是否需要复制构造函数和赋值运算符函数。

即使在很多情况下，会出现基类不需要显式定义析构函数，但派生类必须要定义析构函数的情况，我们仍然需要在基类中定义虚析构函数。此时可以在基类中使用＝default 选项生成默认合成的析构函数，并将其指定为虚析构函数，例如：

```
struct Base{
    virtual ~Base() =default;        //动态绑定析构函数
};
```

注意：

（1）如果基类的析构函数不是虚函数，则用 delete 运算符释放一个指向派生类对象的基类指针将产生未定义的行为。

（2）虚析构函数将阻止合成移动操作。基类需要一个虚析构函数这一事实还会对基类和派生类的定义产生另外一个间接的影响：如果一个类定义了析构函数，即使它通过 =default 的形式使用了合成版本，编译器也不会再为这个类合成移动操作。

6.3 纯虚函数和抽象类

一般情况下，定义一个类的目的是为了用它来创建对象，并利用对象去解决实际问题。但在有些情况下，定义类时并不知道如何实现它的某些成员函数，定义该类的目的也不是为了构建它的对象，而是为了表达某种概念，并作为继承体系顶层的基类，然后以它为接口访问派生类对象。那些在基类中无法实现的成员函数，在派生类中却有具体的实现方法。这样就可以利用继承和虚函数实现多态，根据运行时对象的类型信息调用指定操作的不同实现，最终体现继承体系结构中不同派生类对象响应相同消息的不同实现方式，从而使得代码结构更加灵活、更易于扩展。

为此，面向对象程序设计中经常需要对一组具体类的共性进行抽象，自上而下形成更一般的基类，来描述这组类的公共接口。在这种向上抽象的过程中，越上层的基类抽象程度越高，有时甚至难以对它们的某些操作给出具体描述。这些基类存在的目的不再是创建实例对象，而只是描述类层次结构中派生类的共同特性，为这些派生类提供一个统一的公共接口。如封闭的图形都可以求面积和周长，但怎么求面积，怎么求周长等这些操作是抽象的操作，是所有封闭图形的公共操作接口，是抽象的。但针对具体的封闭图形，如三角形、正方形、圆等都是具体的，有具体的实例存在，求面积、周长的方法也是确定的，从而可以将抽象的操作具体化，将抽象的封闭图形具体化。

6.3.1 纯虚函数

在面向对象程序设计中，把只有抽象操作而没有具体实现的成员函数称为纯虚函数，而含有纯虚函数的类称作抽象类。例如，例 6-1 中的继承体系，对动物类 Animal，仅知道所有的动物都要吃食物，却不清楚吃什么，而具体种类的动物主要食物是确定的。这样在 Animal 类中就可以将 eat 函数声明为纯虚函数，表示动物都会有这一行为，但从它派生出来的 Tiger、Horse、Cat 等具体动物知道其主食是什么，就可以覆盖从基类 Animal 继承而来的 eat 函数，从而实现各自的 eat 函数版本。从而定义 Animal 类的目的不再是创建它的对象，而是用来表达动物这一概念，希望通过它的指针或引用访问由它派生出来的所有具体动物类覆盖的虚函数 eat。

1. 纯虚函数的声明

纯虚函数是指只有函数声明，而函数体由纯虚说明符＝0 代替的类的虚成员函数。

纯虚函数的声明形式如下：

```
class X{
    ...
    virtual DataType pvf_name(parameter-type-list) =0;
};
```

其中，virtual 是定义虚函数的关键字；DataType 是函数的返回类型，可以是 C++ 内置数据类型，也可以是类类型；pvf_name 是纯虚函数名；parameter-type-list 为该函数的参数类型表；= 0 为纯虚说明符。

如将例 6-1 中 Animal 类的 eat 函数指定为纯虚函数，代码如下：

```
class Animal{
public:
    virtual void eat() =0;              //纯虚函数
};
```

2. 纯虚说明符：= 0

= 0 称为纯虚说明符，出现在函数体的位置（即函数声明语句的分号之前），用于将一个虚函数说明为纯虚函数。= 0 只能出现在类内部的虚函数声明语句处。

注意：

（1）纯虚函数必须在类中声明，但它在类中没有具体实现该函数功能的程序代码，非类的成员函数也不能使用纯虚说明符。

（2）对非虚函数不能使用纯虚说明符= 0。

（3）不能在类的内部为一个= 0 的函数提供函数体。

（4）C++ 也支持为纯虚函数提供定义，但是函数体必须定义在类的外部。虽然这样做对于使用没有明确的意义，但是可以为派生类实现这个纯虚函数提供实现上的参考。

```
struct A{
    virtual void f();
    void g() =0;                       //错误,类的非虚函数不能使用纯虚说明符
    virtual void t() =0 {...};         //错误,不能为纯虚函数提供函数体
    virtual void h() =0;               //正确
};
void A::f() =0;                        //错误,纯虚函数必须在类内声明
void ff() =0;                          //错误,非类的成员函数不能使用纯虚说明符
void A::f() { ... }                    //正确,在类外为纯虚函数提供定义
```

6.3.2　抽象类

C++ 中纯虚函数用来定义抽象操作，包含纯虚函数（或者未经覆盖而直接继承）的类称为抽象类。抽象类不能实例化，一般只用作其他类的基类，因此也被称为抽象基类。

抽象基类负责定义接口,而它后续的派生类可以覆盖该接口。不能(直接)创建一个抽象类的对象,抽象基类的派生类必须给出全部纯虚函数的定义,否则它仍将是抽象基类。

【例6-12】 在一个平面图形系统中,计算各类图形的面积。

```cpp
//ch6-12.cpp
#include <iostream>
using namespace std;
const double PI =3.14;
class Shape{                         //抽象基类的定义
public:
    virtual double area() =0;        //纯虚函数
    virtual void print() =0;         //纯虚函数
};
class Square: public Shape{          //正方形类的定义
    double length;
public:
    Square(double len): length(len){}
    double area() { return length * length; }
    void print() { cout <<"Square area: " <<area() <<endl; }
};
class Circle: public Shape{          //圆类的定义
    double radius;
public:
    Circle(double r): radius(r){}
    double area() override { return PI * radius * radius; }
    void print() override {
        cout <<"Circle area: " <<area() <<endl; }
};
int main()
{
    //Shape shp;                     //错误,抽象类不能实例化
    Shape * pS =new Square(2.3);
    pS->print();
    delete pS;
    Circle c(3);
    Shape& pR =c;
    pR.print();
    return 0;
}
```

程序运行结果如下:

```
Square area: 5.29
Circle area: 28.26
```

本程序中,Shape 类的成员函数 area 和 print 都是纯虚函数,所以 Shape 是一个抽象类,故不能用来创建对象,只能作为基类使用。Square 和 Circle 是抽象基类 Shape 的两个派生类,并且在这两个类中都覆盖了 Shape 的纯虚函数,所以 Square 和 Circle 都不再是抽象类,而是具体类了,可以用来创建对象。

本例中,使用了基类的指针指向和引用分别绑定了派生类 Square 和 Circle 的对象,实现了对派生类对象虚函数的调用。

注意:

(1) 由于抽象类包含纯虚函数,而纯虚函数没有实现代码,所以抽象类不能实例化,不能创建抽象类的对象。即使在抽象类外给出了纯虚函数的定义,该类仍然是抽象类,仍然不能实例化。

(2) 抽象类只能作为其他类的基类,可以通过抽象类的指针或引用绑定其派生类的对象,实现运行时的多态。

(3) 如果派生类只是简单继承了抽象类的纯虚函数,而没有全部给出纯虚函数的实现代码,则该派生类也是一个抽象类。

(4) 抽象类至少要包含一个纯虚函数,除纯虚函数外也可以有数据成员和成员函数(包括构造函数和析构函数),它们被派生类继承时都符合继承的一般规则。

(5) 只有在抽象类的派生类中,给出全部的纯虚函数实现,才能将一个抽象类转化为具体类。

6.3.3　应用抽象类实现多态的银行账户管理系统

由于派生类可以从基类继承接口和(或)实现,为"实现继承"而设计的类层次结构往往将功能设置在较高层,即每个新派生类继承定义在基类中的一个或多个成员函数,并且派生类使用这些基类定义;为"接口继承"设计的类层次结构则趋于将功能设置在较低层,即基类指定一个或多个应为类继承层次中的每个类定义的函数(即它们有相同的函数原型),但各个派生类提供自己对于这些函数的实现。这就是具体基类和抽象基类的区别,具体基类提供实现的成员供派生类继承,抽象基类提供接口需要派生类自己去实现。

【例 6-13】　某银行管理 3 种不同类型的账户,包括活期账户、定期账户和信用卡账户。活期账户用来管理个人存取,无利息;定期账户提供固定期限存款,有利息;信用卡账户提供一定的透支额度,需要支付一定的透支手续费,但向账户存款无利息。编写一个程序对银行账户进行管理。

分析:3 种不同的银行账户,账户有共同的信息,包括户名和账号等,对账户有共同的操作,但操作的方式不尽相同。将所有账户共有的信息抽象为银行账号类 Account,用 acctNum 和 acctName 表示账号及户名,将各类账户实现方式不同的共有操作指定为虚函数,有一些可以是纯虚函数,这样 Account 类就可以作为抽象基类来使用。活期账户类 CurrentAcct(CA)、定期账户 FixedAcct(FA,支持定活两种功能)以及信用卡账户 CreditCard(CC)都可以从 Account 类派生而来,其中活期账户也可以升级为信用卡账户,账户间的继承关系如图 6.6 所示。

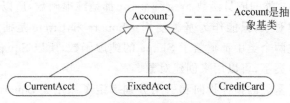

图 6.6 银行账户间的继承关系

```cpp
//ch6-13.cpp
#include <iostream>
#include <iomanip>
#include <string>
using namespace std;
class Account{
private:
    string acctName;                            //账户
    int acctNum;                                //账号
    double balance;                             //余额
protected:
    const string& getAcctName() const { return acctName; }
    int getAcctNum() const { return acctNum; }
public:
    Account(const string& name ="NoName", int num =-1,
        double bal =0.0){
        acctName =name;
        acctNum =num;
        balance =bal;
    }
    virtual void deposit(double amt){           //虚函数
        if(amt <0) {
            cout <<"存款金额不能为负,交易取消!" <<endl;
            return;
        }
        balance +=amt;
    }
    virtual void withdraw(double amt) =0;       //纯虚函数
    double getBalance() const { return balance; }
    virtual void printAcct() const =0;
    virtual ~Account() =default;
};
void Account::withdraw(double amt){             //纯虚函数可以在类外定义
    balance -=amt;
}
class CA: public Account{
```

```
public:
    CA(const string& name ="NoName", int num =-1,
        double bal =0.0): Account(name, num, bal){}
    void withdraw(double amt){
        if(amt <0){
            cout <<"取款金额不能为负,交易取消!" <<endl;
            return;
        }
        else if(amt <=getBalance())  Account::withdraw(amt);
        else cout <<"余额不足,交易取消!" <<endl;
    }
    void printAcct() const {
        cout <<setiosflags(ios::fixed) <<setprecision(2);
        cout <<"活期账户:" <<getAcctName() <<endl;
        cout <<"活期账号:" <<getAcctNum() <<endl;
        cout <<"账户余额:" <<getBalance() <<endl;
    }
};
class FA: public Account{ /* … * / };          //定活通账户,课下补充完成
class CC: public Account{
    double maxLoan;                            //最大透支额度
    double rate;                               //透支手续费率
    double owesBank;                           //当前透支额度
public:
    CC(const string& name ="NoName", int num =-1, double bal =0.0,
        double ml =5000, double r =0.05): Account(name, num, bal){
        maxLoan =ml;
        rate =r;
        owesBank =0;
    }
    CC(const CA& ca, double ml, double r): Account(ca){
        //使用复制构造函数
        maxLoan =ml;
        rate =r;
        owesBank =0;
    }
    void deposit(double amt){
        if(amt <0) {
            cout <<"存款金额不能为负,交易取消!" <<endl;
            return;
        }
        if(amt <=owesBank)    owesBank -=amt;
        else {                              //还款金额超过透支额
            owesBank =0;
```

```
            Account::deposit(amt - owesBank);
        }
    }
    void withdraw(double amt){
        double bal = getBalance();
        if(amt <= bal) Account::withdraw(amt);
        else if(amt <= bal + maxLoan - owesBank){
            double advance = amt - bal;          //需要透支额
            Account::withdraw(bal);              //先取溢出款
            owesBank += advance * (1.0 + rate);
            cout << setiosflags(ios::fixed) << setprecision(2);
            cout << "透支  金额:" << advance << endl;
            cout << "透支手续费:" << advance * rate << endl;
        }
        else cout << "超出透支限额,交易取消!" << endl;
    }
    void printAcct() const{
        cout << setiosflags(ios::fixed) << setprecision(2);
        cout << "信用卡账户:" << getAcctName() << endl;
        cout << "信用卡账号:" << getAcctNum() << endl;
        cout << "溢出  余额:" << getBalance() << endl;
        cout << "信用卡额度:" << maxLoan << endl;
        cout << "已透支额度:" << owesBank << endl;
        cout << "透支手续费:" << 100 * rate << "%" << endl;
    }
};
int main(){
    CA ca("张三", 11001001, 1000);              //创建一个活期账户
    Account& rCA = ca;                          //使用抽象基类的引用绑定派生类对象
    rCA.printAcct();                            //输出账户信息
    rCA.deposit(200);                           //存款
    rCA.printAcct();                            //输出账户信息
    rCA.withdraw(2000);                         //取款
    rCA.printAcct();                            //输出账户信息
    rCA.withdraw(221);                          //取款
    rCA.printAcct();                            //输出账户信息
    CC cc(ca, 5000, 0.05);                      //升级活期账户为信用卡账户
    Account& rCC = cc;                          //使用抽象基类的引用绑定派生类对象
    rCC.printAcct();                            //输出账户信息
    rCC.withdraw(800);                          //取款
    rCC.printAcct();                            //输出账户信息
    rCC.withdraw(8000);                         //取款
    rCC.printAcct();                            //输出账户信息
    rCC.withdraw(3000);                         //取款
```

```
rCC.printAcct();                        //输出账户信息
rCC .deposit(1500);                     //还款
rCC.printAcct();                        //输出账户信息
return 0;
}
```

6.4　运行时类型识别

　　运行时类型识别(run-time type identification，RTTI)提供了在程序运行时获取对象类型的方法,是面向对象程序设计为解决多态问题而引入的一种语言特性。在面向对象程序设计中,基于多态的要求,C++ 的指针或引用的类型与它们所绑定对象的类型可能不一致(如在类的继承体系结构中,基类的指针或引用可以绑定派生类的对象),当将一个多态指针转换为其实际指向对象的类型时,就需要知道实际对象的具体类型,而这些信息只能在程序运行时才能确定。C++ 实现 RTTI 的是两个运算符: dynamic_cast 和typeid。

6.4.1　dynamic_cast

　　dynamic_cast 是一个强制类型转换运算符,用于类的继承体系结构中,实现基类的指针或引用与派生类指针或引用之间的转换。在类的继承体系结构中,类型转换分为向上转换和向下转换两种: 向上转换是从派生类向基类方向转换,即把派生类的指针或引用转换成基类的指针或引用,这种转换通常以 C++ 的默认方式完成;向下转换则是从基类到派生类方向的转换,即把基类的指针或引用转换成派生类的指针或引用,这种转换必须使用 dynamic_cast 运算符进行强制转换。

1. 使用 dynamic_cast 进行数据类型的强制转换

　　dynamic_cast 是在程序运行时执行的,所以也称作动态转换运算符,其用法如下:

```
dynamic_cast<Type * >(expr)             //指针转换,expr 必须为指针
dynamic_cast<Type&>(expr)               //引用转换,expr 必须是左值
dynamic_cast<Type&&>(expr)              //右值转换,expr 不能是左值
```

　　dynamic_cast 把表达式 expr 转换成 Type 类型的指针或引用。其中,Type 必须是类类型,并且通常情况下 Type 类型中应该含有虚函数。expr 必须是具有多态的值,在第一种形式中,expr 必须是一个有效的指针;在第二种形式中,expr 必须是一个左值;在第 3 种形式中,expr 不能是左值。

　　在上面的所有形式中,expr 的类型必须符合以下 3 个条件中的任意一个: expr 的类型是目标 Type 的公有派生类,expr 的类型是目标 Type 的公有基类或者 expr 的类型就是目标 Type 的类型。如果符合,则类型转换可以成功;否则,转换失败。如果一条dynamic_cast 语句的转换目标是指针类型并且失败了,则结果为 0。如果转换目标是引

用类型并且失败了,则 dynamic_cast 运算符将抛出一个 bad_cast 异常。

2. 指针类型的 dynamic_cast

若基类 Base 至少含有一个虚函数,派生类 Derived 是 Base 的公有派生类。如果由一个指向 Base 的指针 pB,则可以在运行时将它转换成指向 Derived 的指针,具体操作如下:

```
if(Derived * pD =dynamic_cast<Derived * >(pB)){
    //转换成功,可以使用 pD 指向的 Derived 对象
} else{
    //转换失败,继续使用 pB 指向的 Base 对象
}
```

如果 pB 指向了派生类 Derived 对象,则上述的类型转换初始化 pD 并令其指向 pB 所指的 Derived 对象。此时,if 语句内部使用 Derived 操作的代码是安全的。否则,类型转换的结果为 0,pD 为 0 意味着 if 语句的条件失败,即类型转换失败,此时将在 else 分支中执行相应的 Base 操作。

【例 6-14】 用 dynamic_cast 实现数据类型的强制转换。

```
//ch6-14.cpp
#include <iostream>
using namespace std;
class B{
public:
    virtual ~B() =default;                        //保证基类的多态特性,向下转换的前提
};
class D: public B{
public:
    void f() { cout <<"D::f" <<endl; }
};
int main(){
    B * pB, b;
    D d, * pD =&d;
    pB =&d;                                       //默认转换,编译时完成
    pB =dynamic_cast<B * >(&d);                    //向上转换,运行时完成
    pB =dynamic_cast<B * >(pD);                    //向上转换,运行时完成
    pB =&b;
    pD =dynamic_cast<D * >(pB);                    //向下转换
    if(pD) cout <<"success" <<endl;
    else cout <<"fail" <<endl;
    pD =dynamic_cast<D * >(&b);                    //向下转换,有警告,转换永远不能成功
    if(pD) cout <<"success" <<endl;
    else cout <<"fail" <<endl;
    pB =&d;
```

```
    pD =dynamic_cast<D * >(pB);                //向下转换
    if(pD) cout <<"success" <<endl;
    else cout <<"fail" <<endl;
    return 0;
}
```

程序运行结果如下:

```
fail
fail
success
```

运行结果表明,向上转换无论是执行默认转换还是强制转换都能成功,但向下转换,要求必须是基类的指针实际指向了派生类的对象,否则转换是不安全的,这就是程序运行结果前两行体现出来的。

注意:

(1) 在用 dynamic_cast 进行基类与派生类的指针或引用之间的转换时,基类必须是多态的,即基类必须至少有一个虚函数。

(2) 在执行向下强制转换时,只有当基类的指针或引用确实绑定了一个派生类的对象时,转换才会成功。

(3) 在任何情况下都可以对一个空指针执行 dynamic_cast,结果是所需类型的空指针。

(4) 在 if 语句的条件部分执行 dynamic_cast 操作可以确保类型转换和结果检查在同一条件表达式中完成。一旦转换失败,即使后续的代码忘了做相应判断,也不会接触到这个未绑定的指针,从而确保程序是安全的。

3. 通过 dynamic_cast 使基类的指针访问派生类中定义的非虚函数

在类的继承体系结构中,默认情况下,当基类的指针或引用绑定到派生类对象时,只能通过指针或引用访问派生类中覆盖的基类的虚函数。派生类中新增的函数,或重载的基类成员函数不能通过基类的指针或引用访问到。

【例 6-15】 派生类中定义的非虚函数不能由派生类的指针或引用访问。

```cpp
//ch6-15.cpp
#include <iostream>
using namespace std;
class B{
public:
    virtual void f() { cout <<"B::f" <<endl; }
};
class D1: public B{
public:
    void f() { cout <<"D1::f" <<endl; }
};
```

```
class D2: public B{
public:
    void f() { cout <<"D2::f" <<endl; }
    void g() { cout <<"D2::g" <<endl; }
};
void accessB(B * pB){
    pB->f();
    //pB->g();                          //编译错误,B中没有定义成员函数 g
}
int main(){
    B b;
    D1 d1;
    D2 d2;
    accessB(&b);
    accessB(&d1);
    accessB(&d2);
    return 0;
}
```

程序运行结果如下:

```
B::f
D1::f
D2::f
```

程序运行结果表明,函数 accessB(B *)通过基类的指针访问到派生类对象 d1 和 d2 中的虚函数 f。若函数 accessB(B *)中的语句"pB->g();"没有被注释,将会引发一条编译错误。因为 pB 是基类的指针,通过它只能访问那些在类 B 中定义的成员函数,但函数 g 在基类 B 中没有定义,它是派生类 D2 中的成员函数,通过 pB 无法找到该函数,所以出错。

通过本例可以看出,通过基类的指针不能访问派生类中新增的非虚成员函数。但在某些情况下,为了完成特定的程序功能,或出于某个目的,确实需要通过基类的指针(或引用)访问派生类中的成员函数,这时就需要通过 dynamic_cast 实现向下强制转换来实现。因为此时,基类的指针与引用已经绑定了派生类的对象,所以向下转换是安全的。

如上例的 accessB(B *)函数,当 pB 指向派生类 D2 的对象时,需要访问 D2 中的成员函数 g,当 pB 指向其他类的对象时,访问虚函数 f。这时就需要利用 dynamic_cast 进行向下强制转换。accessB 函数修改如下,其余程序代码无须做任何修改,就能够通过基类 B 的指针 pb 访问派生类 D2 中新增加的函数 g。

```
void accessB(B * pB){
    if(D2 * p =dynamic_cast<D2 * >(pB))
        p->g();
    else
        pB->f();
```

```
}
```

修改后,程序的运行结果如下:

```
B::f
D1::f
D2::g
```

这表明,当传递派生类 D2 的对象给基类指针 pB 时,dynamic_cast 将 pB 转换成了 D2 类型的指针,并把它赋值给了 D2 类型的指针 p。

4. 引用类型的 dynamic_cast

引用类型的 dynamic_cast 与指针类型的 dynamic_cast 在表示错误发生的表达式上略有不同。由于不存在空引用,所以对于引用类型来讲无法使用与指针类型完全相同的错误报告策略。当对引用的类型转换失败时,程序抛出一个名为 std::bad_cast 的异常,该异常定义在 typeinfo 标准头文件中。对于引用的类型转换,一般使用异常处理(第 9 章介绍)的操作:

```
try{
    Derived& rD =dynamic_cast<Derived&>(rB);
    //使用 rB 引用的 Derived 对象,其中 rB 是基类的引用
}catch(bad_cast){
    //处理类型转换失败的情况
}
```

可以将例 6-15 中的函数改为引用作为参数,此时对数据类型的转换需要进行异常处理,函数代码如下:

```
void accessB(B& rB){
    try{
        D2& d =dynamic_cast<D2&>(rB);
        d.g();
    }catch(bad_cast){
        rB.f();
    }
}
```

6.4.2 typeid

在具有多态的 C++ 程序中,基类对象的指针或引用可以绑定到继承体系结构中任一派生类的对象上,因而可能引发基类指针或引用的不确定性问题。在程序运行时,基类的指针或引用可能绑定到某个基类对象,也可能绑定到了某个派生类对象,并非任何时候都能确定基类指针或引用所实际绑定的对象的数据类型。这时候,就为 RTTI 提供了第二个运算符 typeid,它允许在程序运行时获得一个对象的真实数据类型。

typeid 运算符的用法形式为 typeid(expr)，其中 expr 可以是任意表达式、对象(变量)或类型的名字。typeid 操作的结果是一个常量对象的引用，该对象的类型是标准库类型 type_info 或者 type_info 的公有派生类型。type_info 类定义在 typeinfo 头文件中。

1. type_info 类

type_info 类的精确定义随着编译器的不同而略有差异。不过，C++ 标准规定了 type_info 类必须定义在 typeinfo 头文件中，并且提供不少于表 6.1 所列出的操作。

表 6.1　type_info 的操作

操　作	意　义
t1 == t2	如果 type_info 对象 t1 和 t2 表示同一类型，返回 true，否则返回 false
t1 != t2	如果 type_info 对象 t1 和 t2 表示不同的类型，返回 true，否则返回 false
t.name()	返回一个 C 语言风格字符串，表示类型名字的可打印形式。类型名字的生成方式因系统而异
t1.before(t2)	返回一个 bool 值，表示 t1 是否位于 t2 之前。before 所采用的顺序关系是依赖于编译器的
~type_info()	虚析构函数，编译器希望提供额外的类型信息时，通常在 type_info 的派生类中完成

类 type_info 一般作为一个基类出现，所以除了提供表 6.2 中的几个操作外，还包括一个虚析构函数。

类 type_info 没有默认构造函数，并且它的复制和移动构造函数以及赋值运算符都是被定义为禁用的。因此，在程序中无法定义或复制 type_info 类型的对象，也不能为 type_info 类型的对象赋值。创建 type_info 对象的唯一途径就是使用 typeid 运算符。

类 type_info 的成员函数 name 返回一个 C 语言风格字符串，表示对象的类型名字。如果对于给定的类型来说，name 的返回值可能会因编译器而异，并且不一定与在程序中使用的类型名字一致。在编译器的具体实现上，C++ 标准的唯一要求就是，类型不同则返回的字符串必须是不同的。

2. 使用 typeid 运算符求数据类型

typeid 运算符可以作用于任意类型的表达式，如果有 const 约束，将会被忽略。如果表达式是一个引用，则 typeid 返回该引用所绑定对象的类型。当 typeid 作用于数组或者函数时，并不会执行向指针的标准类型转换，即如果对数组 a 执行 typeid(a)，则得到的结果是数组类型而不是指针类型。

当运算对象不属于类类型或者是一个不包含任何虚函数的类时，typeid 运算符得到的就是运算的静态类型。当运算对象是定义了至少一个虚函数的类的左值时，typeid 的结果直到运行时才会求得。

【例 6-16】　使用 typeid 运算符求数据类型。

```
//ch6-16.cpp
```

```
#include <iostream>
#include <typeinfo>
using namespace std;
class Base{
public:
    virtual ~Base() =default;
};
class Derived: public Base{ };
int main(){
    int m;
    double x;
    float a[10];
    char str[10];
    cout <<typeid(m).name() <<", "
            <<typeid(x).name() <<", "
            <<typeid(a).name() <<", "
            <<typeid(str).name() <<endl;
    Derived d;
    Base * pB =&d;
    Base& rB =d;
    cout <<typeid(d).name() <<", "
            <<typeid(pB).name() <<", "
            <<typeid(* pB).name() <<", "
            <<typeid(rB).name() <<", "
            <<typeid(const Derived* ).name() <<", "
            <<typeid(const Derived&).name() <<endl;
    return 0;
}
```

由于类 type_info 在不同的编译器上的实现略有区别,使用不同的编译器程序运行结果可能不同,在作者的计算机上该程序的运行结果如下:

```
i, d, A10_f, A10_c
7Derived, P4Base, 7Derived, 7Derived, PK7Derived, 7Derived
```

注意:如果基类 Base 中没有定义任何虚函数,则不能体现运行时的多态,那么基类指针所绑定对象的类型与指针的静态类型一致。

3. typeid 运算符的其他应用

除了求表达式的数据类型外,typeid 还可以比较两条表达式的类型是否相同,或者比较一条表达式的类型是否与指定的类型相同。例如:

```
Derived * pD =new Derived;
Base * pB =pD;                      //两个指针都指向 Derived 对象
if(typeid(* pB) ==typeid(* pD)) {   //在运行时比较两个对象的类型
```

```
        //pB 和 pD 指向同一类型的对象
    }
    if(typeid(*pB) ==typeid(Derived)) {          //检查运行时类型是否为指定类型
        //pB 实际指向 Derived 对象
    }
```

注意：

（1）当 typeid 作用于指针时（而非指针所指的对象），返回的结果是该指针的静态类型。

（2）typeid 是否需要进行运行时检查决定了表达式是否会被求值。只有当类型含有虚函数时，编译器才会对表达式求值。反之，如果类型不含虚函数，则 typeid 返回表达式的静态类型。此时，编译器无须对表达式求值也能知道表达式的静态类型。

（3）如果表达式的动态类型可能与静态类型不同，则必须在运行时对表达式求值以确定返回的类型。这条规则适用于 typeid(*p)的情况。如果指针 p 所指的类型不含虚函数，则 p 不必非得是一个有效的指针；否则，*p 将在运行时求值，此时 p 必须是一个有效的指针。

6.5　小　　结

多态是面向对象程序设计的一个重要特征，是指程序能够通过指针或引用的动态类型获取类型特定行为的能力。程序运行时的多态是通过继承和虚函数实现的，在类的继承体系结构中，C++ 的动态绑定只作用于虚函数，并且需要通过指针或引用调用。虚函数是用于定义类型特定行为的成员函数，通过指针或引用对虚函数的调用直到运行时才被解析，依据是指针或引用所绑定对象的类型。

在类的继承体系结构中，基类通常都应该定义一个虚析构函数，即使基类根本不需要析构函数也最好这么做。将基类的析构函数定义成虚析构函数的原因是为了确保当删除一个基类指针，而该基类指针指向了一个派生类对象时，程序也能正确运行。

有的程序需要在运行时直接获取对象的动态类型，运行时类型识别（RTTI）为这种程序提供了语言级别的支持。RTTI 通过运算符 dynamic_cast 和 typeid 实现。RTTI 只对定义了虚函数的类有效，对没有定义虚函数的类，虽然也能得到其类型信息，但只是静态类型。

第 7 章

运算符重载

运算符重载是 C++ 的一项强大功能。通过重载,可以扩展 C++ 运算符的功能,使得它们能够操作用户自定义的数据类型,从而使得程序更易于编写和阅读,提高了程序代码的直观性和可读性。

本章主要介绍与 C++ 运算符重载相关的内容,主要包括实现运算符重载的方法、一般常见运算符的重载、输入输出运算符的重载以及一些特殊运算符的重载等内容。

7.1 运算符重载基础

C++ 定义了大量的运算符以及内置数据类型的自动类型转换规则,这些特性使得程序员能够编写出形式丰富、含有多种混合类型的表达式。

当运算符被用于类类型的对象时,C++ 语言允许人们为其指定新的含义;同时,也能自定义类型之间的转换规则。和内置类型一样,类类型转换隐式地将一种类型的对象转换成另一种类型的对象。

7.1.1 运算符重载的概念

重载的运算符是具有特殊名字的函数,它们的名字由关键字 operator 和其后要定义的运算符号共同组成。和其他函数一样,重载的运算符函数也包含返回类型、参数列表以及函数体。

重载运算符函数的参数数量与该运算符作用的运算对象数量一样多。一元运算符有一个参数,二元运算符有两个参数。对于二元运算符来说,左侧运算对象传递给第一个参数,而右侧运算对象传递给第二个参数。除了重载的函数调用运算符函数 operator之外,其他重载运算符不能含有默认参数。

如果一个运算符函数是类的成员函数,则它的第一个(左侧)运算对象绑定到隐式的this 指针上。因此,成员运算符函数的(显式)参数数量比运算符的运算对象总数少一个。

7.1.2 运算符重载的实现

运算符的运算结果常为值类型或引用类型,所以运算符的重载函数通常也会返回值类型或引用类型的数据。运算符重载的函数原型形式如下：

```
Type operator@(parameter-type-list);
```

其中，Type 是运算符函数运算结果的类型；operator 是 C++ 的保留关键字，表示运算符函数；@代表要重载的运算符。

对于一个运算符函数来说，它或者是类的成员，或者至少含有一个类类型的参数。

```
int operator+(int, int);                //错误，不能为 int 类型重定义内置的运算符
```

也就是说，当运算符作用于内置类型的运算对象时，无法改变该运算符的含义。

当一个重载的运算符是类的成员函数时，this 指针绑定到左侧运算对象。

1. 调用重载的运算符

通常情况下，将运算符作用于类型正确的实参，从而以这种间接方式"调用"重载的运算符函数。当然，也可以像调用普通函数一样直接调用运算符函数，先指定函数名字，然后传入数量正确、类型适当的实参，如下两式是一个非成员运算符函数（@表示已经重载的二元运算符）的等价调用。

```
operand1 @operand2;                    //间接调用，普通的表达式
operator@(operand1, operand2);         //直接调用，等价的函数调用
```

这两次调用是等价的，它们都调用了非成员函数 operator@，传入 operand1 作为第一个实参，传入 operand2 作为第二个实参。

也可以像调用其他成员函数一样显式地调用成员运算符函数。具体做法是，首先指定运算符函数的对象（或指针）的名字，然后使用点运算符（或箭头运算符）访问希望调用的函数，例如：

```
operand1 @operand2;                    //间接调用，普通的表达式
operand1.operator@(operand2);          //直接调用，等价的函数调用
```

这两条语句都调用了成员函数 operator@，将 this 指针绑定到 operand1 的地址，并且将 operand2 作为实参传入函数。

2. 选择成员函数或者非成员函数实现运算符重载

当定义重载的运算符时，必须首先决定是将其声明为类的成员函数，还是声明为一个普通的非成员函数。在某些情况下可能无法选择，只能以其中一种方式实现，因为有些运算符必须作为成员，有些运算符必须作为普通函数，或者有些运算符作为普通函数比作为成员更好。

选择作为成员还是非成员来实现运算符重载，一般应满足如下规则。

（1）赋值（＝）、下标（[]）、函数调用（()）和成员访问箭头（—＞）运算符必须是成员。

（2）复合赋值运算符一般来说应该是成员，但并非必需，这一点与赋值运算符略有不同。

（3）改变对象状态的运算符或者与给定类型密切相关的运算符，如递增、递减和解引用运算符，通常应该是成员。

（4）具有对称性（操作对象位置可以互换）的二元运算符可以交换任意一端的运算对象，如算术运算符、关系运算符和位运算符等，通常应该是普通的非成员函数。

有时希望能在含有混合类型的表达式中使用满足对称性的运算符。例如，求一个 double 和 Complex 的和，因为它们中的任意一个都可以是左侧运算对象或右侧运算对象，所以加法是满足对称性的。如果想提供含有类对象的混合类型表达式，则运算符必须定义成非成员函数。

当把运算符定义成成员函数时，它的左侧运算对象必须是运算符所属类的一个对象。例如，针对复数类 Complex：

```
Complex c1(2, 3);
Complex c2 = c1 + 3.5;                 //正确,能把一个 double 加到一个 Complex 对象中
Complex c3 = 3.5 + c1;                 //如果 + 是 Complex 的成员,则产生错误
```

如果 operator＋是 Complex 类的成员，则上面第一个加法等价于 c1.operator＋(3.5)。同样，3.5＋c1 等价于 3.5.operator＋(c1)。显然 3.5 的类型是 double 常量，这是一种内置数据类型，根本没有成员函数。

如果 Complex 将＋定义成普通的非成员函数，那么 3.5＋c1 等价于 operator＋(3.5, c1)。和其他函数调用一样，每个实参都能被转换成形参类型。唯一要求就是至少有一个运算对象是类类型，并且两个运算对象都能准确无误地转换成 Complex 类型。

7.1.3　运算符重载的限制

为了使运算符重载后不影响其原有功能的正常运行，C++ 对运算符重载进行了一些限制。

1. 并非所有的运算符都能重载

只有 C++ 预定义操作符集合中的运算符才能够被重载，有部分运算符不能被重载，如表 7.1 所示。

表 7.1　可重载及不可重载的运算符

可以被重载的运算符								不能被重载的运算符
＋	－	＊	/	％	^	&	|	
~	!	,	=	<	>	<=	>=	
++	－－	<<	>>	==	!=	&&	||	:: .* . ?:
+=	－=	/=	%=	^=	&-	|=	* =	
<<=	>>=	[]	()	->	->*	new	new[]	
delete	delete[]							

人们只能重载已有的运算符，而无权发明新的运算符号。例如，不能提供 operator＊＊来执行幂操作。

有 4 个运算符号（＋、－、＊、&）既是一元运算符也是二元运算符，所有这些运算符都能被重载，从参数的数量可以推断出到底定义的是哪种运算符。

2. 某些运算符不应该被重载

在实际应用中，有些运算符指定了运算对象求值的顺序。由于使用重载的运算符本质上是一次函数调用，所有这些关于运算对象求值顺序的规则无法应用到重载的运算符上。特别是逻辑与运算符（&&）、逻辑或运算符（||）和逗号运算符（,）的运算对象求值顺序规则无法保留下来。除此之外，&& 和 || 运算符的重载版本也无法保留内置运算符的短路求值属性（例如，表达式 1&& 表达式 2 在求解时，若表达式 1 的值为 false 时，表达式 2 不再进行运算），两个运算对象总是会被求值。

上述运算符的重载版本无法保留求值顺序和短路求值属性，因此不建议重载它们。当使用这些运算符的重载版本时，可能会突然发现它们一直习惯的求值规则不再适用了。

还有一个原因使得人们一般不重载逗号运算符和取地址运算符：C++ 语言标准已经定义了这两种运算符用于类类型对象时的特殊含义，这一点与大多数运算符都不相同。因为这两种运算符已经有了内置的含义，所以一般来说它们不应该被重载，否则它们的行为将异于常态，从而导致类的用户无法适应。

3. 使用与内置类型一致的含义

在设计一个类时，首先应该考虑这个类需要提供哪些操作。在确定类需要的操作之后，才能考虑需要把哪些操作设成普通函数还是重载的运算符。如果某些操作在逻辑上与运算符相关，则可以将它们定义成重载的运算符。

（1）如果类执行 I/O 操作来输入输出对象的值，则需要定义移位运算符使其与内置类型的 I/O 保持一致。

（2）如果类的某个操作是检查相等性，则定义 operator＝＝。如果类有了 operator＝＝，则意味着它通常也应该有 operator!＝。

（3）如果类包含一个内在的按序比较操作，则定义 operator＜。如果类有了 operator＜，则它也应该包含其他关系操作。

（4）重载运算符的返回类型通常情况下应该与其内置版本的返回类型兼容：逻辑运算符和关系运算符应该返回 bool；算术运算符应该返回一个类类型的值；赋值运算符和复合赋值运算符则应该返回左侧运算符对象的引用。

每个运算符在用于内置类型时都有比较明确的含义。以二元运算符＋为例，它明显执行的是加法操作。因此，把二元运算符＋映射到类类型的一个类似操作上可以极大地简化记忆（如复数 Complex 的加法运算）。同时，对于 C++ 标准库提供的类型 string 来说，往往会使用＋把一个 string 对象连接到另一个后面，这是很多编程语言都有的类似用法。

当在内置的运算符和自己定义的类的操作之间存在逻辑映射关系时，运算符重载的效果最好。此时，使用重载的运算符显然比另起一个名字更自然、更直观。不过，过分滥用运算符重载也会使得类变得难以理解。所以,在实际应用中,要避免滥用运算符重载的情况。例如,不能定义 operator＋让它来执行减法或其他操作。然而经常会发生的一种情况是,有些程序员可能会强行扭曲某运算符的"常规"含义使得其适应某种给定的类型,这显然是不希望发生的。因此,本书的建议:只有当操作的含义对于用户来说清晰明了时才使用运算符。如果用户对运算符可能有几种不同的理解,则使用这样的运算符将产生二义性。

4. 赋值和复合赋值运算符

赋值运算符的行为与复合版本的类似,赋值之后,左侧运算对象和右侧运算对象的值相等,并且运算符应该返回它左侧运算对象的引用。重载的运算符应该符合其内置版本的含义。

如果类含有算术运算符或者位运算符,则最好也提供对应的复合赋值运算符。例如,＋＝运算符的行为应该与内置版本一致,即先执行＋,再执行＝。

7.2　输入输出运算符的重载

如前所述,C++ 提供的标准输入输出库分别使用＞＞和＜＜执行输入和输出操作。对于这两个运算符来说,标准库定义了用于读写内置类型的版本,而类则需要自定义适合其对象的新版本以支持输入和输出操作。

7.2.1　重载输出运算符＜＜

通常情况下,输出运算符的第一个形参是非 const 约束的 ostream 类对象的引用。之所以要求 ostream 是非 const 约束的变量是因为向流写入内容会改变其状态;而该形参是引用,因为无法直接复制一个 ostream 对象。

第二个形参一般应是一个 const 约束的引用,该对象是人们需要输出的类类型。第二个形参是引用,原因是我们希望避免复制实参;该形参需要 const 约束,因为输出该对象不会改变其内容。

为了与其他输出运算符保持一致,operator＜＜一般要返回它的 ostream 形参。

1. Complex 输出运算符重载

前面定义的类,如果需要显示或输出类对象的值,都是定义相关的函数来实现,如使用 print、show 或 display 等名字的函数。第 4 章定义的复数类 Complex,即采用了成员函数 print 来输出对象的值。

```
class Complex{
    double real, imag;
public:
    /* … */                          //成员函数的声明或定义
```

```
void read() { cin >> real >> imag; }
void print() {
    if(real !=0) {  cout << real;
        if(imag > 0) cout << "+";
    }
    cout << imag << "i" << endl;;
}
};
```

这里的 print 函数即以 a+bi 的形式输出 Complex 对象。同样,可以采用如下形式重载输出运算符,用于输出 Complex 类的对象。

【例 7-1】 为 Complex 类重载输出运算符。

```
//ch7-1.cpp
ostream& operator<<(ostream& os, const Complex& c) {
    if(c.real !=0) {  os << c.real;
        if(c.imag > 0) os << "+";
    }
    os << c.imag << "i";
    return os;
}
```

除名字之外,这个函数与上面的 print 函数形式上基本相同。输出一个 Complex 对象意味着要分别输出该复数的实部和虚部,即按照 a+bi 的形式输出。完成输出后,运算符返回刚刚使用的 ostream 的引用。

2. 输出运算符应尽可能少地进行格式化操作

用于内置类型的输出运算符基本不考虑格式化操作,尤其不会输出换行符。所以,我们希望类对象的输出运算符也是这样。如果运算符输出了换行符,则无法在对象的同一行内接着打印一些描述性的文字。相反,令输出运算符尽量减少格式化操作,可以使人们更方便地控制输出的细节。

通常情况下,输出运算符应该主要负责输出对象的内容而不是控制格式,输出运算符不应该输出换行符。

3. 输入输出运算符不能是类的成员函数

与标准输入输出库 iostream 兼容的输入输出运算符必须是普通的非成员函数,而不能是类的成员函数。否则,它们的左侧运算对象将是类的一个对象:

```
Complex c;
c << cout;                        //如果 operator<< 是 Complex 的成员
```

假设输入输出运算符是某个类的成员,则它们也必须是 istream 或 ostream 的成员。然而,这两个类属于标准库,并且无法给标准库中的类添加成员。

因此,如果希望为类自定义输入输出运算符,则必须将其定义为非成员函数。当然,输入输出运算符通常需要读写类的非公有数据成员,所以输入输出运算符一般被声明为友元。

7.2.2　重载输入运算符>>

与输出运算符类似,输入运算符的第一个形参是运算符将要读取的流的引用,第二个形参是将要读入的对象(非 const 约束)的引用。该运算符通常会返回某个给定流的引用。第二个形参之所以必须是非 const 约束的,是因为输入运算符本身的目的就是将数据读入这个对象中。

1. Complex 输入运算符的重载

和输出运算符类似,可以按照如下形式重载 Complex 的输入运算符:

```
istream& operator>>(istream& is, Complex& c){
    is >>c.real >>c.imag;
    if(!is)                        //检查输入是否成功,若输入失败则将对象赋予默认值
        c =Complex();
    return is;
}
```

除了 if 语句外,这个函数的定义和之前的 read 函数基本完全一样。if 语句用于检查读取操作是否成功,如果发生了 I/O 错误,则运算符将给定的对象置为默认值的 Complex,这样可以确保对象处于正确的状态。

值得注意的是,输入运算符必须处理输入可能失败的情况,而输出运算符则不需要。

2. 输入时可能引起的错误

在重载输入运算符时,可能发生以下错误。

(1)当流含有错误类型的数据时导致读取操作失败。例如读取完 real 后,输入运算符接下来需要读入的是一个数值数据,一旦输入的不是数值数据,则读取操作及后续对流的其他使用都将失败。

(2)当读取操作到达文件末尾或者遇到输入流的其他错误时也会失败。

上例的函数中,没有逐个检查每个读取操作,而是等读取了所有数据后赶在使用这些数据之前进行了一次性的检查:

```
if(!is) c =Complex();
```

如果读取操作失败,则 real 或 imag 的值是未定义的。因此,在输入结束后,需要检查输入流的合法性。如果发生了错误,无须在意究竟是哪部分输入失败,只需要将一个新的默认初始化的 Complex 对象赋予 c 即可。经过这样的赋值后,c 的数据成员 real 和 imag 的值都将是默认实参值 0。

如果在发生错误前对象已经有一部分被改变,则适时地将对象置为合法状态显得异

常重要。例如在这个输入运算符中，有可能在成功读取 real 后遇到错误，这意味着对象的 imag 成员并没有改变。因此，有可能将这个数据与完全不匹配的 real 组合在一起。

通过将对象设置为合法的状态，可以保护类的使用者免于受到输入错误的影响。此时的对象处于可用状态，即它的成员都是被正确定义的。而且该对象也不会产生误导性的结果，因为它的数据在本质上确实是一体的。

需要注意的是，当读取操作发生错误时，输入运算符应该负责从错误中恢复。

7.3 算术运算符和关系运算符的重载

由于算术和关系运算符都是满足对称性的二元运算符，通常情况下，需要把算术和关系运算符定义为非成员函数以允许对左侧或右侧的运算对象进行转换。因为这些运算符一般不需要改变运算对象的状态，所有形参都是 const 约束的引用。

7.3.1 算术运算符的重载

算术运算符通常会计算它的两个运算对象并得到一个新值，这个值有别于任意一个运算对象，常常位于一个局部变量之内，操作完成后返回该局部对象的副本作为其结果。如果定义了算术运算符，则它一般也会定义对应的复合赋值运算符。此时，最有效的方式是使用复合赋值运算符（见 7.4.4 节）来定义算术运算符。

复数的加法运算，以前往往定义名为 add 的函数来实现，函数原型一般为

```
Complex add(const Complex& c1, const Complex& c2);
```

为了让复数的算术运算和实际情况更一致，可以重载相关的算术运算符，如加法运算符可以定义如下：

```
Complex operator+(const Complex& c1, const Complex& c2) {
    Complex sum = c1;              //将 c1 的数据成员复制给 sum
    sum += c2;                     //将 c2 加到 sum 中，前提已定义+=
    return sum;
}
```

若没有定义复合赋值运算符＋＝，则复数的加法运算可以采用如下形式来实现：

```
Complex operator+(const Complex& c1, const Complex& c2) {
    return Complex(c1.real+c2.real, c1.imag+c2.imag);
}
```

如果类同时定义了算法运算符和相关的复合赋值运算符，则通常情况下应该使用复合赋值运算符来实现算术运算符。

7.3.2 相等运算符的重载

在 C++ 中，可以通过为类定义相等运算符来检验两个对象是否相同。也就是说，它

们会比较对象的每一个数据成员,只有当所有对应的成员都相等时才认为两个对象相等。根据这一思想,前面定义的 Complex 类的相等运算符不但要比较实部 real 的值,还要比较虚部 imag 的值。

【例 7-2】 为 Complex 类重载相等和不相等运算符。

```
//ch7-2.cpp
bool operator==(const Complex& c1, const Complex& c2){
    return c1.real ==c2.real && c1.imag ==c2.imag;
}
bool operator!=(const Complex& c1, const Complex& c2){
    return !(c1 ==c2);
}
```

上面这两个函数的定义非常简单,但对人们来说,更重要的是从这些函数中理解相等与不等运算符的设计准则。

(1) 如果一个类含有判断两个对象是否相等的操作,则它显然应该把函数定义成 operator== 而不是一个普通的命名函数;因为用户肯定更希望能使用 == 来比较对象,所以提供了 == 就意味着用户不用再费时费力地学习并记忆一个全新的函数名字。类定义了 == 运算符之后也更容易使用标准库容器和算法(第 8 章介绍)。

(2) 如果类定义了 operator==,则该运算符应该能判断一组给定的对象中是否含有重复数据。

(3) 通常情况下,相等运算符应该具有传递性,也就是说,如果 a==b 和 b==c 都为真,则 a==c 也应该为真。

(4) 如果类定义了 operator==,则这个类也应该定义 operator!=。对用户来说,当他们使用 == 时肯定也希望能使用 !=,反之亦然。

(5) 相等运算符和不等运算符中的一个应该把工作委托给另一个,这意味着其中一个运算符应该负责实际比较对象的工作,而另一个运算符则只需要调用那个真正工作的运算符即可。

如果某个类在逻辑上有相等性的含义,则该类就应该定义 operator==,这样做可以使得用户更容易使用标准库算法来处理这个类。

7.3.3 关系运算符的重载

定义了相等运算符的类也往往(但不总是)包含关系运算符,特别是,在关联容器和一些算法中要用到小于运算符,所以定义 operator< 会非常有用。

7.3.2 节中为 Complex 定义了 == 和 != 运算符,那么大家可能会认为 Complex 类应该支持关系运算符,但事实证明并非如此。

由于 == 运算符是基于所有数据成员比较的结果,那么按照这种方式定义 <,该函数 operator< 将通过比较 real 和 imag 来实现对两个对象的比较。

对于 Complex 的 == 运算符来说,如果两个对象的成员 imag 不同,那么即使它们的实部 real 相同也无济于事,它们仍然是不相等的。如果定义的 < 运算符仅仅比较成员

real，那么将发生这样的情况：两个 real 相同但 imag 不同的两个对象是不相等的，但是其中的任何一个都不比另一个小。然而实际情况是，如果有两个对象并且哪个都不比另一个小，则从道理上来讲这两个对象应该是相等的。

基于此，也许认为应该让 operator＜依次比较每个数据元素就能解决这个问题了。例如，让 operator＜先比较 real，相等的话继续比较 imag。然而，这样的排序没有任何必要。根据 Complex 的定义，人们可能希望比较成员 real，也可能希望比较成员 imag，但实际上对于复数来说，比较大小是没有意义的。

所以，对于 Complex 类来说，不存在一种逻辑上可靠的＜定义，这个类不定义＜运算符也许更好，这也符合复数的实际情况。

如果存在唯一一种逻辑可靠的＜定义，则应该考虑为这个类定义＜运算符。如果类同时还包含＝＝，则当且仅当＜的定义和＝＝产生的结果一致时才定义＜运算符。

7.4 赋值运算符的重载

赋值运算符可以把类的一个对象赋值给该类的另一个对象（将右侧运算对象赋值复制到左侧运算对象），赋值之后，左侧运算对象和右侧运算对象的值相等。

7.4.1 复制赋值运算符的重载

程序中的赋值语句是通过赋值运算符函数实现的，使用它的场合非常多。在设计类时，如果没有为它提供复制赋值运算符函数，那么编译器会自动为它合成一个默认的复制赋值运算符函数。如果该类对象没有分配动态存储空间，那么合成复制赋值运算符函数能够正确完成对象的赋值复制。

如果类包含指针成员，那么构造函数中往往需要对该指针成员分配存储空间，则对象构造时就要分配动态存储空间，在这种情况下，复制赋值运算符函数都不能正确地进行对象的赋值复制，需要为类重载复制赋值运算符。

复制赋值运算符必须定义为成员函数，并且复制赋值运算符应返回它左侧运算对象的引用，接受一个与其所在类相同类型的 const 约束的对象参数，同时需要检查对象自赋值的情况。复制赋值运算符重载的一般形式如下：

```
class X{
public:
    X& operator=(const X& x){
        //检查自赋值的情况
        if(this !=&x){
            ...                          //复制操作
        }
        return * this;
    }
};
```

【例 7-3】　为 String 类重载赋值运算符。

```cpp
//ch7-3.cpp
#include <iostream>
#include <cstring>
using namespace std;
class String{
    char* sptr;
public:
    String(const char* s =""){              //构造函数
        sptr =new char[strlen(s) +1];
        strcpy(sptr, s);
    }
    ~String(){ delete[] sptr;}               //析构函数
    String(const String& s){                 //复制构造函数
        sptr =new char[strlen(s.sptr) +1];
        strcpy(sptr, s.sptr);
    }
    String& operator=(const String& s){       //赋值运算符函数
        if(this !=&s) {                        //检查自赋值
            delete[] sptr;                     //必须先释放当前存储空间
            sptr =new char[strlen(s.sptr) +1];
            strcpy(sptr, s.sptr);
        }
        return *this;
    }
    friend ostream& operator<<(ostream& os, const String& s);
};
ostream& operator<<(ostream& os, const String& s){
    os <<s.sptr;
    return os;
}                                            //输出运算符函数
```

　　重载的复制赋值运算符必须先释放当前的存储空间,再创建一片新空间。如果类里面含有指针指向动态分配的存储空间的话,那么赋值运算符函数必须先检查是否为自赋值,否则释放当前存储空间将导致释放自身,赋值就会出错。

7.4.2　移动赋值运算符的重载

　　移动赋值运算符执行与析构函数和移动构造函数相同的工作。与移动构造函数一样,如果定义的移动赋值运算符不抛出任何异常,就必须把它标记为 noexcept(C++ 11 标准引入,将在第 8 章介绍)。与复制赋值运算符类似,移动赋值运算符也必须定义为成员函数,并且移动赋值运算符应返回它左侧运算对象的引用,接受一个与其所在类相同类型的右值引用的对象参数,同时需要检查对象自赋值的情况。移动赋值运算符重载的一

般形式如下:

```
X& operator=(X&& x) noexcept {
    if(this !=&x) { / * … 移动操作 * / }
    return * this;
}
```

7.4.3　基于列表初始化的赋值运算符的重载

除复制赋值和移动赋值运算符外,类还允许定义其他赋值运算符以使用别的类型作为右侧运算对象。从 C++ 11 标准开始,内置类型和标准库的容器类还定义了第 3 种赋值运算符,该运算符接受花括号内的元素列表作为参数,即支持使用列表初始化的方式为内置类型的变量或容器类型的对象进行初始化,例如:

```
int a{5};                      //int a; a ={5};
vector<int>v={1, 2, 3};        //vector<int>v; v ={1, 2, 3};
```

【例 7-4】　定义个整型容器类,以 vector<int>为其数据成员,重载赋值运算符,使得可以使用元素列表赋值给该类的对象。

```
//ch7-4.cpp
#include <vector>
using namespace std;
class IntNums{
    vector<int>v;
public:
    IntNums& operator=(const initializer_list<int>& il){
        for(auto a : il) v.push_back(a);
        return * this;
    }
};
```

与复制赋值和移动赋值一样,此赋值运算符也返回其左侧运算对象的引用。如果涉及动态内存分配,这里重载的赋值运算符也要必须先释放当前存储空间,再分配新的存储空间。不同的是,这个运算符无须检查对象向自身的赋值,这是因为形参 initializer_list<int>能确保 il 与 this 所指的不是同一对象。

7.4.4　复合赋值运算符的重载

和赋值运算符不同,复合赋值运算符可以不是类的成员。为了和赋值运算符保持一致,更倾向于把包括复合赋值在内的所有赋值运算符都定义在类的内部。为了与内置类型的复合赋值保持一致,类中的复合赋值运算符也要返回其左侧运算对象的引用。例如,下面是 Complex 类中复合赋值运算符＋=的定义:

```
Complex& operator+=(const Complex& c){
```

```
    real +=c.real;
    imag +=c.imag;
    return * this;
}
```

7.5 下标运算符的重载

C/C++ 将数组下标定义为一种运算,用运算符[]来表示。但在 C/C++ 中,数组不具有检测下标范围的功能,在存取数组元素时,可能造成数组元素的越界访问,产生不正确的运行结果。

C++ 中允许重载下标运算符[],通过重载可以检查数组的大小,并可在访问数组元素时检查下标值是否越界,以禁止数组的越界访问,从而建立安全的数组。

C++ 中表示容器的类也通常可以通过元素在容器中的位置访问元素,这些类一般也会定义下标运算符。

下标运算符必须是类的成员函数,其一般形式如下:

```
class X{
    ...
    Type& operator[](int index){ ... }
};
```

为了与下标的原始定义兼容,下标运算符通常以所访问元素的引用作为返回值,这样做的好处是下标可以出现在赋值运算符的任意一端。而且,往往同时定义下标运算符的常量版本和非常量版本,当作用于一个常量对象时,下标运算符返回 const 引用以确保不会给返回的对象赋值。也就是说,如果一个类包含下标运算符,则通常会定义两个版本:一个返回普通引用;另一个是类的常量成员并返回 const 引用。

【例 7-5】 为 String 类定义下标运算符。

```
//ch7-5.cpp
class String{
    char * sptr;
public:
    ...                                    //其他成员函数的定义或声明
    char& operator[](int index){ return sptr[index]; }
    const char& operator[](int index) const { return sptr[index]; }
};
```

上面的两个下标运算符的用法类似于数组中的下标。因为下标运算符返回的是元素的引用,所以当 String 对象是变量时,可以给元素赋值;当 const 约束的 String 对象取下标时,不能为其赋值。

```
String s("Hello");
const String ss =s;
```

```
    s[0] = 'h';                                    //正确,下标运算符返回 char 的引用
    ss[0] = 'h';                                   //错误,对 ss 取下标返回的 const 引用
```

7.6 自增和自减运算符的重载

在迭代器或计数器中通常要使用自增运算符(++)和自减运算符(--),这两种运算符使得类可以在元素的序列中前后移动。C++ 语言并不限制自增和自减运算符必须是类的成员,由于它们要改变的正好是所操作对象的状态,所以建议将其设定为成员函数。

对于内置类型来说,自增和自减运算符既有前缀版本也有后缀版本。同样,对于自定义的类也应该有两个版本的自增和自减运算符。

7.6.1 定义自增和自减前缀运算符

为了与内置版本保持一致,前缀运算符应该返回自增或自减后对象的引用。为了说明自增和自减运算符,以设计计数器 Counter 类为例。

【例 7-6】 设计一个计数器 Counter 类,用一个整型的数据成员 count 保存当前计数器的值,定义计数器自增和自减运算符。

```
//ch7-6.cpp
#include <iostream>
using namespace std;
class Counter{
    int count;
public:
    Counter(int cnt =0) : count(cnt){}
    Counter& operator++() {                        //前缀自增运算符
        ++count;
        return * this;
    }
    Counter& operator--() {                        //前缀自减运算符
        --count;
        return * this;
    }
    friend ostream& operator<<(ostream& os, const Counter& c);
};
ostream& operator<<(ostream& os, const Counter& c){
    os <<c.count;
    return os;
}
int main(){
    Counter c;
```

```
    ++c;                              //隐式调用
    c.operator++();                   //显式调用
    cout <<c <<endl;
    --c;                              //隐式调用
    c.opertor--();                    //显式调用
    cout <<c <<endl;
    return 0;
}
```

为了与内置运算符运算方式保持一致,在实现前缀运算时也要对类的成员使用前缀运算。

7.6.2　区分前置和后置运算符

要同时定义前缀和后缀运算符,必须首先解决一个问题,即普通的重载形式无法区分这两种情况。前缀和后缀版本使用的是同一个符号,这就意味着其重载版本所用的名字将是相同的,并且运算对象的数量和类型也相同。

为了解决这一问题,后缀版本接受一个额外的(不被使用)int 类型的形参。当使用后缀运算符时,编译器为这个形参提供一个值为 0 的实参。尽管从语法上来说后缀可以使用这个额外的形参,但是在实际过程中通常不会这么做。这个形参的唯一作用就是区分前缀版本和后缀版本的函数,而不是在实现后缀版本时参与运算。

下面为计数器 Counter 类添加后置运算符。为了与内置版本保持一致,后缀运算符应该返回对象的原值(自增或自减之前的值),而不是增减之后的值,所以后缀运算符返回的形式是一个值而不是引用。所以,对于后缀版本来说,在自增或自减前需要先记录对象的状态。

```
Counter operator++(int) {
    Counter c = * this;
    ++ * this;
    return c;
}
Counter operator--(int) {
    Counter c = * this;
    ++ * this;
    return c;
}
```

如上可知,后缀运算符先记录当前值,然后调用各自的前缀版本来完成实际工作,最后返回原值,故返回的结果反映对象在未自增或自减之前原始的值。

可以与内置类型一样,隐式地调用自增或自减运算符;也可以显式地调用,其效果与在表达式中以运算符的形式使用完全一样。

```
Counter c;
++c;                                  //隐式调用
```

```
c.operator++();                            //显式调用
c++;                                       //隐式调用
c.operator++(0);                           //显式调用
--c;                                       //隐式调用
c.opertor--();                             //显式调用
c--;                                       //隐式调用
c.operator--(0);                           //显式调用
```

由于在使用后缀运算符时,不会用到 int 形参,所以不用为其命名。但在显式调用时,尽管传入的值会被运算符函数忽略,但却必不可少,因为编译器只有通过它才能知道应该使用后置版本。

7.7　成员访问运算符的重载

类成员访问运算符(−＞)可以被重载,它被定义为一个类赋予"指针"行为。运算符−＞必须是一个成员函数。如果使用了−＞运算符,返回类型必须是指针或者类的对象。

运算符−＞通常与解引用运算符＊结合使用,用于实现"智能指针"的功能。这些指针是行为与正常指针相似的对象,唯一不同的是,当通过指针访问对象时,它们会执行其他任务。例如,当指针销毁时,或者当指针指向另一个对象时,会自动删除对象。

解引用运算符＊和成员访问运算符−＞的实现形式如下:

```
class X{ … };
class Pointer{
public:
    X& operator * () { … }                        //解引用运算符的重载
    X * operator->(){ return &this->operator * (); }
    //将成员访问运算符需要完成的工作委托给解引用运算符
};
```

【例 7-7】　为计数器类 Counter 重载解引用和成员访问运算符。

```
//ch7-7.cpp
#include <iostream>
using namespace std;
class Counter{
    int count;
public:
    Counter(int cnt=0) : count(cnt){}
    int getCount(){ return count; }
};
class CounterPtr{
    Counter c;
public:
    CounterPtr(Counter cnt): c(cnt){}
```

```
    Counter& operator * () {                    //重载解引用运算符
        auto p =&c;
        return (* p);
    }
    Counter * operator->() {                    //重载成员访问运算符
        //将实际工作委托给解引用运算符
        return &this->operator * ();
    }
};
int main(){
    Counter cnt(5);
    CounterPtr cp(cnt);
    int x =cp->getCount();                      //等价于 int x = (* cp).getCount();
    return 0;
}
```

本例仅仅实现了最简单的解引用和成员访问运算符的重载。和大多数运算符一样，能令 operator * 完成任何我们指定的操作。换句话说，可以让 operator * 返回一个固定值，或者输出对象的内容，或者其他。成员访问运算符 operator－＞则不是这样，它永远不能丢掉成员访问这个最基本的含义。当重载成员访问运算符时，可以改变的是运算符从哪个对象当中获取成员，而成员运算符用于获取成员这一事实则永远不会变，也不能变。

对于形如 p－＞mem 的表达式来说，p 必须是指向类对象的指针或者是一个重载了 operator－＞的类的对象。根据 p 类型的不同，p－＞mem 分别等价于如下两式。除此之外，将会发生错误。

```
(* p).mem;                      //p 是一个内置的指针类型
p.operator()->mem;              //p 是类的一个对象
```

表达式 p－＞mem 的指向过程如下所示。

（1）如果 p 是指针，则应用内置的成员访问运算符－＞，表达式等价于(* p).mem。首先解引用该指针，然后从所得的对象中获取指定的成员。如果 p 所指的类型没有名为 mem 的成员，程序会发生错误。

（2）如果 p 是定义了 operator－＞的类的一个对象，则使用 p.operator－＞()的结果来获取 mem。其中，如果该结果是一个指针，则执行第（1）步；如果该结果本身含有重载的 operator－＞，则重复调用当前步骤。最终，当这一过程结束时程序或者返回了所需的内容，或者返回一些表示程序错误的信息。

7.8　函数调用运算符的重载

在设计 C++ 的类时可以重载函数调用运算符，如果类重载了函数调用运算符，那么用户可以像使用函数一样使用该类的对象。因为重载了函数调用运算符的类同时也可以存储状态,所以与普通函数相比它们更加灵活。

7.8.1　函数调用运算符重载的实现形式

函数调用运算符重载实现的一般形式如下:

```
Type operator()(parameter-type-list);
```

函数调用运算符必须是成员函数,一个类可以定义多个不同版本的调用运算符,它们相互之间应该在参数数量或类型上有所区别。

【例 7-8】　为 Complex 类重载两个函数调用运算符,其功能分别是求复数的模和复平面上两个复数之间的距离。

```
//ch7-8.cpp
#include <iostream>
#include <cmath>
using namespace std;
class Complex{
    double real, imag;
public:
    ...
    double operator()(){                     //函数调用运算符
        return sqrt(real * real +imag * imag);
    }
    double operator()(Complex c){            //函数调用运算符
        return sqrt((c.real-real) * (c.real-real)
            +(c.imag-imag) * (c.imag-imag));
    }
};
```

这里为 Complex 类增加了两种函数调用操作:一个没有参数,返回该复数的模;一个接受一个 Complex 类型的实参,返回复平面上两个复数之间的距离。

用户使用函数调用运算符的方式是令一个 Complex 对象作用于一个实参列表(实参可以为空),这一过程看起来非常像函数调用的过程。

```
Complex c1(3, 4), c2(-2, 1);
double d1 =c1();
double d2 =c1(c2);
```

即使 c1 和 c2 只是类的对象而不是函数,用户也能"调用"该对象。调用对象实际上是在运行重载的函数调用运算符。如果类定义了函数调用运算符,则该类的对象称作函数对象。因为可以调用这种对象,所以常说这些对象的"行为像函数一样"。

7.8.2　含有状态的函数对象类

和其他类一样,函数对象类除了包含 operator 之外,也可以包含其他成员。函数对象类通常含有一些数据成员,这些成员被用于定制调用运算符中的操作。

【例 7-9】　定义一个输出 Complex 实参内容的类。默认情况下会将内容输出到标准输出设备(cout)中,各个 Complex 之间以空格隔开。同时允许类的使用者提供其他可写入的流及其他分隔符。

```cpp
//ch7-9.cpp
class PrintComplex{
    ostream& os;                            //用于写入的目的流
    char delim;                             //用作输出分隔符
public:
    PrintComplex(ostream& o=cout, char c=' '): os(o), delim(c){ }
    void operator()(const Complex& c) const {
        os <<c <<delim;
    }
};
```

此类有一个构造函数,它接受一个输出流的引用以及一个用于分隔的字符,这两个形参的默认实参分别是 cout 和空格。之后的函数调用运算符使用这些成员协助其输出给定的 Complex 对象。

当定义 PrintComplex 的对象时,分隔符及输出流既可以使用默认值,也可以提供用户自己的值,例如:

```cpp
Complex c1(3, 4), c2(-2, 1);
PrintComplex printer;                       //使用默认值,输出到 cout
printer(c1);                                //在 cout 中输出 c1,后跟一个空格
PrintComplex errors(cerr, '\n');            //输出到 cerr,使用换行符分隔
errors(c2);                                 //在 cerr 中输出 c2,后跟一个换行符
```

函数对象常用在标准算法中。lambda 函数是一种简便的定义函数对象类的方式。

7.8.3　lambda 函数

lambda 是函数式编程的概念基础,函数式编程也是与命令式编程、面向对象编程并列的一种编程泛型,代表语言有 LISP。目前流行的很多语言都提供了对 lambda 的支持,如 C♯、PHP、Java 等。

C++ 11 标准中也引入了 lambda,主要目的是为了将类似于函数的表达式作为参数,传递给接受函数指针和函数对象参数的函数。因此,典型的 lambda 是测试表达式或比较表达式,可以编写成一条返回语句。这使得 lambda 更简洁、更易于理解,并且可自动推断其返回类型。

lambda 函数也称为 lambda 表达式,表示一个可调用的代码单元,可以将其理解为一个未命名的内联(inline)函数。

【例 7-10】　lambda 函数的例子。

```cpp
#include <iostream>
```

```cpp
int main(){
    int dogs =5, cats =6;
    auto totalAnimals =[](int x, int y) ->int { return x +y; };
    std::cout <<totalAnimals(dogs, cats) <<std::endl;
    return 0;
}
```

上面程序中定义了一个 lambda 函数,接受两个参数 x 和 y,返回两者的和。与普通函数相比,lambda 函数不需要定义函数名,取而代之的是多了一对方括号([]),函数的返回值采用尾置返回类型的方式声明,其余跟普通函数的定义一样。

定义 lambda 函数的语法形式如下:

```
[capture](parameters)mutable ->T { statement };
```

[capture]:捕捉列表。[]是 lambda 的引出符,总是出现在 lambda 函数的开头。编译器据此判断接下来的代码是否为 lambda 函数。捕捉列表可以捕捉上下文中的变量以供 lambda 函数使用。

(parameters):参数列表。与普通函数的参数列表一致。如果不需要参数,可以连同圆括号一起省略。

mutable:可选的修饰符。默认情况下,lambda 函数总是 const 函数,mutable 可以取消其 const 属性。实际上这只是语法上的可能性,现实中很少用。如果使用 mutable,则省略参数列表。

->T:返回类型。用尾置返回类型形式进行声明,不需要返回值时可以连同->一起省略。在返回类型明确的情况下,也可以省略,让编译器对返回类型进行推演。

{statement}:函数体。内容与普通函数一样,其中可以使用参数,还可以使用捕捉列表中捕获的变量。

在 lambda 函数的定义中,参数列表和返回类型都是可选的,而捕捉列表和函数体都可以为空,所以最简单的 lambda 函数为

```cpp
[]{};
//各种各样的 lambda 函数
void f(){
    []{};                              //最简单的 lambda 函数,不做任何事情
    int a =3, b =4;
    [=]{ return a +b; };               //省略参数列表和返回类型,可推断返回类型为 int
    auto f1 =[&](int c) { b =a +c; }; //无返回值,省略返回类型
    auto f2 =[=, &b](int c) ->int {return b +=a +c; };
}
```

lambda 函数和普通函数最明显的区别之一,是 lambda 函数可以通过捕捉列表访问上下文中的一些数据。捕捉列表描述了 lambda 中可以使用哪些上下文数据,以及使用的方式是值传递还是引用传递。

【例 7-11】 改写例 7-10 中的 lambda 函数,使用捕捉列表捕获上下文中的变量 dogs

和 cats。

```cpp
#include <iostream>
int main(){
    int dogs =5, cats =6;
    auto totalAnimals = [dogs, &cats]() ->int { return dogs +cats; };
    std::cout <<totalAnimals() <<std::endl;      //调用时不用实参
    return 0;
}
```

　　lambda 函数如果在块作用域外,其捕捉列表必须为空。块作用域内的 lambda 函数只能捕捉其外围作用域中的自动变量,捕捉非自动变量或非此作用域的变量都会导致编译器报错。

　　捕捉列表由逗号隔开的多个捕捉项组成,有以下几种形式。

　　[var]：以值传递方式捕捉变量 var。

　　[=]：以值传递方式捕捉外围作用域的所有变量(包括 this)。

　　[&var]：以引用方式捕捉变量 var。

　　[&]：以引用方式捕捉外围作用域的所有变量(包括 this)。

　　[this]：以值传递方式捕捉当前的 this 指针。

　　组合形式：如[=, &var]表示以引用方式捕捉变量 var,其余变量值传递。[&, a, b]表示以值传递方式捕捉 a 和 b,以引用方式捕捉其他变量。使用组合形式时,要注意捕捉列表不允许变量重复传递,如[=, var]就重复传递了变量 var,会引起编译错误。

　　【例 7-12】　改写例 7-11 中的 lambda 函数,简化捕捉列表,捕捉外围作用域的所有变量。

```cpp
#include <iostream>
int main(){
    int dogs =5, cats =6;
    auto totalAnimals = [=]() ->int { return dogs +cats; };
    std::cout <<totalAnimals() <<std::endl;      //调用时不用实参
    return 0;
}
```

　　捕捉列表捕捉到的变量可以看作是 lambda 的初始状态,lambda 函数的运算是基于初始状态和参数进行的,这与函数只基于参数的运算有所不同。

　　【例 7-13】　用 lambda 函数和函数对象分别实现求复数的模。

```cpp
//ch7-13.cpp
#include <iostream>
#include <cmath>
using namespace std;
class Complex{                                  //函数对象类
    double real, imag;
public:
```

```
        Complex(double r=0, double i=0): real(r), imag(i){}
        double getReal() { return real; }
        double getImag() { return imag; }
        double operator()(){
            return sqrt(real * real +imag * imag);
        }
    };
    int main(){
        Complex c1(3 ,4);
        auto mold =[](Complex& c) ->double {
            return sqrt(c.getReal() * c.getReal()
                +c.getImag() * c.getImag()); };
        double m1 =c1();                              //函数对象调用
        cout <<m1 <<endl;
        double m2 =mold(c1);                          //lambda 函数调用
        cout <<m2 <<endl;
        return 0;
    }
```

事实上,函数对象是编译器实现 lambda 函数的一种方式,编译器通常会把 lambda 函数转化为一个函数对象。因此,从 C++ 11 标准开始,lambda 函数可以视为函数对象的一种等价形式,或者是简写的语法形式。

lambda 函数对 C++ 带来的最大改变应该是在标准模板库 STL 中,让 STL 的算法更容易使用和学习。lambda 可以代替函数指针作为标准库算法的参数,因为有自己的初始状态,与函数单纯依靠参数传递信息相比,lambda 可以传递更多的信息而不是改变参数个数。

7.9　类型转换运算符的重载

本书第 3 章介绍了与类无关的数据类型之间的转换方法,这里介绍 C++ 中类与内置类型、自定义类类型之间数据类型转换方法。

7.9.1　用构造函数实现的隐式数据类型转换

构造函数具有类型转换的功能,从前面几章定义的类可以看出由一个实参调用的构造函数定义了一种隐式的类型转换,这种构造函数将实参类型的对象转换成类类型。

【例 7-14】　定义一个整数类 Integer,令其表示一个整型数据(int),定义该类的构造函数就能够将整型数据转换成一个 Integer 类的对象。

```
class Integer{
    int val;
```

```
public:
    Integer( int i =0) : val(i){ }
};
```

上面的类 Integer 就定义了一个构造函数,该构造函数仅接受一个实参,它实际上就定义了转化为此类类型的隐式数据类型转换机制。

```
Integer c(6);              //通过调用构造函数将整型数据 6 转换成 Integer 类型
Integer c1 =7;
c1 =9;
int i =c1;                 //错误
```

上述语句中,前两个语句都是通过调用 Integer 类的构造函数,分别将整型数据 6 和 7 转换成 Integer 类型。

语句"c1 ＝ 9;"将先调用 Integer 类的构造函数,将整数 9 转换成一个 Integer 类的临时对象,然后再通过调用类的 operator＝(如果没有定义,将由编译器自动合成)运算符将此临时对象赋值给 Integer 类型的对象 c1。此时该语句等价于语句"c1 ＝ Integer(9);"。

反过来,虽然看上去,一个 Integer 类的对象的值就是一个整数值,但用户也不能直接将一个 Integer 类型的数据转换成整型数据,如上面"int i＝c1;"语句。如果需要将类类型转换成 C++ 内置类型或其他类类型,必须定义类型转换运算符来实现。

7.9.2　类型转换运算符

除了通过构造函数实现数据类型转换外,用户同样能通过定义类型转换运算符实现类类型的类型转换。类型转换运算符是类的一种特殊成员函数,它负责将一个类类型转换成其他类型。类型转换函数的原型一般形式为

```
operator Type() const;
```

其中,Type 表示某种类型。类型转换运算符可以面向任何类型(除 void 外)进行定义,只要该类型能作为函数的返回类型即可。因此,不允许类型转换函数转换成数组或者函数类型,但允许转换成指针(包括数组指针及函数指针)或者引用类型。

类型转换函数既没有显式的返回类型,也没有形参,而且必须定义成类的成员函数,且必须在函数体中使用 return 语句返回一个 Type 类型的数据。类型转换运算符通常不应该改变待转换对象的内容。因此,类型转换函数一般被定义成 const 成员。

【例 7-15】　修改例 7-14 中的整数类 Integer,定义一类型转换运算符将 Integer 对象转换成 int。

```
class Integer{
    int val;
public:
    Integer( int i =0) : val(i){ }
    operator int() const { return val; }
};
```

这样,Integer 类既定义了向类类型的转换,也定义了从类类型向其他类型的转换。其中,构造函数将算术类型的值转换成 Integer 对象,而类型转换运算符 operator int 将 Integer 对象转换成 int。

```
Integer c;
c =1;                    //首先将 1 隐式转换成 Integer,然后调用 Integer::operator=
c +3;                    //首先将 c 隐式转换成 int,然后执行整数的加法
```

尽管编译器依次只能执行一个用户定义的类型转换,但是隐式的用户定义类型转换可以置于一个标准(内置)类型转换之前或之后,并与其一起使用。因此,用户可以将任何算术类型传递给 Integer 的构造函数。类似地,用户也能使用类型转换运算符将一个 Integer 对象转换成 int,然后再将所得的 int 转换成任何其他算术类型。

```
Integer i =3.33;
i +3.33;
```

上述语句"Integer i = 3.33;"先调用内置类型转换将 double 转换成 int,再调用 Integer(int)构造函数。语句"i + 3.33;"将先调用 Integer 的类型转换运算符将 i 转换成 int,再使用内置类型转换将所得的 int 继续转换成 double,最后执行 double 的加法。

由于类型转换运算符是隐式执行的,所以无法给这些函数传递实参,当然也就不能在类型转换运算符的定义中使用任何形参。同时,尽管类型转换函数不负责指定返回类型,但实际上每个类型转换函数都会返回一个对应类型的值。

类型转换运算符一般都是隐式执行,其实也都可以显式地来执行,如下面两个语句中的显式类型转换表达式。

```
Integer i =3;
int res =int(i) +1;      //或使用(int)i
res =static_cast<int>(i) +1;
```

1. 避免过度使用类型转换函数

和使用重载运算符一样,合理地使用类型转换运算符能极大地简化类设计者的工作,同时使得类的使用更加容易。然而,在类类型和转换类型之间不存在明显的映射关系,则这样的类型转换可能具有误导性。

例如,假设有个表示日期的类 Date,在设计时也许会为它添加一个从 Date 到 int 的转换。然而,类型转换函数的返回值应该是什么呢? 一种可能的解释是,函数返回一个十进制数,依次表示年、月、日,如表示 2018 年 8 月 18 日的日期可能转换成 int 值 20180818。同时可能还存在另外一种解释,即类型转换运算符返回的 int 表示的是从某个日期(如 2000 年 1 月 1 日)开始经过的天数。显然这两种解释都合情合理,毕竟从形式上看它们产生的效果都是越靠后的日期对应的整数值越大,二者这两种转换都有实际的用处。

问题在于 Date 类型的对象和 int 类型的值之间不存在明确的一一映射关系。因此在此例中,不定义该类型转换运算符也许更好。作为替代的手段,类可以定义一个或多

个普通的成员函数以从不同形式中提取所需的信息。

2. 类型转换运算符可能产生意外

在实际应用中,类很少提供类型转换运算符。大多数情况下,如果类型转换自动发生,用户可能会感觉比较意外,而不是感觉受到了帮助。然而也有一种例外的情况:对于类来说,定义向 bool 的类型转换还是比较普遍的现象。

在 C++ 的早期标准中,如果类想定义一个向 bool 的类型转换,则它常常遇到一个问题:由于 bool 是一种算术类型,所以类类型的对象转换成 bool 后就能被用于任何需要算术类型的表达式中。这样的类型转换有可能引发意想不到的结果,特别是当 istream 含有向 bool 的类型转换时,下面的代码仍能编译通过。

```
int i = 3;
cin << i;
```

如果向 bool 的类型转换不是显式的,那么上面的代码在编译器看来仍是合法的!上面的代码试图将输出运算符作用于输入流。因为 istream 本身没有定义 <<,所以本例代码应该产生错误。然而,该代码能使用 istream 的 bool 类型转换运算符将 cin 转换成 bool,而这个 bool 值接着会被提升成 int 并用作内置的左移位运算符的左侧运算对象。这样一来,提升后的 bool 值(0 或者 1)最终会被左移 3 位。这一结果显然与预期结果大相径庭。

3. 显式的类型转换运算符

为了避免上述异常情况的发生,C++ 11 标准引入了显式的类型转换运算符,在类型转换运算符函数的声明前使用关键字 explicit,将给定的类型转换运算符函数限定为显式使用的类型转换运算符。

【例 7-16】 修改上面的整数类 Integer,定义一显式的类型转换运算符将 Integer 对象转换成 int。

```
class Integer{
    int val;
public:
    Integer( int i = 0) : val(i) { }
    explicit operator int() const { return val; }
};
```

和显式的构造函数一样,编译器通常也不会将一个显式的类型转换运算符用于隐式类型转换。

```
Integer i = 3;              //正确,非显式调用 Integer 的构造函数
i + 1;                      //错误,此处需要隐式的类型转换,但类的运算符是显式的
static_cast<int>(i) + 1;    //正确,显式请求类型转换
int(i) + 1;                 //正确,显式请求类型转换
```

当定义了显式的类型转换运算符时,用户也能执行类型转换,不过必须通过显式的强制类型转换才可以。

该规定有一个例外,即如果表达式被用作条件,则编译器(不同的编译器支持度不同)会将显式的类型转换自动应用于它。换句话说,当表达式出现在下列位置时,显式的类型转换将被隐式执行。

(1) if、while 及 do 语句的条件部分。

(2) for 语句头的条件部分。

(3) 逻辑非运算符(!)、逻辑或运算符(||)、逻辑与运算符(&&)的运算对象。

(4) 条件运算符(?:)的条件表达式。

4. 转换为 bool

在标准库的早期版本中,I/O 类型定义了向 void * 的转换规则,以避免上面提到的问题。在 C++11 及其后的标准中,I/O 标准库通过定义一个向 bool 的显式类型转换实现同样的目的。

无论用户什么时候在条件中使用流对象,都会使用为 I/O 类型定义的 operator bool。

例如,语句 while(cin >> var){ ··· }中,条件需要执行输入运算符,它负责将数据读入 var 并返回 cin。为了对条件求值,cin 被 istream operator bool 类型转换函数隐式地执行了转换。如果 cin 的条件状态是 good,则该函数返回 true,否则返回 false。

向 bool 的类型转换通常用在条件部分。因此,operator bool 一般定义为 explicit 的。

例如为上面的整数类 Integer 定义 bool 转换,只需要在 Integer 类中添加如下的成员即可。

```
explicit operator bool() const{ return val?true:false; }
```

7.9.3 类型转换的二义性

如果一个类包含一个或多个类型转换,则必须确保在类类型和目标类型之间只存在唯一一种转换方式。否则的话,很可能会具有二义性。

在两种情况下可能产生多重转换路径。第一种情况是两个类提供相同的转换类型:例如,当 A 类定义了一个接受 B 类对象的转换构造函数,同时 B 类定义了一个转换目标是 A 类的类型转换运算符时,就说它们提供了相同的类型转换。

第二种情况是类定义了多个转换规则,而这些转换涉及的类型本身可以通过其他类型转换联系在一起。最典型的例子是算术运算符,对某个给定的类来说,最好只定义最多一个与算术类型有关的转换规则。

所以,通常情况下,不要为类定义相同的类型转换,也不要在类中定义两个及两个以上转换源或转换目标是算术类型的转换。

1. 实参匹配和相同的类型转换

举例说明相同类型转换的情况,下面定义两种将 B 转换成 A 的方法:一种使用 B 的类型转换运算符;另一种使用 A 的以 B 为参数的构造函数。

```
struct B;
struct A{
    A() =default;
    A(const B&);                       //把一个 B 转换成 A
    ...                                //其他成员
};
struct B{
    operator A() const;                //也是把一个 B 转换成 A
    ...                                //其他成员
};
A func(const A&);
B b;
A a = func(b);                         //二义性错误
```

由于同时存在两种由 B 转换成 A 的方法,所以造成编译器无法判断应该运行哪个类型转换。也就是说,对 func 的调用存在二义性。该调用可以使用以 B 为参数的 A 的构造函数,也可以使用 B 当中把 B 转换成 A 的类型转换运算符,并且这两个函数效果相同,使用方式相同,所以该调用将产生错误。

如果确实想执行上述调用,就需要显式地调用类型转换运算符或者转换构造函数,下面两行代码都是正确的调用方式。

```
A a1 = func(b.operator A());           //正确,使用 B 的类型转换运算符
A a2 = func(A(b));                     //正确,使用 A 的构造函数
```

2. 二义性与转换目标为内置类型的多重类型转换

如果类定义了一组类型转换,它们的转换源(或者转换目标)类型本身可以通过其他类型转换联系在一起,那么同样会产生二义性问题。最简单的一种情况就是在类当中定义多个参数都是算术类型的构造函数,或者转换目标都是算术类型的类型转换运算符。

下面的类中就包含两个转换构造函数,它们的参数是两种不同的算术类型;同时还包含两个类型转换运算符,它们的转换目标也恰好是两种不同的算术类型。

```
struct A{
    A(int =0);
    A(double);
    operator int() const;
    operator double() const;
    ...                                //其他成员
};
```

```
void func(long double);
A a;
func(a);                        //二义性错误
```

在对 func 的调用中,哪个类型转换都无法精确匹配 long double。然而这两个类型转换都可以使用,只要后面再执行一次生成 long double 的标准类型转换即可。因此,上面的两个类型转换中没有哪一个比另一个更好,调用将产生二义性。

```
long lg;
A a2(lg);                       //二义性错误
```

当试图用 long 初始化 a2 时,也遇到了同样的问题,哪个构造函数都无法请求匹配 long 类型。它们在使用构造函数前都要先将实参进行类型转换。

(1) 先执行 long 到 double 的标准类型转换,再执行 A(double)。

(2) 先执行 long 到 int 的标准类型转换,再执行 A(int)。

调用 func 和 a2 的初始化过程之所以会产生二义性,根本原因是它们所需的标准类型转换级别一致。当使用用户定义的类型转换时,如果转换过程包含标准类型转换,则标准类型转换的级别将决定编译器选择最佳匹配的过程。

```
short s =100;
A a3(s);                        //使用 A::A(int)
```

在上述代码中,把 short 提升成 int 的操作要优于把 short 转换成 double 的操作。因此,编译器将使用构造函数 A::A(int)构造 a3,其中实参是 s 提升后的值。

3. 重载函数与转换构造函数

当调用重载的函数时,从多个类型转换中进行选择将使问题变得更加复杂。如果两个或多个类型转换都提供了同一种可行的匹配,则这些类型转换一样好。当几个重载函数的参数分属于不同的类类型时,如果这个类恰好定义了同样的转换构造函数,则同样会产生二义性问题。

```
struct A{
    A(int);
    ...                         //其他成员
};
struct B{
    B(int);
    ...                         //其他成员
};
void func(const A&);
void func(const B&);
func(5);                        //二义性错误
```

上面的类 A 和 B 都包含接受 int 的构造函数,两个构造函数各自匹配 func 的一个版本。因此,调用将产生二义性错误:它的含义可能是把 int 转换成 A,然后调用 func 的第一个版本；也可能是把 int 转换成 B，然后调用 func 的第二个版本。

函数调用者可以显式地构造正确的类型来消除二义性，例如：

```
func(A(5));
```

如果在调用重载的函数时需要使用构造函数或者强制类型转换来改变实参的类型，则这往往意味着程序的设计存在不足。

4. 重载函数与用户定义的类型转换

当调用重载函数时，如果两个（或多个）用户定义的类型转换都提供了可行匹配，那么这些类型转换具有相同的调用方式。在这个过程中，用户不会考虑任何可能出现的标准类型转换的级别。只要当重载函数能通过同一个类型转换函数得到不同匹配时，才会考虑其中出现的标准类型转换。

```
struct A{
    A(int);
    …                          //其他成员
};
struct B{
    B(double);
    …                          //其他成员
};
void func(const A&);
void func(const B&);
func(5);                       //二义性错误，A、B 两个类的转换构造函数都能用在此处
```

上面的两个类 A 和 B 中定义了参数类型不同的转换构造函数，A 有一个转换源为 int 的类型转换，B 有一个转换源为 double 的类型转换。对于 func(5)来说，两个 func 函数都是可以的。

func(const A&)可行，是因为 A 有一个接受 int 的转换构造函数，该构造函数与实参精确匹配。func(const B&)也是可行的，是因为 B 有一个接受 double 的转换构造函数，而且为了使用该函数，可以利用标准类型转换把 int 转换成所需的类型 double。

因为调用重载函数所请求的用户定义的类型转换不止一个且彼此不同，所以该调用具有二义性。即使其中一个调用需要额外的标准类型转换而另一个调用能精确匹配，编译器也会将该调用标示为错误。

5. 函数匹配与重载运算符

因为重载的运算符也是重载的函数，所以通用的函数匹配规则同样适用于判断在给定的表达式中到底应该使用内置运算符还是重载的运算符。不过，当运算符出现在表达式中时，候选函数集的规模比使用调用运算符调用函数时更大。如果 a 是一种类类型的对象，则表达式 a @ b 可能被解释为以下两者之一：

```
a.operator@(b);            //a 有一个 operator@的成员函数
```

```
operator@(a, b);                    //operator@是一个普通函数
```

和普通函数调用不同,不能通过调用的形式来区分当前调用的是成员函数还是非成员函数。

当使用重载运算符作用于类类型的运算对象时,候选函数中包含该运算符的普通非成员版本和内置版本。除此之外,如果左侧运算对象是类类型,则定义在该类中的运算符的重载版本也包含在后续函数内。

当调用一个命名的函数时,具有该名字的成员函数和非成员函数不会彼此重载,这是因为用来调用命名函数的语法形式对于成员函数和非成员函数来说是不同的。当通过类类型的对象(或者该对象的指针及引用)进行函数调用时,只考虑该类的成员函数。当在表达式中使用重载的运算符时,无法判断正在使用的是成员函数还是非成员函数,因此两者都应该在考虑范围内。也就是说,表达式中运算符的候选函数集既应该包括成员函数,也应该包括非成员函数。

例如,为上面的 Integer 类定义一个加法运算符。

```
class Integer{
    int val;
public:
    Integer( int i =0) : val(i){ }
    operator int() const { return val; }
    friend Integer operator+(const Integer&, const Integer&);
};
```

使用这个类可以将两个 Integer 对象相加,但如果试图执行混合模式的算术运算,将产生二义性错误。

```
Integer i1, i2;
Integer i3 =i1 +i2;              //使用重载的 operator+
int i =i3 +1;                    //二义性错误
```

第一条加法语句接受两个 Integer 值并执行＋运算符的重载版本。第二条语句具有二义性:因为既可以把 1 转换成 Integer,然后使用 Integer 重载的＋;也可以把 i3 转换成 int,然后对于两个 int 执行内置的加法运算。

如果对同一个类既提供了转换目标是算术类型的类型转换,也提供了重载的运算符,那么将会遇到重载运算符与内置运算符的二义性问题。

7.10　小　　结

一个重载的运算符必须是某个类的成员或者至少拥有一个类类型的运算对象。重载运算符的运算对象数量、结合律、优先级与对应的用于内置数据类型的运算符完全一致。当运算符被定义为类的成员时,类对象的隐式 this 指针绑定到第一个运算对象。赋值、下标、函数调用以及箭头运算符的重载必须作为类的成员来实现。

　　如果类重载了函数调用运算符 operator()，则该类的对象被称作"函数对象"。这样的对象常用在标准函数中。lambda 表达式就是一种简便的定义函数对象类的方式。

　　在类中可以定义转换源或转换目的是该类型本身的类型转换，这样的类型转换将会自动执行。只接受单独一个实参的非显式构造函数定义了从实参类型到类类型的类型转换，而非显式的类型转换运算符则定义了从类类型到其他类型的转换。

chapter 8

模板与泛型编程

模板是 C++ 实现代码重用机制的重要工具,是泛型编程技术(即与数据类型无关的通用程序设计技术)的基础。模板表示的是概念级的通用程序设计方法,它把算法设计从具体数据类型中分离出来,能够设计出独立于具体数据类型的通用模板程序,具有函数模板和类模板两种类型。

本章主要介绍 C++ 函数模板、类模板及其实例化,模板的类型与非类型参数,模板实参推断等内容。

8.1 模 板 概 述

某些程序除了所处理的数据类型外,程序代码和功能完全相同,但为了实现它们,却不得不编写多个与具体数据类型紧密相关的程序。例如求两个 int、float、double、char 类型数据的最大值,需要编写如下几个函数:

```
int max(int a, int b) { return a>b? a:b; }
float max(float a, float b) { return a>b? a:b; }
double max(double a, double b) { return a>b? a:b; }
char max(char a, char b) { return a>b? a:b; }
```

在 C++ 中,这些都是重载的函数。但这些重载的函数,除了数据类型不同外,其他都完全相同,尤其是实现代码。那么,怎么简化这些函数呢?

一种方法就是采用宏,通过带参数的宏来实现。

```
#define max(x, y) ((x)>(y)? (x):(y))
```

由于宏避开了 C++ 的类型检查机制,在某些情况下可能引发错误,是不安全的。C++ 提供了更好的解决方案来实现这样的程序设计,那就是模板。

模板是 C++ 中泛型编程的基础。一个模板就是一个创建类或函数的蓝图或者公式。

8.1.1 模板的概念

模板是将一个事物的结构规律予以固定化、标准化的成果,它体现的是结构形式的标准化。相当于某些工艺制造中的模具,通过它们可以制作出形状和功能相同的产品来。只不过 C++ 中的模板所"生产"的产品是函数或类。

只需要编写一个函数模板就能够生成上面所有的 max 函数。

```
template <class T>
T max(T a, T b){
    return a>b? a:b;
}
```

其中,关键字 template 表示定义模板,max 模板没有涉及任何具体的数据类型;<>中的 class 表示 T 可以是任何数据类型,称为类型参数,也可以使用 typename 来替换它,下面的定义是完全等价的。

```
template <typename T>
T max(T a, T b){
    return a>b? a:b;
}
```

实际应用时,为了与定义类的关键字 class 相区分,在 template 中更多地使用 typename 来定义类型参数。

max 模板代表了求两数最大值的通用算法,与具体的数据类型无关,但它能生成计算各种具体类型数据的最大值函数。编译器的做法是用具体的类型替换模板中的 T,从而生成具体类型的 max 函数。例如,用 int 替换掉模板中所有的 T 就能生成求两个 int 类型数据的 max 函数。

8.1.2 模板的实现技术

模板是一种忽略具体数据类型,只考虑程序操作逻辑的通用程序设计方法,它操作的是参数化的数据类型(即类型参数)而非实际数据类型。

在调用模板时,必须为它的类型参数提供实际数据类型,编译器将利用该数据类型替换模板中的全部类型参数,自动生成与具体数据类型相关的可以运行的程序代码,这个过程称为模板的实例化。由函数模板实例化生成的函数称为模板函数,由类模板实例化生成的类称为模板类。图 8.1 是简单的模板、模板函数、模板类和对象的关系图。

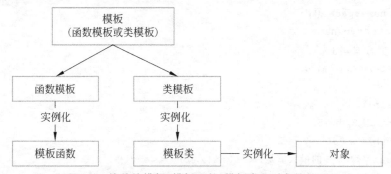

图 8.1 简单的模板、模板函数、模板类和对象的关系

8.2　函　数　模　板

在计算机中,许多算法操作的数据类型虽然不同,但在程序逻辑上是相同的。例如,对 int、float、double、char 等不同类型的数据进行排序、查找、求最大值和最小值等,完成这些任务的同类函数除了数据类型不同外,函数的程序代码完全相同。在 C++ 中,函数模板就是设计这类函数的高效工具。

函数模板提供了一种通用的函数行为,该函数行为可以用不同的数据类型进行调用,编译器会根据调用类型,自动将它实例化为具体数据类型的函数代码。也就是说,函数模板代表了一个函数家族。与普通函数相比,函数模板不需要程序员重复编写函数代码,就可以自动生成许多功能相同但参数和返回值类型不同的函数。

8.2.1　函数模板的定义

函数模板的定义形式如下:

```
template <模板参数列表>
返回类型 函数名(参数列表){
    …                          //函数模板定义体
}
```

其中,template 是定义模板的关键字,后跟一个有一对＜＞括起来的模板参数列表(template parameter list),这是一个逗号分隔的一个或多个模板参数(template parameter)的列表。如 typename T1, typename T2 等,＜＞中的 T1、T2 等是模板参数,表示类或函数在定义时要用到的类型或值,如用来定义函数的形参、函数返回值,或定义函数的局部变量等。其中,typename(可用 class 替换)表示其后的参数可以是任意类型。

模板参数名的作用域局限于函数模板的范围内,并且要求每个模板参数要在函数的形参列表中至少出现一次。

【例 8-1】　求两数最大值的函数模板。

```cpp
//ch8-1.cpp
#include <iostream>
using namespace std;
template<typename T>
T Max(T a, T b){
    return a>b? a:b;
}
int main(){
    int a =3, b =5;
    double x =3.5, y =-2.7;
    cout <<"3, 5 的最大值是:" <<Max(a, b)  <<endl;
    cout <<"3.5, -2.7 的最大值是:" <<Max(x, y) <<endl;
```

```
cout <<"'c', 'z'的最大值是:" <<Max('c', 'z') <<endl;
cout <<"9, -2 的最大值是:" <<Max(9, -2)  <<endl;
return 0;
}
```

程序运行结果如下：

```
3, 5 的最大值是:5
3.5, -2.7 的最大值是:3.5
'c', 'z'的最大值是:z
9, -2 的最大值是:9
```

模板参数列表的作用很像函数参数列表。函数参数列表定义了若干特定类型的局部变量,但并未指出如何初始化它们。在运行时提供实参来初始化形参。

类似地,模板参数表示在类或函数定义中用到的类型或值。当使用模板时,人们(隐式地或显式地)指定模板实参(template argument),将其绑定到模板参数上。

例 8-1 中的 Max 函数声明了一个名为 T 的类型参数。在 Max 中,用名字 T 表示一个类型。T 的实际类型则在编译时根据 Max 的使用情况来确定。

在定义函数模板时,需要注意以下几点。

(1) 在定义模板时,模板参数列表不能为空。

(2) 类似于函数参数的名字,一个模板参数的名字也没有什么内在的含义。通常将类型参数命名为 T,但实际上可以使用任何名字。

(3) 在定义模板时,不允许 template 语句与函数模板定义之间有任何其他语句。下面的模板定义是错误的：

```
template <typename T>
int a;
T Max(T a, T b) { … }
```

(4) 函数模板可以有多个类型参数,且每个类型参数都必须使用 typename 或 class 限定。

```
template <typename T1, typename T2, typename T3>
T2 func(T1 a, T2 b, T3 c) { … }
```

在有多个类型参数的情况下,函数模板的返回类型通常是 T1、T2…中的一种,但每个类型参数都必须出现在函数的形参列表中。

(5) 函数模板也可以声明为 inline 或 constexpr 的,如同非模板函数一样。inline 和 constexpr 说明符放在模板参数列表之后、返回类型之前。

```
//正确,inline 和 constexpr 说明符跟着模板参数列表之后
template <typename T>inline T Max(const T&, const T&);
template <typename T>constexpr T Max(const T&, const T&);
//错误,inline 说明符的位置不正确
inline template <typename T>T Max(const T&, const T&);
```

8.2.2　实例化模板参数

当调用一个函数模板时,编译器通常用函数实参来推断模板实参。也就是说,当调用 Max 函数时,编译器使用实参的类型来确定绑定到模板参数 T 的类型。例如,在下面的调用中:

```
cout <<"'c', 'z'的最大值是:" <<Max('c', 'z') <<endl;      //T 为 char
```

实参类型是 char,编译器会推断出模板实参为 char,并将它绑定到模板参数 T。

编译器用推断出的模板参数来实例化一个特定版本的函数。当编译器实例化一个模板时,它使用实际的模板实参代替对应的模板参数来创建出模板的一个新"实例"。分析例 8-1 中的代码:

```
int a =3, b =5;
double x =3.5, y =-2.7;
//实例化出 int Max(int, int)
cout <<"3, 5 的最大值是:" <<Max(a, b)  <<endl;
//实例化出 double Max(double, double)
cout <<"3.5, -2.7 的最大值是:" <<Max(x, y) <<endl;
//实例化出 char Max(char, char)
cout <<"'c', 'z'的最大值是:" <<Max('c', 'z') <<endl;
```

编译器会实例化出 3 个不同版本的 Max。对于第一个调用,编译器会编写并编译一个 Max 版本,其中 T 被替换为 int:

```
int Max(int a, int b){
    return a>b? a:b;
}
```

对于第二个调用,编译器会生成另一个版本的 Max,其中 T 被替换为 double;同理,对于第 3 个调用,T 被替换为 char。这些编译器生成的版本通常被称为模板的实例(instance)。

当多次使用具有相同类型的参数调用模板时,编译器只在第一次调用时生成模板函数,此后再遇到相同类型的实参调用时,它将调用第一次实例化生成的模板函数。如例 8-1 的第 4 次调用将使用第一次调用时实例化的模板函数。

图 8.2 为例 8-1 中 Max 函数模板实例化为模板函数的示意图。

8.2.3　模板类型参数

例 8-1 中的 Max 函数有一个模板类型参数(type parameter)。一般来说,可以将类型参数看作类型说明符,就像内置类型或类型说明符一样使用。特别是,类型参数可以用来指定返回类型或函数的参数类型,以及在函数体内用于变量声明或类型转换。

```
//如下代码是正确的,返回类型和参数类型相同
```

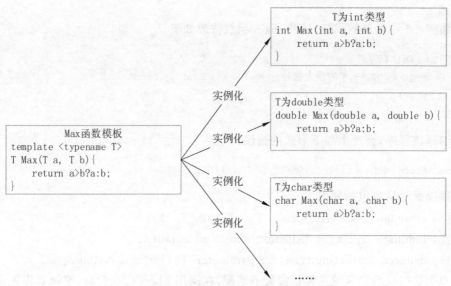

图 8.2 Max 函数模板实例化为模板函数

```
template <typename T>
T func(T * p){
    T t = * p;                          //t 的类型将是指针 p 指向的类型
    …
    return T;
}
```

1. 关键字 class 和 typename

类型参数前必须使用关键字 class 或 typename,在模板参数列表中,这两个关键字的含义相同,可以相互替换。同样,在一个模板参数列表中也可以同时使用这两个关键字。

```
//错误,T2 之前必须加上 class 或 typename
template <typename T1, T2>T1 func(T1, T2);
//正确,在模板参数列表中,class 和 typename 意义相同
template <typename T1, class T2>T1 func(T1, T2);
```

看起来用关键字 typename 来指定模板类型参数比用 class 更直观,因为也可以使用内置类型(非类类型)作为模板类型实参,而且,typename 更清楚地指出随后的名字是一个类型名。由于 typename 是在模板广泛使用后才引入 C++ 中,很多程序员仍然还是喜欢使用 class。

2. 模板参数的匹配

C++ 在实例化函数模板的过程中,只是简单地将模板参数替换成调用实参的类型,并以此实例化模板函数,不会进行参数类型的任何转换。这种方式与普通函数的参数处理有很大不同。在普通函数的调用过程中,C++ 会对类型不匹配的参数进行隐式的类型

转换。

如例 8-1 中的函数模板,若将 main 函数修改如下:

```
int main(){
    cout <<"3, 5.5的最大值是:" <<Max(3, 5.5)  <<endl;
    return 0;
}
```

编译该程序,会产生如下形式的错误:

```
no matching function for call to 'Max(int, double)';
```

错误提示信息包括如下。

(1) candidate:'template<class T> T Max(T, T)'。

(2) template argument deduction/substitution failed。

(3) deduced conflicting types for parameter 'T' ('int' and 'double')。

产生该错误的原因就是模板参数不匹配,在调用 Max(3,5.5)时,编译器将先按照调用实参的类型来实例化函数模板,从而生成模板函数。由于 C++ 不会进行任何形式的数据类型转换,故不能让 T 同时取 int 和 double 两种类型,于是产生了上述错误信息。解决办法主要有以下几种。

(1) 在模板调用时进行参数类型的强制转换。

在模板函数调用过程中,强制转换调用实参的类型,使其类型与模板参数相符合,这样就可以避免模板实例化过程中出现的类型不匹配问题。如上例中的语句可以修改为

```
cout <<"3, 5.5的最大值是:" <<Max(double(3), 5.5)  <<endl;
```

(2) 显式指定函数模板实例化的类型参数。

模板函数为用户提供了一种显式指定模板参数类型的方法,即在调用模板函数时,将参数的实际类型下载调用函数后面的一对<>中,编译器将按照<>中指定的数据类型来实例化函数模板,生成相应的模板函数。上例中的语句也可以进行如下修改:

```
cout <<"3, 5.5的最大值是:" <<Max<double>(3, 5.5)  <<endl;
```

(3) 指定多个模板参数。

在模板函数的调用过程中,为了避免出现一个模板参数与多个调用实参的类型冲突问题,可以为函数模板指定多个不同的类型参数。

【例 8-2】 修改例 8-1,使用两个模板参数实现求最大值的函数。

```
//ch8-2.cpp
#include <iostream>
using namespace std;
template<typename T1, typename T2>
T1 Max(T1 a, T2 b){
    return a>b? a:b;
}
```

```
int main(){
    cout <<"3, 5.5 的最大值是:" <<Max(3, 5.5)  <<endl;
    return 0;
}
```

程序运行结果如下:

```
8.3, 5 的最大值是:8.3
3, 'z'的最大值是:122
```

在有多个模板参数的情况下,函数模板的返回类型一般应为模板参数类型的其中一种。函数返回类型不同,程序的运行结果可能不一样,甚至存在较大的误差。例如将上例中的返回类型由 T1 改为 T2,则程序的运行结果将为

```
8.3, 5 的最大值是:8
3, 'z'的最大值是:z
```

在存在多个模板参数的情况下,由模板设计者选择返回类型,总是不方便,也导致结果不可避免地出现不可预料的误差。更好地解决这个问题的方法是使用 auto 推断函数的返回类型,修改后的函数模板如下:

```
template<typename T1, typename T2>
auto Max(T1 a, T2 b){
    return a>b? a:b;
}
```

3. 模板参数与作用域

模板参数遵循普通的作用域规则。一个模板参数名的可用范围是在其声明之后,至模板声明或定义结束之前。与任何其他名字一样,模板参数会隐藏外层作用域中声明的相同名字。但是,与大多数其他上下文不同,在模板内不能重用模板参数名。

```
class A { … };
template <typename A, typename B>void f(A a, B b){
    A t =a;                     //t 的类型为模板参数 A 的类型,而非上面定义的类类型 A
    double B;                   //错误,重声明模板参数 B
}
```

正常的名字隐藏规则决定了类类型 A 被模板类型参数 A 隐藏。因此,t 不是一个类类型 A 的变量,其类型是使用函数 f 时绑定到类型参数 A 的类型。由于不能重用模板参数名,声明名字为 B 的变量是错误的。

由于参数名不能重用,所以一个模板参数在一个特定模板参数列表中只能出现一次,例如:

```
template <typename T, typename T>      //错误,非法重用模板参数名 T
```

8.2.4　非类型模板参数

除了定义类型参数,还可以在模板中定义非类型参数(nontype parameter)。一个非类型参数表示一个值而非一个类型。可以通过一个特定的类型名而非关键字 class 或 typename 类指定非类型参数。

当一个模板被实例化时,非类型参数被一个用户提供的或编译器推断出的值代替。这些值必须是常量表达式,从而允许编译器在编译时实例化模板。

【例 8-3】　用函数模板实现数组的冒泡排序,数组可以是任意类型,用类型参数表示;数组大小是整数类型,用非类型参数指定。

```cpp
//ch8-3.cpp
#include <iostream>
using namespace std;
template <typename T, int n>
void sort(T (&a)[n]){
    int i, j;
    for(i=0; i<n-1; i++){
        for(j=0; j<n-1-i; j++){
            if(a[j]>a[j+1]){
                int t =a[j]; a[j] =a[j+1]; a[j+1] =t;
            }
        }
    }
}
template <typename T>
void print(const T& a, int n){
    int i;
    for(i =0; i <n; i++)
        cout <<a[i] <<"\t";
    cout <<endl;
}
int main(){
    int m =5;
    int a[] ={8, 7, 16, 5, 9};
    sort(a);                            //正确,默认指定非类型参数的值为 5
    print(a, m);                        //正确,m 对应模板参数的普通形参 n
    //错误,只能向非类型模板参数传递常量,不能是变量
    //sort<int, m>(a);
    sort<int, 5>(a);                    //正确
    print(a, 5);                        //正确
    return 0;
}
```

本例定义了两个函数模板：一个是数组排序的函数模板 sort；另一个是输出数组元素的模板 print。它们能够对任意的内置数据类型的数组进行排序和输出，只需要把数组的名字和大小传递给它们即可。

在模板定义内，模板的非类型参数是一个常量值。在需要常量表达式的地方，可以使用非类型参数，例如指定数组的大小。

需要特别注意的是，在调用函数模板时，只能向非类型模板参数传递常量，不能传递变量。

8.2.5　函数模板特化

在某些情况下，模板描述的通用算法并不适合特定的场合，如特定的数据类型。如例 8-1 中，main 函数修改为如下代码：

```
int main(){
    cout <<Max("ahi", "com") <<endl;
    return 0;
}
```

程序运行结果为

ahi

程序运行时，函数模板 Max 将被实例化为如下函数：

```
char * Max (const char a[4], const char b[4])
{
    return a >b ? a : b;
}
```

这肯定是有问题的，字符串的比较要使用字符串比较函数 strcmp，而此处比较的是字符串的首地址，亦即通用的使用运算符＞进行比较的操作不适用于字符串这种类型。这时候，就需要对函数模板进行特化。

C++ 中的模板特化不同于模板的实例化，模板参数在某种特定类型下的具体实现称为模板的特化。模板特化有时也称为模板的具体化。

函数模板特化（function template specialization）是在一个统一的函数模板不能在所有类型实例下正常工作时，需要定义类型参数在实例化为特定类型时函数模板的特定实现版本。

函数模板特化的定义形式：

```
template <>
返回类型 函数名<特化的数据类型>(参数列表) {
        ...
}
```

说明：

（1）template ＜＞是模板特化的关键字，＜＞中不需要任何内容。

（2）函数名后的<>中是需要特化处理的数据类型。

针对字符串的比较，可以将例 8-1 中的模板进行特化处理，代码如下：

```
template<typename T>
T Max(T a, T b){
    return a>b? a:b;
}
template<>
const char * Max<const char * >(const char * a, const char * b){
    return strcmp(a, b)>0? a:b;
}
```

8.2.6　模板编译

当编译器遇到一个模板定义时，它并不生成代码。只有当用户实例化出模板的一个特定版本时，编译器才会生成代码。当用户使用（而不是定义）模板时，编译器才生成代码，这一特性影响了用户如何组织代码以及错误何时被检测到。

通常，当用户调用一个函数时，编译器只需要掌握函数的声明即可。类似地，当用户使用一个类类型的对象时，类定义必须是可用的，但成员函数的定义不必已经出现。因此，一般将类定义和函数声明放在头文件中，而普通函数和类的成员函数的定义放在源文件中。

模板则与此不同，为了生成一个实例化版本，编译器需要掌握函数模板或类模板成员函数的定义。因此，与非模板代码不同，模板的头文件通常既包含声明也包含定义。

模板直到实例化时才会生成代码，这一特性影响了人们何时才会获知模板内代码的编译错误。通常，编译器会在 3 个阶段报告错误。

第一个阶段是编译模板本身时。在这个阶段，编译器通常不会发现很多错误。编译器可以检查语法错误，例如忘记分号或者变量名拼写错误等，但也就这么多了。

第二阶段是编译器遇到模板使用时。在此阶段，编译器仍然没有很多可检查的。对于函数模板调用，编译器通常会检查实参数目是否正确。它还能检查参数类型是否匹配。对于类模板，编译器可以检查用户是否提供了正确数目的模板实参，但也仅限于此了。

第三阶段是模板实例化时，只有这个阶段才能发现类型相关的错误。依赖于编译器如何管理实例化，这类错误可能在连接时才报告。

当编写模板时，代码不能是针对特定类型的，但模板代码通常对其所使用的类型有一些假设。例如，在例 8-1 的 Max 函数中的代码就假定实参类型定义了>运算符。

```
return a>b? a:b;                        //要求类型 T 的对象支持>操作
```

当编译器处理此模板时，它不能验证条件语句中的条件 a>b 是否合法。如果传递给 Max 的实参定义了>运算符，则代码就是正确的，否则就是错误的。

8.3 类 模 板

类模板(class template)是用来生成类的。与函数模板不同的是,编译器不能为类模板推断模板参数类型。为了使用类模板,用户必须在模板名后的尖括号中提供额外信息——用来代替模板参数的模板实参列表。

8.3.1 类模板的定义

函数模板用于设计程序代码相同但所处理的数据类型不同的通用函数。与函数模板类似,类模板就用来设计结构和成员函数完全相同,但所处理的数据类型不同的通用类。例如,对于栈而言,可能存在整数栈、双精度数栈、字符栈等多种不同数据类型的栈,每个栈类型除了所处理的数据类型不同之外,类的结构和成员函数完全相同,但为了在非模板的类设计中实现这些栈,就不得不编写各栈类型的相同代码,如整数栈可以定义如下:

```
class intStack{
    int * data;                    //指向存储栈元素存储空间的首地址
    int size;                      //栈的容量
    int top;                       //栈顶指针
public:
    intStack();                    //构造函数,初始化栈
    ~intStack();                   //析构函数
    int pop();                     //出栈
    void push(int);                //入栈
    bool empty();                  //判断栈是否为空
    bool full();                   //判断栈是否已满
};
```

这个栈只能处理 int 类型的对象。如果想用栈处理另一种类型的数据,如 double、char、string 或者用户自定义的类类型对象,如果不使用模板实现的话,就需要为每一种类型的栈进行设计。这些栈与整数栈相比,除了将上述代码中标黑的关键字 int 对应改为 double、char、string 或用户自定义的类类型即可,其他代码基本不用改动,同时为不同的栈指定不同的类型名即可,其他就是代码的复制和粘贴。这个过程不仅是无休止的,而且会引起复杂的维护问题。

C++ 中可以用类模板来实现这种通用类型。可以定义一个栈的类模板,利用模板机制为每个具体类型的栈自动生成相应的类定义。

类模板定义的一般形式为

```
template <模板参数列表>
class 类名{
    ...                            //成员声明
};
```

template 和模板参数列表的意义与函数模板相同。

【例 8-4】　定义栈类模板 Stack。

```cpp
//ch8-4.cpp
template <typename T>
class Stack{
    T * data;
    int size;
    int top;
public:
    Stack(int size =3){
        data =new T[size];
        top =-1;
    }
    ~Stack(){ delete[] data; }
    T pop(){
        if(!empty()){
            return data[top--];
        }
        else cout <<"栈已空!" <<endl;
    }
    void push(T x){
        if(!full()) data[++top] =x;
        else cout <<"栈已满!" <<endl;
    }
    bool empty() {
        return top ==-1;
    }
    bool full() {
        return top ==size-1;
    }
};
```

使用此类模板可以生成各种类型的栈对象,例如:

```cpp
Stack<int>s1;                          //int 栈
Stack<double>s2;                       //double 栈
Stack<string>s3;                       //string 栈
```

8.3.2　类模板的实例化

当使用一个类模板时,用户必须提供额外信息。我们现在知道这些额外信息是显式模板参数(explicit template argument)列表,它们被绑定到模板参数。

类模板的实例化包括模板实例化和成员函数实例化。当用类模板定义对象时,将引起类模板的实例化。在实例化类模板时,如果模板参数是类型参数,则必须为它指定具体的类型;如果模板参数是非类型参数,则必须为它指定一个常量值。对例 8-4 中的 Stack 类模板而言,下面是它的一条实例化语句:

```
Stack<int>s1;
```

<int>就是为实例化 Stack 指定的模板参数,s1 是用 Stack 模板定义的一个对象。由于 Stack 就一个模板参数,且为类型参数,所以必须为它指定一种具体的数据类型(这里是 int)。这条语句将用 Stack 类模板实例化生成一个容量为 3 的整数栈类。

同样,语句"Stack<double> s1(5);"用 Stack 类模板实例化生成一个容量为 5 的双精度栈类。

栈的容量也可以使用类的非类型参数来表示,如例 8-5 所示。

【例 8-5】 带非类型参数的类模板 Stack。

```
template<typename T, int size>
class Stack{
    T * data;
    int top;
public:
    Stack(){
        data = new T[size];
        top = -1;
    }
    ...                              //其他成员函数代码同例 8-4
};
```

这里的 Stack 类有两个模板参数:第一个是类型参数,实例化时必须为它指定一种具体的数据类型;第二个是模板参数,是非类型参数,必须为它指定一个整型常量值。如下为此 Stack 类的一个实例化语句:

```
Stack<int, 10>is;
```

该语句将实例化一个容量为 10 的整数栈类。

8.3.3 类模板的成员函数

同其他任何类相同,既可以在类模板内部,也可以在类模板外部为其定义成员函数,且定义在类模板内部的成员函数被隐式声明为内联(inline)函数。

类模板的成员函数本身是一个普通函数。但是,类模板的每个实例都有其自己版本的成员函数。因此,类模板的成员函数具有和模板相同的模板参数。因此,定义在类模板之外的成员函数就必须以关键字 template 开始,后接类模板参数列表。

与往常一样,当在类外定义一个成员时,必须说明成员属于哪个类。而且,从一个模板生成的类的名字中必须包含其模板实参。当定义一个成员函数时,模板实参与模板形参相同。也就是说,对于 Stack 的一个给定的成员函数在类外定义应该如下形式:

```
template <typename T>
返回值类型 Stack<T>::成员函数名(参数列表){
    ...                              //成员函数的具体实现
}
```

默认情况下,一个类模板的成员函数只有当程序运行到它时才进行实例化。如果一个成员函数没有被使用,则它不会被实例化。成员函数只有在被用到时才进行实例化,这一特性使得即使某种类型不能完全符合模板操作的要求,仍然能使用该类型实例化类。

8.3.4 类模板的使用

为了使用类模板对象,必须显式地指定模板实参,下面以例 8-4 中定义的类模板 Stack 为例展示类模板的应用。

【例 8-6】 类模板的应用。

```
//ch8-6.cpp
#include <iostream>
using namespace std;
...                              //例 8-4 中类模板的定义
int main(){
    Stack<int>s(5);
    int i;
    for(i=0; i<4; i++) s.push(i);
    while(!s.empty()){
        cout <<s.pop() <<"\t";
    }
    cout <<endl;
    return 0;
}
```

程序运行结果如下:

```
3       2       1       0
```

与普通类的对象一样,类模板的对象或引用也可以作为函数的参数,只不过这类函数通常是模板函数,且其调用实参常常是该类模板的模板类对象。

【例 8-7】 为例 8-4 中的 Stack 类模板编写一个 print 函数,用于输出 Stack 模板类建立的栈中的所有元素。

```
//ch8-7.cpp
#include <iostream>
using namespace std;
...                              //例 8-4 中类模板的定义
template<typename T>
```

```
void print(Stack<T>& s){
    while(!s.empty()){
        cout <<s.pop() <<"\t";
    }
    cout <<endl;
}


int main(){
    Stack<int>s(5);
    int i;
    for(i=0; i<5; i++) s.push(i);
    print(s);
    return 0;
}
```

程序运行结果如下：

```
4       3       2       1       0
```

8.3.5 类模板的静态成员

与任何其他类相同，类模板可以声明 static 成员，例如：

```
template<typename T>
class X{
    static std::size_t ctr;
    ...                             //其他成员
public:
    static std::size_t count() { return ctr; }
    ...                             //其他成员函数
};
```

在上述这段代码中，X 是一个类模板，它有一个名为 count 的公有静态成员函数和一个名为 ctr 的私有静态数据成员。每个 X 的实例都有其自己的静态成员实例。也就是说，对任意给定的类型 T，都有一个 X<T>::ctr 和一个 X<T>::count 成员。所有 X<T> 类型的对象共享相同的 ctr 对象和 count 成员函数，例如：

```
//实例化 static 成员 X<string>::ctr 和 X<string>::count
X<string>xs;
//所有 3 个对象共享相同的成员 X<string>::ctr 和 X<string>::count
X<int>is1, is2, is3;
```

与任何其他静态(static)数据成员类似，模板类的每个静态(static)数据成员必须有且仅有一个定义。但是，类模板的每个实例都有一个独有的静态(static)对象。因此，与定义模板的成员函数类似，需要将静态数据成员也定义为模板，例如：

```
template<typename T>
std::size_t X<T>::ctr =0;                    //定义并初始化 ctr
```

与类模板的其他任何成员类似,定义的开始部分是模板参数列表,随后是定义的成员的类型和名字。与往常一样,成员名包括成员的类名,对于从模板生成的类来说,类名包括模板实参。因此,当使用一个特定的模板实参类型实例化 X 时,将会为该类类型实例化一个独立的 ctr,并将其初始化为 0。

与非模板类的静态成员相同,可以通过类类型对象来访问一个类模板的静态成员,也可以使用作用域运算符直接访问成员。当然,为了通过类直接访问静态成员,必须引用一个特定的实例。

```
X<int>xi;
auto ct =X<int>::count();                    //实例化 X<int>::count
ct =xi.count();                              //使用 X<int>::count
ct =X::count();                              //错误,无法确定使用哪个模板实例化的 count
```

类似于任何其他成员函数,一个静态成员函数只有在使用时才会实例化。

8.4　模板设计中的几个独特问题

8.4.1　默认模板实参

与普通函数的参数可以有默认实参值类似,也可以提供默认模板实参(default template argument),即为模板参数指定默认值(包括函数模板和类模板)。默认模板实参遵守同函数默认实参相同的规则:一旦为某个模板参数指定了默认值,则它右边的模板参数都应该有默认值。

【例 8-8】 修改例 8-2,设计求两个不同类型数据最大值的函数模板 Max,第二个模板参数的类型默认为 double。

```
//ch8-8.cpp
# include <iostream>
using namespace std;
template<typename T1, typename T2 =double>
auto Max(T1 a, T2 b =1.5){
    return a>b? a:b;
}
int main(){
    cout <<Max(3, 2) <<endl;                  //Max<int, int>(3, 2)
    cout <<Max(-8) <<endl;                    //Max<int, double>(-8, 1.5)
    cout <<Max('x', 'a') <<endl;              //Max<char, char>('x', 'a')
    cout <<Max<char>('x') <<endl;             //Max<char, double>('x', 1.5)
    return 0;
}
```

为类模板指定默认参数的方法与函数模板相同,既可以为类型参数指定默认实参,也可以为非类型参数指定默认实参。

【例 8-9】 为例 8-5 的类模板 Stack 指定默认模板实参。

```cpp
template<typename T =int, int size =10>   //默认模板实参
class Stack{
    ...                                    //省略的代码同例 8-5
};
Stack<>iStack;                             //默认实例化 iStack 为 int 类型的栈,容量为 10
Stack<char>cStack;                         //实例化 cStack 为 char 类型的栈,容量为 10
Stack<double, 5>dStack;                    //实例化 dStack 为 double 类型的栈,容量为 5
```

无论何时使用一个类模板,都必须在模板名之后接上尖括号。尖括号指出类必须从一个模板实例化而来。特别是,如果一个类模板为其所有模板参数都提供了默认实参,且我们希望使用这些默认实参,就必须在模板名之后跟一个空的尖括号对。

8.4.2 成员模板

一个类(无论是普通类还是类模板)可以包含本身是模板的成员函数。这种成员被称为成员模板(member template),但成员模板不能是虚函数。

1. 普通(非模板)类的成员模板

普通类可以包含成员模板,下面定义一个数组输出类,并为它设计一个重载的函数调用运算符,用于输出数组中的元素。希望该运算符能输出数组元素为任意类型的数据,所以将调用运算符定义为一个模板。

【例 8-10】 PrintArray 类的成员模板。

```cpp
//ch8-10.cpp
#include <iostream>
#include <string>
using namespace std;
class PrintArray{
    ostream& os;
public:
    PrintArray(ostream& o =cout) : os(o){ }
    template<typename T>
    void operator()(T * a, int n){//成员模板
        int i;
        for(i=0; i<n; i++) os <<a[i] <<"\t";
        os <<endl;
    }
};
int main(){
    int a[7] ={3, 1, 5, 2, 7, 9, 4};
```

```
    string s[5] ={"Zhao", "Qian", "Sun", "Li", "Zhou"};
    double b[ ] ={1.2, 9.1, 7};
    PrintArray prt;                 //定义 PrintArray 类的对象
    prt(a, 7);                      //实例化 PrintArray::operator(int *, int);
    prt(s, 5);                      //实例化 PrintArray::operator(string *, int);
    prt(b, 3);                      //实例化 PrintArray::operator(double *, int);
    return 0;
}
```

程序运行结果如下：

```
3       1       5       2       7       9       4
Zhao    Qian    Sun     Li      Zhou
1.2     9.1     7
```

2. 类模板的成员模板

对于类模板,也可以为其定义成员模板。在此情况下,类和成员可以各自有自己的、独立的模板参数。

【例 8-11】 类模板的成员模板。

```
//ch8-11.cpp
#include <iostream>
using namespace std;
template<typename T>
class demoClass{
    T value;
public:
    demoClass() =default;
    demoClass(const T& x): value(x) { }
    void assign(const demoClass<T>& x){
        value =x.value;
    }
    template<typename TT>
    void assign(const demoClass<TT>&x){   //类内定义成员模板
        value =x.getValue();
    }
    T getValue() const{
        return value;
    }
};
int main(){
    demoClass<double> d;
    demoClass<double> dd(5.5);
    demoClass<int> i(3);
```

```
        d.assign(dd);
        cout <<d.getValue() <<endl;
        //d.assign(i);                          //错误
        d.assign(i);
        cout <<d.getValue() <<endl;
        return 0;
}
```

注释行出错的原因在于：当类模板中的成员函数接受的数据类型是 T 和 demoClass <T>以外的一些(不是某个)数据类型时,模板类中的函数就要用成员函数模板。

与类模板的普通函数成员不同,成员模板一定是函数模板。当在类模板外定义一个成员模板时,必须同时为类模板和成员模板提供模板参数列表。类模板的参数列表在前,后跟成员自己的模板参数列表。

```
template<typename T>
template<typename TT>
void demoClass<T>::assign(const demoClass<TT>& x){
        value =x.getValue();
}
```

在此例中,定义了一个类模板的成员,类模板有一个模板类型参数,命名为 T。成员自身是一个函数模板,它有一个名为 TT 的类型参数。

3. 实例化与成员模板

为了实例化一个类模板的成员模板,必须同时提供类和函数模板的实参。与往常一样,在哪个对象上调用成员模板,编译器就根据该对象的类型来推断类模板参数的实参。与普通函数模板相同,编译器通常会根据传递给成员模板的函数实参来推断它的模板实参。

```
demoClass<double> d;
demoClass<double> dd(5.5);
demoClass<int> i(3);
d.assign(dd);
d.assign(i);
```

当定义 d 时,显式地指出编译器应该实例化一个 double 版本的 demoClass,选择不带参数的默认构造函数。

当定义 dd 和 i 时,显式地指出编译器应该分别实例化一个 double 和 int 版本的 demoClass,并选择带一个参数的构造函数。

d.assign(dd)显式地指出编译器应该实例化一个非成员模板,而 d.assign(i)则显式地指出编译器应该实例化成员模板。

8.4.3　控制实例化

当模板被使用时才会进行实例化这一特性意味着,相同的实例可能出现在多个对象文件中。当两个或多个独立编译的源文件使用了相同的模板,并提供了相同的模板参数时,每个文件中就都会有该模板的一个实例。

在大系统中,在多个文件中实例化相同模板的额外开销可能非常严重。在 C++11 标准之后,用户可以通过显式实例化(explicit instantiation)来避免这种开销。一个显式实例化有如下两种形式:

```
extern template declaration;              //实例化声明
template declaration;                     //实例化定义
```

declaration 是一个类或函数的声明,其中所有模板参数已被替换为模板实参,例如:

```
//实例化声明与定义
extern template class demoClass<int>;     //声明
template int Max(const int&, const int&); //定义
```

当编译器遇到 extern 模板声明时,它不会在本文件中生成实例化代码。将一个实例化声明为 extern 就表示承诺在程序其他位置有该实例化的一个非 extern 声明(定义)。对于一个给定的实例化版本,可能有多个 extern 声明,但必须只有一个定义。

由于编译器在使用一个模板时自动对其实例化,因此 extern 声明必须出现在任何使用此实例化版本的代码之前。

```
//a.cpp
//这些模板类型必须在程序其他位置进行实例化
extern template class demoClass<int>;
extern template int Max(const int&, const int&);
demoClass<int>i1, i2;                     //实例化会出现在其他位置
demoClass<int>i3 =5;
demoClass<int>i4(i3);                     //复制构造函数在本文件中实例化
int a =Max(i3, i4);                       //实例化出现在其他位置
```

demoClass<int>类和 Max<int, int>函数将不在本文件中进行实例化。这些模板的定义必须出现在程序的其他文件中。

```
//build.cpp
//实例化文件必须为每个在其他文件中声明为 extern 的类型和函数提供
//一个(非 extern 的)定义
template int Max(const int&, const int&);
template class demoClass<int>;            //实例化类模板的所有成员
```

当编译器遇到一个实例化定义(与声明相对)时,它为其生成代码。因此,文件 build.cpp 编译生成的目标文件将会包含 Max 的 int 实例化版本的定义和 demoClass<int>类的定义。当编译此应用程序时,必须将 a.cpp 和 build.cpp 的目标文件连接在一起。

一个类目标的实例化定义会实例化该模板的所有成员,包括内联的成员函数。当编译器遇到一个实例化定义时,它不了解程序使用哪些成员函数。因此,与处理类模板的普通实例化不同,编译器会实例化该类的所有成员。即使某个成员永远不会使用,它也

会被实例化。因此,用户用来显式实例化一个类模板的类型,必须能用于模板的所有
成员。

8.4.4 可变参数函数模板

一个可变参数模板(variadic templates)就是一个接受可变数目参数的模板函数或模
板类。C++ 11 标准支持参数类型和个数都不确定的函数模板和类模板。可变数目的参
数被称为参数包(parameter packet)。存在两种参数包:模板参数包(template
parameter packet),表示零个或多个模板参数;函数参数包(function parameter packet),
表示零个或多个函数参数。

用一个省略号(...)来指出一个模板参数或函数参数的数目是可变的,即在一个模板
参数列表中,class...或 typename...指出接下来的参数表示零个或多个类型的列表;一个
类型名后面跟一个省略号表示零个或多个给定类型的非类型参数的列表。在函数参数
列表中,如果一个参数的类型是一个模板参数包,则此参数也是一个函数参数包,例如:

```
//Args 是一个模板参数包,rest 是一个函数参数包
//Args 表示零个或多个模板类型参数
//rest 表示零个或多个函数类型参数
template <typename T, typename... Args>
void func(const T& t, const Args&... rest);
```

这里声明了 func 是一个可变参数函数模板,它有一个名为 T 的类型参数和一个名
为 Args 的模板参数包。这个包表示零个或多个额外的类型参数。func 的函数参数列表
包含一个 const & 类型的参数,指向 T 的类型,还包含一个名为 rest 的函数参数包,此包
表示零个或多个函数参数。

同前所述,编译器从函数的实参推断模板参数类型。对于一个可变参数模板,编译
器还会推断包中参数的数目,例如下面的调用。

```
int i =0;
double x =3.14;
string s ="Hello World!";
func(i, s, 42, x);                     //包中有三个参数
func(x, i, "Okey");                    //包中有两个参数
func(s, d);                            //包中有一个参数
func(x);                               //空包
```

编译器会为 func 实例化出 4 个不同的版本,分别如下:

```
void func(const int&, const string&, const int&, const double&);
void func(const double&, const int&, const string&);
void func(const string&, const double&);
void func(const double&);
```

在每个实例中,T 的类型都是从第一个实参的类型推断出来的。剩下的实参(如果

有的话)提供函数额外实参的数目和类型。

1. sizeof... 运算符

当需要知道包中有多少个元素时,可以使用 sizeof...运算符。类似于 sizeof 运算符,sizeof...也返回一个常量表达式,而且不会对其实参求值。

```cpp
template<typename ... Args>void f(Args ... args){
    cout <<sizeof...(Args) <<endl;         //类型参数的数目
    cout <<sizeof...(args) <<endl;         //函数参数的数目
}
```

2. 编写可变参数函数模板

可以使用一个 initializer_list 来定义一个可接受可变数目实参的函数,但是 initializer_list 要求所有实参具有相同的类型(或它们的类型可以转换为同一个公共类型)。当既不知道想要处理的实参的数目也不知道它们的类型时,可变函数参数是非常有用的。

【例 8-12】 定义一个函数 print,用来输出给定可变实参列表的内容。

可变参数函数通常是递归的,第一步调用处理包中第一个实参,然后用剩余实参调用自身。这里的 print 函数也是这样的模式,每次递归调用将第二个实参输出到第一个实参表示的流中。为了终止递归,还需要定义一个非可变参数的 print 函数,它接受一个流和一个对象。

```cpp
//ch8-12.cpp
//用来终止递归并输出最后一个元素的函数
//此函数必须在可变参数版本的 print 定义之前声明
template<typename T>
ostream& print(ostream& os, const T& t){
    return os <<t;                         //包中最后一个元素之后不输出分隔符
}
//包中除了最后一个元素之外的其他元素都会调用这个版本的 print
template<typename T, typename... Args>
ostream& print(ostream& os, const T& t, const Args&... rest){
    os <<t <<", ";                         //输出第一个实参
    return print(os, rest...);             //递归调用,输出其他实参
}
int main(){
    int i =3;
    string s ="Hello World!";
    double x =1.7;
    print(cout, i, s, x, 'c');
    return 0;
}
```

第一个版本的 print 负责终止递归并输出初始调用中的最后一个实参。第二个版本的 print 是可变参数版本,它输出绑定到 t 的实参,并调用自身来输出函数参数包中的剩余值。

这段程序的关键部分是可变参数函数中对 print 的调用。

```
return print(os, rest...);                    //递归调用,输出其他实参
```

这里,可变参数版本的 print 函数接受 3 个参数:一个 ostream&,一个 const T& 和一个参数包。此调用只传递了两个实参。其结果是 rest 中的第一个实参被绑定到 t,剩余实参形成下一个 print 调用的参数包。因此,在每个调用中,包中的第一个实参被移除,成为绑定到 t 的实参。给定例 8-12 中的如下调用:

```
print(cout, i, s, x, 'c');
```

递归执行如表 8.1 所示。

表 8.1　例 8-12 中 print 函数的递归调用过程

调用	t	rest...
print(cout, i, s, x, 'c');	i	s, x, 'c'
print(cout, s, x, 'c');	s	x, 'c'
print(cout, x, 'c');	x	'c'
print(cout, 'c');	调用非可变参数版本的 print	

前 3 次调用只能与可变参数版本的 print 匹配,非可变参数版本是不可行的,因为这 3 次调用分别传递 5 个、4 个和 3 个实参,而非可变参数 print 只接受 2 个实参。

8.5　模板实参推断

对于函数模板,编译器利用调用中的函数实参来确定其模板参数。从函数实参来确定函数模板实参的过程称为模板实参推断(template argument deduction)。在模板实参推断过程中,编译器使用函数调用中的实参类型来寻找模板实参,用这些模板实参生成的函数版本与给定的函数调用匹配。

8.5.1　类型转换与模板类型参数

与非模板函数相同,在一次调用中传递给函数模板的实参被用来初始化函数的形参。如果一个函数的形参类型使用了模板类型参数,那么它采用特殊的初始化规则。只有很有限的几种类型转换会自动地应用于这些实参。编译器通常不是对实参进行类型转换,而是生成一个新的模板实例。

与前面所述相同,顶层 const 无论是在形参中还是在实参中都会被忽略。在其他类型转换中,能在调用中应用于函数模板的包括如下两项。

（1）const 转换。可以将一个非 const 对象的引用（或指针）传递给一个 const 约束的引用（或指针）形参。

（2）数组或函数指针转换。如果函数形参不是引用类型，则可以对数组或函数类型的实参应用正常的指针转换。一个数组实参可以转换为一个指向其首元素的指针。类似地，一个函数实参可以转换为一个该函数类型的指针。

其他类型转换，如算术转换、派生类向基类的转换以及用户定义的转换，都不能应用于函数模板。

作为一个简单的例子，看下面两个函数模板 fobj 和 fref。fobj 函数的参数是值类型，调用时将实参的值复制给形参，而 fref 函数的参数是引用类型，将实参的地址传递给形参。

```
template<typename T>T fobj(T, T);                    //实参被复制
template<typename T>T fref(const T&, const T&);      //引用
string s1("one value");
const string s2("another value");
fobj(s1, s2);                        //调用"fobj(string, string);", const 被忽略
fref(s1, s2);                        //调用 fref(const string&, const string&)
int a[10], b[20];
fobj(a, b);                          //调用 f(int * , int * )
fref(a, b);                          //错误,数组类型不匹配
```

在第一对调用中，用户传递了一个 string 和一个 const string。虽然这些类型不严格匹配，但两个调用都是合法的。在 fobj 的调用中，实参被复制，因此原对象是否是 const 没有关系。在 fref 调用中，参数类型是 const 的引用。对于一个引用参数来说，转换为 const 是允许的，因此这个调用也是合法的。

在下一对调用中，用户传递了数组实参，两个数组大小不同，因此是不同类型。在 fobj 调用中，数组的大小不同无关紧要。两个数组都能被转化为指针。fobj 中的模板参数类型为 int * 。但是，fref 调用就是不合法的。如果形参是一个引用，则数组不会转化为指针。a 和 b 的类型是不匹配的，因此调用是错误的。

所以，将实参传递给带模板类型的函数形参时，能够自动应用的类型转换只有 const 转换及数组或函数到指针的转换。

1. 使用相同模板参数类型的函数实参

一个模板类型参数可以用作多个函数形参的类型。由于只允许有限的几种类型转换，因此传递给这些形参的实参必须具有相同的类型。如果推断出的类型不匹配，则调用是错误的。如例 8-1 中的 Max 函数接受两个 T 类型的参数，其实参必须是相同类型的。

```
long lg =23145;
Max(lg, 1024);                       //错误,不能实例化 Max(long, int)
```

上述调用是错误的，因为传递给 Max 的实参类型不同。从第一个函数实参推断出的

模板实参为 long,从第二个函数实参推断出的模板实参为 int。这些类型不匹配,因此模板实参推断失败。

如果希望允许对函数实参进行正常的类型转换,用户可以将函数模板定义为两个类型参数,见例 8-2,这样就可以提供不同类型的实参了。

2. 正常类型转换应用于普通函数实参

函数模板可以有用普通类型定义的参数,即不涉及模板类型参数的类型。这种函数实参不进行特殊处理,它们正常转化为对应形参的类型。看如下函数模板:

```
template<typename T>
ostream& print(ostream& os, const T& t){
    return os <<t;
}
```

该模板第一个参数 os 是一个已知类型 ostream&,第二个参数 t 是模板参数类型。由于 os 的类型是固定的,因此当调用 print 时,传递给它的实参会进行正常的类型转换。

```
print(cout, 1024);                    //实例化 print(ostream&, int)
ofstream file("out");
print(file, 100);                     //使用 print(ostream&, int)
//将 file 转换为 ostream&
```

在第一个调用中,第一个实参的类型严格匹配第一个参数的类型。此调用会实例化接受一个 ostream& 和一个 int 的 print 版本。在第二个调用中,第一个实参是一个 ofstream,它可以转换为 ostream&。由于此参数的类型不依赖于模板参数,因此编译器会将 file 隐式转换为 ostream&。

所以,在函数参数类型不是模板参数的情况下,可以对实参进行正常的类型转换。

8.5.2　函数模板显式实参

在某些情况下,编译器无法推断出模板实参的类型。其他一些情况下,用户希望允许自己控制模板实例化。当函数返回类型与参数列表中任何类型都不相同时,下面这两种情况最常出现。

1. 指定显式模板实参

作为一个允许用户指定使用类型的例子,下面定义一个名为 sum 的函数模板,它接受两个不同类型的参数。用户希望允许自己指定结果的类型。这样,用户自己就可以选择合适的精度。

根据用户的想法,可以定义表示返回类型的第 3 个模板参数,从而允许用户控制返回类型。

```
//编译器无法推断 T1,它未出现在函数参数列表中
template<typename T1, typename T2, typename T3>
```

```
T1 sum(T2, T3);
```

在本例中，没有任何函数实参的类型可用来推断 T1 的类型。每次调用 sum 时调用者都必须为 T1 提供一个显式模板实参(explicit template argument)。

用户提供显式模板实参的方式与定义模板实参实例的方式相同。显式模板实参在尖括号中给出，位于函数名之后、实参列表之前，例如：

```
int i;
long lg;
//T1 是显式指定的,T2 和 T3 是从函数实参类型推断而来的
auto result =sum<long long>(i, lg); //long long sum(int, long)
```

此调用显式指定 T1 的类型，而 T2 和 T3 的类型则由编译器根据 i 和 lg 的类型推断出来。

显式模板实参按由左至右的顺序与对应的模板参数匹配：第一个模板实参与第一个模板参数匹配，第二个实参与第二个参数匹配，以此类推。只有尾部(最右)参数的显式模板实参才可以忽略，而且前提是它们可以从函数参数推断出来。如果这里的 sum 函数写成如下形式：

```
template<typename T1, typename T2, typename T3>
T3 sum2(T2, T1);
```

则用户必须为所有 3 个形参指定实参。

```
//错误,不能推断前几个模板参数
auto result =sum2<long long>(i, lg);
//正确,显式指定了所有 3 个参数
auto result =sum2<long long, int, long>(i, lg);
```

2. 正常类型转换应用于显式指定的实参

对于用普通类型定义的函数参数，允许进行正常的类型转换，出于同样的原因，对于模板类型参数已经显式指定了的函数实参，也进行正常的类型转换。

```
long lg;
Max(lg, 1024);                       //错误,模板参数不匹配
Max<long>(lg, 1024);                 //正确,实例化 Max(long, long)
Max<int>(lg, 1024);                  //正确,实例化 Max(int, int)
```

对于如上代码，第一个调用是错误的，因为传递给 Max 的实参必须具有相同的类型。如果用户显式指定模板类型参数，就可以进行正常类型转换了。因此，调用 Max<long>等价于调用一个接受两个 long 类型参数的函数。int 类型的参数被自动转化为 long。在第 3 个调用中，T 被显式指定为 int，因此 lg 转化为 int 类型。

8.5.3　函数指针和实参推断

当用户用一个函数模板初始化一个函数指针或为一个函数指针赋值时，编译器使用

指针的类型来推断模板实参。

假如有一个函数指针,它指向的函数返回 int,接受两个参数,每个参数都是指向 const int 的引用。那么可以使用该指针指向 Max 的一个实例。

```
template<typename T>
T Max(const T&, const T&);
//pf 指向实例 int Max(const int&, const int&)
int(*pf)(const int&, const int&)=Max;
```

pf 中的参数的类型决定了 T 的模板实参的类型。在此例中,T 的模板实参类型为 int。指针 pf 指向 Max 的 jint 版本实例。如果不能从函数指针确定模板实参,则会产生错误。

```
//func 的重载版本;每个版本接受一个不同的函数指针类型
void func(string(*)(const string&, const string&));
void func(int(*)(const int&, const int&));
```

这段代码的问题在于,通过 func 的参数类型无法确定模板实参的唯一类型。对 func 的调用既可以实例化接受 int 的 Max 版本,也可以实例化为接受 string 的版本。由于不能确定 func 的实参的唯一实例化版本,此调用将编译失败。

用户可以通过使用显式模板实参来消除 func 调用的歧义。

```
//正确,显式指出实例化哪个 Max 版本
func(Max<int>);           //传递 Max(const int&, const int&)
```

此表达式调用的 func 版本接受一个函数指针,该指针指向的函数接受两个 const int& 参数。

8.5.4　模板实参推断和引用

对于函数模板,编译器利用函数调用的函数实参来推断模板实参的类型。

```
template<typename T>
void func(T &p);
```

其中,函数参数 p 是一个模板类型参数 T 的引用。这里需要注意两点:编译器会应用正常的引用绑定规则;const 是底层的,不是顶层的。

1. 从左值引用函数参数推断类型

当一个函数参数是模板类型参数的一个普通(左值)引用(形如 T&)时,根据引用绑定规则,只能传递给它一个左值(例如,一个变量或一个返回引用类型的表达式)。实参可以是 const 类型,也可以不是。如果实参是 const 类型的,则 T 将被推断为 const 类型。

```
template<typename T>
void func1(T&);           //实参必须是一个左值
//对 func1 的调用使用实参所引用的类型作为模板参数类型
```

```
func1(i);               //i 是 int 类型,模板参数 T 是 int
func1(ci);              //ci 是 const int 类型,模板参数 T 是 const int
func1(5);               //错误,5 是常量,传递给一个 & 参数的实参必须是一个左值
```

如果一个函数实参的类型是 const T&,正常的引用绑定规则是可以传递给它任何类型的实参——一个对象(const 或非 const)、一个临时对象或是一个字面常量值。当函数本身是 const 时,T 的类型推断的结果不会是一个 const 类型。const 已经是函数参数类型的一部分,它不会也是模板参数类型的一部分。

```
template<typename T>
void func2(const T&);    //实参可以是一个右值
//func2 中的参数是 const &,实参中的 const 是无关的
//在每个调用中,func2 的函数参数都被推断为 const int&
func2(i);                //i 是 int 类型,模板参数 T 是 int
func2(ci);               //ci 是 const int 类型,但模板参数 T 是 int
func2(5);                //5 是常量,一个 const & 参数可以绑定到一个右值,T 是 int
```

2. 从右值引用函数参数推断类型

当一个函数参数是一个右值引用(形如 T&&)时,根据正常绑定规则,可以传递给它一个右值。当用户这么做时,类型推断过程类似于普通左值引用函数参数的推断过程。推断出 T 的类型是该右值实参的类型。

```
template<typename T>
void func3(T&&);
func3(24);               //实参是一个 int 类型的右值,模板参数 T 是 int
```

3. 引用折叠和右值引用参数

假定 i 是一个 int 类型的对象,用户可能认为像 func3(i)这样的调用是不合法的。毕竟,i 是一个左值,而通常不能将一个右值引用绑定到一个左值上。但是,C++ 语言在正常绑定规则之外定义了两个例外规则,允许这种绑定。

第一个例外规则影响右值引用参数的推断如何进行。当用户将一个左值(如 i)传递给函数的右值引用参数,且此右值引用指向模板类型参数(如 T&&)时,编译器推断模板类型参数为实参的左值引用类型。因此,当用户调用 func3(i)时,编译器推断 T 的类型为 int&,而非 int。

T 被推断为 int& 看起来好像意味着 func3 的函数参数应该是一个类型 int& 的右值引用。通常,用户不能(直接)定义一个引用的引用。但是,通过类型别名或通过模板类型参数间接定义是可以的。

在这种情况下,用户可以使用第二个例外绑定规则:如果用户间接创建一个引用的引用,则这些引用形成了"折叠"。在所有情况下(除了一个例外),引用会折叠成一个普通的左值引用类型。在 C++ 11 及之后的标准中,折叠规则扩展到右值引用。只在一种特殊情况下引用会折叠成右值引用:右值引用的右值引用。即,对于一个给定类型 X:

(1) X& &、X& && 和 X&& & 都折叠成 X&。

(2) 类型 X&& && 折叠成 X&&。

如果将引用折叠规则和右值引用的特殊类型推断规则组合在一起,则意味着用户可以对一个左值调用 func3。当用户将一个左值传递给 func3 的(右值引用)函数参数时,编译器推断 T 为一个左值引用类型。

```
func3(i);                  //实参是一个左值,模板参数 T 是 int&
func3(ci);                 //实参是一个左值,模板参数 T 是一个 const int&
```

当一个模板参数 T 被推断为引用类型时,折叠规则告诉用户函数参数 T&& 折叠为一个左值引用类型。例如,func3(i)的实例化结果可能像下面这样:

```
//下面无效代码只是用于演示目的
void func3<int&>(int& &&);    //当 T 是 int& 时,函数参数为 int& &&
```

func3 的函数参数是 T&& 且 T 是 int&,因此 T&& 是 int& &&,会折叠成 int&。因此,即使 func3 的函数参数形式是一个右值引用(即 T&&),此调用也会用一个左值引用类型(即 int&)实例化 func3。

```
void func3<int&>(int&);       //当 T 是 int& 时,函数参数折叠成 int&
```

这两个规则导致如下两个重要的结果。

(1) 如果一个函数参数是一个指向模板类型参数的右值引用(如 T&&),则它可以被绑定到一个左值。

(2) 如果实参是一个左值,则推断出的模板实参类型将是一个左值引用,且函数参数将被实例化为一个(普通)左值引用参数(T&)。

值得特别注意的是,这两个规则暗示,用户可以将任意类型的实参传递给 T&& 类型的函数参数。对于这种类型的参数,(显然)可以传递给它右值,正如上面所讲,也可以传递给它左值。

4. 编写接受右值引用参数的模板函数

模板参数可以推断为一个引用类型,这一特性对模板内的代码可能产生一些影响,例如:

```
template<typename T>
void f(T&& val){
    T t =val;                  //复制还是绑定一个引用?
    t =fcn(t);                 //赋值只改变 t,还是既改变 t 又改变 val?
    if(val ==t){ … }           //若 T 是引用类型,则一直为 true
}
```

当用户对一个右值调用 f 时,例如字面常量值 24,T 为 int。在此情况下,局部变量 t 的类型为 int,且通过复制参数 val 的值被初始化。当用户对 t 赋值时,参数 val 保持不变。

另一方面,当用户对一个左值 i 调用 f 时,则 T 为 int&。当用户定义并初始化局部变量 t 时,赋予它类型 int&。因此,对 t 的初始化将其绑定到 val。当用户对 t 赋值时,也同时改变了 val 的值。在 f 的这个实例化版本中,if 判断永远得到 true。

当代码中涉及的类型可能是普通(非引用)类型,也可能是引用类型时,编写正确的代码就变得异常困难。

在实际情况下,右值引用通常用于两种情况:转发和模板重载。

(1) 转发:某些函数需要将其一个或多个实参连同类型不变地转发给其他函数。在此情况下,用户需要保持被转发实参的所有性质,包括实参类型是否是 const 的以及实参是左值还是右值。

(2) 模板重载:函数模板可以被另一个或一个普通非模板函数重载。与普通函数的重载一样,名字相同的函数必须具有不同数量或类型的参数。

使用右值引用的函数模板通常按照如下方式进行重载。

```
template<typename T>void f(T&&);        //绑定到非 const 右值
template<typename T>void f(const T&);   //绑定到左值或 const 右值
```

与非模板函数一样,第一个版本将绑定到可修改的右值,而第二个版本将绑定到左值或 const 右值。

8.6　小　结

模板是 C++ 语言与众不同的特性,也是标准库的基础。一个模板就是一个编译器用来生成特定类类型或函数的蓝图。生成特定类或函数的过程称为实例化。人们只编写一次模板,就可以将其用于多种类型和值,编译器会为每种类型和值进行模板实例化。

既可以定义函数模板,也可以定义类模板。标准库算法都是函数模板,标准库容器都是类模板。

显式模板实参允许人们固定一个或多个模板参数的类型或值。对于指定了显式模板实参的模板参数,可以应用正常的类型转换。

一个模板特化就是一个用户提供的模板实例,它将一个或多个模板参数绑定到特定类型或值上。当人们不能(或不希望)将模板定义用于某些特定类型时,特化非常有用。

C++ 11 及之后的标准还支持可变参数模板。一个可变参数模板可以接受数目和类型可变的参数。

第 9 章

chapter 9

标准模板库

C++标准模板库(standard template library，STL)是基于模板技术实现的 C++软件库，它提供了模板化的通用类和通用函数。STL 提供了许多可以直接用于程序设计的通用数据结构和功能强大的类与算法。这些数据结构和算法是准确而且有效的，用它们来解决编程中的各种问题，可以减少程序测试时间，写出高质量的代码，提高编程效率。

标准模板库 STL 的核心内容包括容器、迭代器和算法，它们常常协同工作，为各种编程问题提供有效的解决方案。

9.1 函 数 对 象

如果一个类将()运算符重载为成员函数，这个类就称为函数对象类，这个类的对象就是函数对象。函数对象是一个对象，但是使用的形式看起来像函数调用，实际上也执行了函数调用。

很多 STL 算法会使用函数对象，也叫函数符(functor)。函数符是可以以函数方式与()结合使用的任意对象。这包括函数名、指向函数的指针和重载了()运算符的类对象（即定义了函数 operator 的类）。

9.1.1 标准库定义的函数对象

标准库定义了一组表示算术运算符、关系运算符和逻辑运算符的类，每个类分别定义了一个执行命名操作的调用运算符。例如，plus 类定义了一个函数调用运算符用于对一对运算对象执行＋操作；modulus 类定义了一个调用运算符执行二元的％运算；equal_to 类执行＝＝，等等。

这些类被定义成模板的形式，应用时可以为其指定具体的类型，这里的类型就是调用运算符的形参类型。例如，plus＜string＞令 string 加法运算符作用于 string 对象；plus＜int＞的运算对象是 int；plus＜Complex＞对 Complex 对象执行加法运算，以此类推。

标准库提供的函数对象都定义在 functional 头文件中，具体名称如表 9.1 所示。在程序中可以使用这些模板定义对象，实现相应的运算。

表 9.1　STL 中的函数对象

算　　术	关　　系	逻　　辑
plus<T>	equal_to<T>	logical_and<T>
minus<T>	not_equal<T>	logical_or<T>
multiplies<T>	greater<T>	logical_not<T>
divides<T>	greater_equal<T>	
modulus<T>	less<T>	
negate<T>	less_equal<T>	

```
plus<int>add;                    //可执行 int 加法的函数对象
negate<int>neg;                  //可对 int 取相反数的函数对象
int sum =add(10, 20);            //求 10 和 20 的和,sum =30
sum =neg(intPlus(10, 20));       //sum =-30
sum =add(10, neg(20));           //sum =-10
```

9.1.2　在算法中使用标准库函数对象

表示运算符的函数对象类常用来替换算法中的默认运算符。例如,在默认情况下排序算法使用 operator<将序列按照升序排列。如果要执行降序排列,可以传入一个 greater 类型的对象,该对象将产生一个调用运算符并负责执行待排序类型的大于运算。

```
int a[10] ={3, 1, 4, 2, 7, 9, 6, -2, 8, 5};
sort(begin(a), end(a));                    //升序排序
sort(begin(a), end(a), greater<int>());    //降序排序
```

上述程序段中的 sort 就是 STL 在头文件 algorithm 中定义的排序模板,它可以对由第一和第二个参数指定的区间,采取由第三个参数指定的比较方法进行排序,less 是从小到大排序,greater 则表示从大到小排序。其中第三个参数有默认实参 less,即在没有指定第三个参数时,默认采用 less 方式排序(从小到大升序)。当指定 greater 作为第三个参数时,在 sort 进行元素比较时,不再使用默认的<运算符,而是调用给定的 greater 函数对象。该对象负责在数组的 int 元素之间执行>比较运算。

```
sort(begin(a), end(a));
sort(begin(a), end(a), less<int>());
```

这是两个等价的语句,都是对数组 a 进行升序排序。这里使用了函数 begin 和 end 用来获取数组的首尾指针,也可以使用数组元素的指针表示数组范围,此排序也可以使用如下语句实现。

```
sort(a, a +10);
sort(a, a +10, greater<int>());
```

9.2 顺序容器

一个容器就是一些特定类型对象的集合。顺序容器（sequence container）为用户提供了控制元素存储和访问顺序的能力。这种顺序不依赖于元素的值，而是与元素加入容器时的位置相对应。标准库中除顺序容器外还提供了几种关联容器，关联容器中元素的位置由元素相关联的关键字值决定。

9.2.1 顺序容器类型

所有顺序容器都提供了快速顺序访问元素的能力，STL 支持的顺序容器类型如表 9.2 所示。

表 9.2 顺序容器类型

顺序容器名	说 明
vector	可变大小数组，支持快速随机访问，从后面进行快速插入和删除。在尾部之外的位置插入或删除元素可能很慢
deque	双端队列，支持快速随机访问，在头尾插入、删除速度很快
list	双向链表，只支持双向顺序访问。在 list 中任何位置进行插入、删除操作速度都很慢
forward_list	单向链表，只支持单向顺序访问。在链表任何位置进行插入、删除操作速度都很快
array	固定大小数组，支持快速随机访问。不能添加或删除元素
string	与 vector 类似的容器，专用于保存字符

使用这些容器时，必须包含相应的头文件，头文件名与容器类型名相同。除了固定大小的 array 外，其他容器都提供高效、灵活的内存管理。可以随时添加和删除元素，扩张和收缩容器的大小。容器保存元素的策略对容器操作的效率甚至是否支持特定操作有很大的影响。

例如，vector 和 string 将元素保存在连续的内存空间中。由于元素是连续存储的，由元素的下标来计算其地址是非常快的。但在这两种容器的中间位置添加或删除元素会非常耗时：在一次插入或删除操作之后，需要移动插入或删除位置之后的所有元素，才能保持连续存储。

list 和 forward_list 两个容器的设计目的是令容器任何位置的添加和删除操作都很快速。但这两个容器不支持元素的随机访问：为了访问一个元素，只能遍历整个容器。而且，与 vector、deque 和 array 相比，这两个容器的额外内存开销也很大。

deque 是一个更为复杂的数据结构。与 string 和 vector 类似，deque 也支持快速随机访问。在中间位置的插入、删除代价也很高。但是，在 deque 两端进行添加或删除元素是非常快的，与 list 和 forword_list 相当。

forward_list 和 array 是 C++ 11 新增加的类型。与内置数组相比,array 是一种更安全、更容易使用的数组类型。与内置数组类似,array 对象的大小是固定的。因此,array 不支持添加和删除元素以及调整容器大小的操作。forward_list 没有 size 操作,因为保存或计算其大小的消耗非常大。对其他容器而言,size 保证是一个快速的、常量时间的操作。

STL 提供的容器性能几乎与最精心优化过的同类数据结构一样好,甚至更好。在进行 C++ 程序设计时应该使用标准库容器,而不是更原始的数据结构,如内置数组。

选择使用容器的种类时可以参考一些基本原则,具体如下。

(1) 通常,使用 vector 是最好的选择,除非有很好的理由去选择其他容器。

(2) 如果程序有很多小元素,且还要考虑空间额外开销,不要选择 list 或 forward_list。

(3) 如果要求随机访问元素,使用 vector 或 deque;如果要求在容器中间插入或删除元素,使用 list 或 forward_list。

(4) 如果需要在头尾位置插入或删除元素,但不会在中间位置插入或删除元素,使用 deque。

(5) 如果有多种需要,可以在一个阶段使用某一种容器,然后在另一个阶段将容器中的内容复制到另一种容器。

9.2.2 容器类型的通用操作

容器类型上的操作有 3 个层次:一是所有容器都支持的操作;二是针对顺序容器或关联容器的操作;三是只适用于一小部分容器的操作。

一般来说,每个容器都定义在一个头文件中,文件名和类型名相同。也就是说,list 定义在头文件 list 中,deque 定义在头文件 deque 中,等等。容器均定义为模板类,对于大多数容器(但不是所有的),需要提供额外信息才能生成特定的容器类型。

```
vector<int>ivec;
list<string>slst;
```

有时候,容器中的元素还可以是另外一种类型的容器,下面定义了一个 vector 容器,它的元素类型是 int 的 vector。

```
vector<vector<int>>matrix;
```

标准库提供了针对所有容器类型的操作,涉及的操作主要有容器中定义的类型别名(需要使用容器类型限定访问)、构造函数、赋值与 swap(交换)、大小容量、添加删除、关系运算符、获取迭代器以及反向容器等方面的操作,详见表 9.3~表 9.10。

表 9.3 容器的类型别名

操 作 名 称	说　　明
iterator	此容器类型的迭代器类型
const_iterator	可以读取元素,但不能修改元素的迭代器类型
size_type	无符号整型,足够存储此种容器的大小

续表

操 作 名 称	说　明
difference_type	整型，足够保存两个迭代器之间的距离
value_type	元素类型
reference	元素的左值类型；与 value_type& 含义相同
const_reference	元素的 const 左值类型，即 const value_type&

表 9.4　容器类型的构造函数

操 作 名 称	说　明
C c;	默认构造函数，构造空容器（array 除外）
C c1(c2); C c1 = c2;	复制构造函数，用 c2 初始化 c1 的构造
C c(b, e)	构造 c，将迭代器 b 和 e 之间的元素复制到 c（array 除外）
C c{a, b, c, …}; C c = {a, b, c, …};	列表初始化 c

表 9.5　容器的赋值与交换

操 作 名 称	说　明
c1 = c2	将 c1 中的元素替换为 c2 中的元素
c1 = {a, b, c, …}	将 c1 中的元素替换为列表中的元素（array 除外）
a.swap(b)	交换 a 和 b 的元素
swap(a, b)	与 a.swap(b) 等价

表 9.6　容器当前大小与容量

操 作 名 称	说　明
c.size()	c 中元素的数目（forward_list 除外）
c.max_size()	c 可保存的最大元素数目
c.empty()	若 c 中存储了元素，返回 false，否则返回 true

表 9.7　向容器添加、删除元素——不适用 array

操 作 名 称	说　明
c.insert(args)	将 args 中的元素复制进 c
c.emplace(inits)	使用 inits 构造 c 中的一个元素
c.erase(args)	删除 args 指定的元素
c.clear()	删除 c 中的所有元素（清空容器）

表 9.8　容器的关系运算

操 作 名 称	说　　明
==、!=	所有容器都支持相等(不等)运算
<、<=、>、>=	关系运算符(无序关联容器不支持)

表 9.9　获取容器迭代器

操 作 名 称	说　　明
c.begin()，c.end()	返回指向 c 的首元素和尾元素之后位置的迭代器
c.cbegin()，c.cend()	返回 const_iterator

表 9.10　容器的反向操作

操 作 名 称	说　　明
reverse_iterator	按反向遍历容器的迭代器
const reverse_iterator	不能修改元素的反向迭代器
c.rbegin()，c.rend()	返回指向 c 的尾元素和首元素之前位置的反向迭代器
c.crbegin()，c.crend()	返回 const reverse_iterator

1. 定义和初始化

标准库 array 类型不支持普通的容器构造函数。array 的大小也是类型的一部分,当定义一个 array 时,要指定元素类型和容器大小。默认构造的 array 是非空的,包含了与大小一样多的元素,都被默认初始化。

除 array 外的容器类都定义了默认构造函数和复制构造函数,使用默认构造函数都会创建一个指定类型的空容器,使用复制构造函数可以用一个已经存在的容器去初始化一个新创建的容器。

顺序容器也支持这种构造方式,除此之外还有自己特有的定义和初始化操作,顺序容器都可以接受指定容器大小和元素初始值的参数,顺序容器的特有的构造函数如表 9.11 所示。

表 9.11　顺序容器的特有的构造函数

操 作 名 称	说　　明
C sc(n)	sc 包含 n 个元素,这些元素进行了值初始化(不适用 string)
C sc(n, t)	sc 包含 n 个初始值为 t 的元素

(1) 适用于所有的容器定义

```
vector <string>svec;
vector <string>svec1(svec);
```

（2）仅适用于顺序容器的定义

```
vector <string>svec2(10, "Hello C++");
vector <string>svec3(10);
```

（3）定义 array 时要指定类型和大小

```
array<int, 3>a1;
array<int, 4>a2 = { 1, 2 };
array<string, 3>a3 = { "C","C++","Java" };
```

2. 赋值和交换

赋值运算符将左操作数容器中的全部元素替换为右操作数容器中元素的副本。

```
c1 = c2;                        //c1 的内容替换为 c2 中元素的副本
c1 = { 1,2,3 };                 //赋值后 c1 大小为 3
```

除此之外，顺序容器支持使用成员函数 assign 进行赋值操作，如表 9.12 所示。

表 9.12　仅顺序容器支持的赋值操作

操 作 名 称	说　　　明
sc.assign(b, e)	将 sc 中的元素替换为迭代器 b 和 e 范围内的元素
sc.assign(il)	将 sc 中的元素替换为初始化列表 il 中的元素
sc.assign(n, t)	将 sc 中的元素替换为 n 个值为 t 的元素

赋值运算符要求左右操作数的类型相同。assign 则允许从一个不同但相容的类型赋值，或者从容器的一个子序列赋值。assign 操作用参数所指定的元素的副本替换左边容器中的所有元素。

```
list<string>names;
vector<const char * >cstr;
names = cstr;                         //错误,容器类型不匹配
names.assign(cstr.begin(), cstr.end()); //正确
list<string>slst(2);                  //2 个元素,空 string
slst.assign(5, "C++");                //5 个元素都是"C++",替换 slst 的原有元素
```

标准库 array 允许类型赋值，但不支持 assign，也不允许用花括号包围的值列表进行赋值。

swap 操作交换两个相同类型容器的内容。

```
vector<string>sv1 ={"C", "C++", "Java", "C#", "Python"};
vector<string>sv2 ={"Bush", "Smith", "Taylor", "Abel"};
swap(sv1, sv2);                       //交换,等价于 sv1.swap(sv2);
```

交换两个容器内容的操作速度很快，因为 swap 只是交换两个容器的内部数据结构，

元素本身并未交换。容器类型为 array 和 string 的情况除外。

赋值相关的运算会导致指向左边容器内部的迭代器、引用和指针失效。swap 操作将容器内容交换不会导致指向容器的迭代器、引用和指针失效。除 array 外,swap 不对任何元素进行复制、删除或插入操作。因此,可以保证在常数时间内完成。

3. 容器大小操作

与容器大小相关的操作主要有:查询容器大小(元素个数)、最大容量以及判断容器是否为空等,除了这几种容器通用操作外,顺序容器还可以使用成员函数 resize 调整容器大小,其操作如表 9.13 所示。

表 9.13　调整顺序容器大小的操作

操 作 名 称	说　　明
sc.resize(n)	调整 sc 的大小为 n,若 n<sc.size(),则多出的元素被舍弃;否则,若必须添加元素,则对新元素执行值初始化
sc.resize(n, t)	调整 sc 的大小为 n,新添加的元素都初始化为 t

使用 resize 调整顺序容器的大小,调整后的容器大小既可以比原来大,也可以比原来小。若调整后,容器大小变小,则删除多余的元素,否则新添加的元素使用指定值进行初始化,若未指定,则执行值初始化。

如果对 vector、string 或 deque 使用 resize 缩小容器,则指向被删除元素的迭代器、指针和引用都会失效。

```
vector<int>v(10, 2);
v.size();                        //返回容器中当前的元素个数
v.resize(5);                     //将容器大小改为 5,删除多余的元素
v.resize(8, 5);                  //将容器大小改为 8,新添加的元素初始化为 5
v.resize(10);                    //将容器大小改为 10
```

4. 关系运算符

容器的关系运算符使用元素的关系运算符完成比较,只有其元素类型也定义了相应的运算符时,才可以使用关系运算符来比较两个容器。关系运算符要求左右两边的运算对象必须是相同类型的容器,且必须保存相同类型的元素。

所有容器都支持相等运算符(==和!=),除无序关联容器外的所有容器都支持关系运算符(>、>=、<、<=),可以用它们进行容器的比较。容器的比较就是容器内逐个对应元素的比较,比较原则如下。

(1) 如果两个容器的大小相等且所有元素都对应相等,则容器相等;否则两个容器不等。

(2) 如果两个容器大小不同,但较小容器中的每个元素都等于较大容器中对应的元素,则较小容器小于较大容器。

(3) 如果两个容器都不是另一个容器的前缀子序列,则它们比较的结果取决于第一

个不相等元素的比较结果。

```
v0: 0 1 2 3 4
v1: 1 2 3
v2: 0 1 2
v3: 1 2 3
v0 > v3                                //false
v1 != v2                               //true
v1 > v2                                //true
v1 == v3                               //true
v0 > v2                                //true
```

　　顺序容器和关联容器的不同之处在于两者组织元素的方式。这些差异直接关系元素如何存储、访问、添加以及删除。介绍完所有容器都支持的操作,下面介绍顺序容器所特有的操作。

9.2.3　顺序容器的操作

　　除 array 外,所有的标准容器都提供灵活的内存管理。在运行时可以动态添加或删除元素来改变容器大小。

1. 添加元素

　　表 9.14 列出了向顺序容器(非 array)添加元素的操作。

表 9.14　向顺序容器添加元素的操作

操 作 名 称	说　　　明
c.push_back(t) c.emplace_back(args)	在 c 的尾部创建一个值为 t 或由 args 创建的元素,返回 void
c.push_front(t) c.emplace_front(args)	在 c 的头部创建一个值为 t 或由 args 创建的元素,返回 void
c.insert(p, t) c.emplace(p, args)	在迭代器 p 指向的元素之前创建一个值为 t 或由 args 创建的元素,返回指向新添加元素的迭代器
c.insert(p, n, t)	在迭代器 p 指向的元素之前插入 n 个值为 t 的元素,返回指向新添加的第一个元素的迭代器;若 n 为 0,则返回 p
c.insert(p, n, t)	将迭代器 b 和 e 指定的范围内的元素插入迭代器 p 指向的元素之前,返回指向新添加的第一个元素的迭代器;若范围为空,则返回 p
c.insert(p, il)	将初始化列表 il 中的元素插入迭代器 p 指向的元素之前,返回指向新添加的第一个元素的迭代器;若列表为空,则返回 p

　　顺序容器支持 push_front() 和 push_back() 操作,分别在容器首尾添加元素。添加元素时,将元素的值复制到容器中。因此,当容器内元素的值发生变化时,不会影响原始数据。但 forward_list 不支持 push_back 和 emplace_back;vector 不支持 push_front 和 emplace_front。另外,forward_list 有自己版本的 insert 和 emplace。

```
list<string>slst;
string str;
cin >>str;
slst.push_front(str);                    //在 slst 前端添加一个元素
slst.push_back(str);                     //在 slst 尾端添加一个元素
```

insert 操作允许在容器任意位置插入 0 或多个元素,但 vector 不支持使用 push_front,需要向 vector 初始位置插入元素可以用 insert 插入 begin 之前。对 vector 来说,插入末尾之外的位置可能很慢!

```
slst.insert(iter, "hello");
vector<string>sv;
svect.insert(sv.begin(), "Hello");
svect.insert(sv.end(), 10, "echo");
list<string>slst;
vector<string>v ={ "Harry","Ron","Hermione","Lily","Sirius" };
slst.insert(slst.begin(), v.begin(), v.begin() +3);
slst.insert(slst.end(), { "end","of","list" });
```

emplace_front()、emplace_back()和 emplace()操作用于构造元素添加到容器中而不是复制元素。push_back 和 insert 操作接受的参数是元素,而 emplace 操作接受的参数被传递给元素的构造函数,直接在容器管理的内存空间中构造元素。使用第 4 章定义的类类型 Date,其构造函数是 Date(int year,int month,int day),分析如下操作。

```
list<Date>dl;
dl.emplace_back(2019, 10, 11);           //在 dl 的末尾构造一个 Date 对象
dl.push_back(2019, 10, 11);              //错误,没有接受三个参数的 push_back
```

2. 访问元素

表 9.15 列出了可以在顺序容器访问元素的成员函数,如果容器中没有元素,访问操作的结果是未定义的。

表 9.15　在顺序容器中访问元素的操作

操 作 名 称	说　　明
c.back()	返回 c 中尾元素的引用,若 c 为空,函数行为未定义
c.front()	返回 c 中首元素的引用,若 c 为空,函数行为未定义
c[n]	返回 c 中下标为 n 的元素的引用,n 是一个无符号整数,若 n>=c.size(),则函数行为未定义
c.at(n)	返回 c 中下标为 n 的元素的引用,若下标越界,则抛出异常 out_of_range

其中,at 和下标运算只适用于 string、vector、deque 和 array;back 不适用于 forward_list。对一个空容器指向 front 和 back,就像使用越界的下标一样,是一种严重的程序设计错误。

在容器中访问元素的成员函数返回的都是引用,如果容器是一个 const 对象,则返回的是 const 引用;如果容器不是 const 的,则返回值是普通引用,可以用来改变元素的值。

```
vector<int>v(10, 2);
v.front() =5;                            //返回容器内第一个元素的引用
int a =v.back();                         //返回容器内最后一个元素
int b =v[4];                             //下标访问
int c =v.at(10);                         //at 操作
```

3. 删除元素

和添加元素的操作类似,顺序容器(非 array)也有多种删除元素的操作方式,表 9.16 列出了顺序容器的删除操作。

表 9.16 顺序容器的删除操作

操 作 名 称	说　明
c.pop_back()	删除 c 中尾元素,若 c 为空,函数行为未定义。函数返回 void
c.pop_front()	删除 c 中首元素,若 c 为空,函数行为未定义。函数返回 void
c.erase(p)	删除 c 中迭代器 p 指向的元素,返回删除元素下一位置的迭代器,若 p 是 c.end(),则函数行为未定义
c.erase(b, e)	删除迭代器 b 和 e 指定范围内的元素,返回删除元素下一位置的迭代器
c.clear()	删除 c 中所有元素。返回 void

所有这些操作都会改变容器的大小,所以不适用于 array。forward_list 不支持 pop_back 操作,且有自己特殊版本的 erase;vector 不支持 pop_front。

可以删除容器内的指定元素、所有元素、第一个元素或者最后一个元素。删除元素的成员函数并不检查其参数,所以删除元素前,要确保元素是存在的。

```
vector<int>v(10, 2);
v.erase(v.begin() +1);                    //删除容器内的第二个元素
v.erase(v.begin(), v.begin() +2);         //删除前两个元素
v.pop_back();                             //删除最后一个元素
v.pop_front();                            //删除第一个元素
v.clear();                                //清空容器
```

4. forward_list 的操作

forward_list 是单向列表,当添加或删除一个元素时,删除或添加的元素之前的那个元素的后继会发生改变。为了添加或删除元素,需要访问其前驱,以便改变前驱的链接。在单向链表中,没有简单的方法来获得一个元素的前驱。因此,在 forward_list 中添加或删除元素的操作是通过改变给定元素之后的元素完成的。

由于这些操作和其他容器上的操作实现方式不同,forward_list 定义了自己特有的

插入和删除元素的操作，如表 9.17 所示。

表 9.17 forward_list 进行插入与删除元素的操作

操 作 名 称	说　　　明
before_begin() cbefore_begin()	返回指向链表首元素之前不存在的元素迭代器。此迭代器不能解引用。cbefore_begin() 返回一个 const_iterator
insert_after(p, t) insert_after(p, n, t) insert_after(p, b, e) insert_after(p, il)	在迭代器 p 之后的位置插入元素。t 是一个元素，n 是数量，b 和 e 是表示范围的迭代器，il 是一个初始化列表。返回一个指向最后一个插入元素的迭代器。如果范围为空，则返回 p。若 p 为 end()，则函数行为未定义
emplace_after(p, args)	使用 args 在 p 之后的位置插入一个元素。返回一个指向此新元素的迭代器。若 p 为 end()，则函数行为未定义
erase_after(p) erase_after(b, e)	删除 p 之后的元素，或删除 p 之后直到 e(不含)的元素。返回一个指向被删除元素之后元素的迭代器。若 p 指向尾元素或为 end()，则函数行为未定义

当在 forward_list 中添加或删除元素时，必须关注两个迭代器：一个指向要处理的元素；另一个指向其前驱。

【例 9-1】 从一个 forward_list 中删除奇数元素的操作。

```
//ch9-1.cpp
#include <iostream>
#include <forward_list>
using namespace std;
int main(){
    forward_list<int>flst ={ 0,1,2,3,4,5,6,7,8,9 };
    auto prev =flst.before_begin();
    auto curr =flst.begin();
    while (curr !=flst.end())
    {
        if ( * curr %2)
            curr =flst.erase_after(prev);
        else{                //移动两个迭代器,curr 指向下一个元素,prev 指向其前驱
            prev =curr;
            ++curr;
        }
    }
    for(auto e: flst) { cout <<e <<"\t"; }  //输出 0  2  4  6  8
    cout <<endl;
    return 0;
}
```

范围 for 循环，为容器提供了一种非常简捷的遍历容器元素的方法。若范围 for 循环中的循环变量声明为引用类型，则可以对容器的每一个元素执行写操作。

9.2.4 顺序容器适配器

除了顺序容器外,标准库还定义了 3 种顺序容器适配器:stack、queue 和 priority_queue。适配器是标准库中一个通用的概念,容器、迭代器和函数都有适配器。一个容器适配器接受一种已有的容器类型,使其行为看起来像一种不同的类型。例如,stack 适配器接受一个顺序容器(除 forward_list 和 array 之外),并使其操作起来向一个 stack 一样。表 9.18 列出的是所有容器适配器支持的操作。

表 9.18 所有容器适配器支持的操作

操 作 名 称	说　　　明
size_type	一种类型,足以保存当前类型的最大对象的大小
value_type	元素类型
container_type	实现适配器的底层容器类型
A a;	创建一个名为 a 的空适配器
A a(c);	创建一个名为 a 的适配器,带有 c 的一个副本
关系运算符	每个适配器都支持所有关系运算符,这些运算符返回底层容器的比较结果
a.empty()	若 a 包含元素,返回 false,否则返回 true
a.size()	返回 a 中元素的数目
swap(a, b) a.swap(b)	交换 a 和 b 中的内容,a、b 必须有相同的类,底层容器的类型也必须相同

1. 定义一个适配器

每个适配器都有两个构造函数:默认构造函数创建一个空适配器,接受一个容器的构造函数复制该容器来初始化适配器。例如,假设 dq 是一个 deque<int>,可以用一个 deque 来初始化一个新的 stack。

```
stack<int>st(dq);              //从 dq 复制元素到 st
```

默认情况下,stack 和 queue 是基于 deque 实现的,priority_queue 是在 vector 之上实现的。可以在创建一个适配器时将一个命名的顺序容器作为第二个类型参数,来重载默认容器类型。

1) 在 vector 上实现一个空栈

```
vector<int, vector<int>>ist;
```

2) 在 vector 上实现一个栈,初始化时保存另一个 vector 的副本

```
vector<int, vector<int>>ist2(ivec);
```

对于一个给定的适配器,可以使用哪些容器是有限制的。所有适配器都要求容器具

有添加和删除元素的能力。因此,适配器不能构造在 array 上。因为所有适配器都要求容器具有添加、删除以及访问尾元素的能力,所以也不能用 forward_list 来构造适配器。

stack 只要求 push_back、pop_back 和 back 操作。因此,可以使用除 array 之外的任何容器类型来构造。

queue 适配器要求 back、push_back、front 和 push_front 操作。因此,可以在 list 和 deque 上构造,但不能基于 vector 构造。

priority_queue 除了 front、push_back 和 pop_back 之外,还要求有随机访问的能力。因此,可以在 vector 和 deque 上构造,但不能基于 list 构造。

2. 栈适配器

stack 类型在头文件 stack 中定义,stack 默认基于 deque 实现,也可以在 list 和 vector 上实现。除了容器适配器的通用操作外,表 9.19 列出了 stack 支持的操作。

表 9.19   stack 支持的操作

操 作 名 称	说　　明
pop()	删除栈顶元素,但不返回该元素的值
push(item) emplace(args)	创建一个新元素压入栈顶,该元素通过复制或移动 item 而来,或者由 args 构造
top()	返回栈顶元素,但不将该元素弹出(出栈)

每个容器适配器都基于底层容器类型的操作定义了自己的独特操作,只可以使用适配器操作,而不能使用底层容器类型的操作。

```
stack<int>ist;                      //声明一个空栈
for(size_t i =0; i <10; i++)        //入栈 10 个元素
    ist.push(i);                    //此处不能使用 push_back
while(!ist.empty()){
    int val =ist.top();             //获取栈顶元素的值
    ist.pop();                      //弹出栈顶元素
}
```

3. 队列适配器

queue 和 priority_queue 适配器定义在头文件 queue 中。queue 默认基于 deque 实现,也可以基于 list 和 vector 实现;priority_queue 默认基于 vector 实现,也可以用 deque 实现。除了容器适配器的通用操作外,表 9.20 列出了 queue 和 priority_queue 支持的操作。

表 9.20   queue 和 priority_queue 支持的操作

操 作 名 称	说　　明
pop()	删除 queue 的首元素或 priority_queue 的最高优先级元素,但不返回此元素
front() back()	返回首元素或尾元素(只适用于 queue)

操 作 名 称	说　　明
top()	返回最高优先级元素,但不删除此元素(只适用于 priority_queue)
push(item) emplace(args)	在 queue 的末尾或 priority_queue 中恰当的位置创建一个元素,其值为 item,或者由 args 构造

标准库 queue 使用一种先进先出的存储和访问策略。进入队列的对象都被放置在队尾,离开队列的对象从队首删除。

priority_queue 允许为队列中的元素建立优先级。新加入的元素会排在所有优先级比它低的元素之前。默认情况下,标准库在元素类型上使用小于(<)运算符来确定相对优先级。

9.3 迭 代 器

标准库提供了迭代器访问容器内的元素。迭代器是一种可以检查并遍历容器内元素的数据类型,类似于容器位置的指示器,用这个指示器可以访问当前位置的元素。所有的标准库容器都定义了相应的迭代器类型。迭代器对所有容器都适用,一般建议使用迭代器来遍历和访问容器,而不是使用下标操作,实际上很多容器并不像 vector 一样支持下标运算。

迭代器范围的概念是标准库的基础。迭代器范围由一对迭代器表示,两个迭代器分别指向同一个容器中的元素或是尾元素之后的位置。这样的两个迭代器通常被称为 begin 和 end,标记了容器中元素的一个范围。这种元素范围被称为左闭合区间,标准数学描述为[begin,end),表示范围自 begin 开始,于 end 之前结束。

标准库使用左闭合区间是因为它有 3 种性质。

(1) 如果 begin 和 end 相等,则范围为空。

(2) 如果 begin 与 end 不等,则范围至少包含一个元素,且 begin 指向该范围中的第一个元素。

(3) 可以对 begin 递增若干次,使得 begin == end。

这些性质意味着可以用类似下面的代码来循环处理一个元素范围,而且是安全的:

```
while (begin !=end) {
    * begin =val ;              //正确,范围非空
    ++begin;                    //移动迭代器至下一个元素
}
```

9.3.1 迭代器的运算

每种容器都可以定义自己的两种迭代器变量。例如:

```
vector<int>::iterator vit;
```

```
vector<int>::const_iterator vcit;
list<string>::iterator lit;
list<string>::const_iterator lcit;
```

iterator 和 const_iterator 两者操作方式相同,都可以用来定位和遍历容器中的元素。两者的主要区别：iterator 可以修改元素的值,但 const_iterator 不可以。对于 const 容器必须使用 const_iterator。

容器都提供了成员函数 begin 和 cbegin,返回指向容器第一个元素的迭代器；成员函数 end 和 cend 返回容器最后一个元素的下一个位置。例如,可以使用 begin 和 cbegin 对迭代器变量进行初始化。

```
vector<int> iv ={1, 2, 3, 4, 5, 6, 7, 8, 9, 0};
vector<int>::iterator it =iv.begin();
vector<int>::const_iterator cit =iv.cbegin();
```

需要注意的是,end 和 cend 返回的迭代器并不指向容器中的任何元素,它指向"最后一个元素的下一个位置"。

有时候,可以定义两个迭代器变量,const_iterator 也具有如下相同的操作方式。

```
vector<int>::iterator first =ivec.begin(), last =ivec.end();
```

可以比较 first 和 last 是否相等来判断容器是否为空。如果 first 等于 last,则容器为空；如果不相等,则容器中至少有一个元素。迭代器的常用运算如表 9.21 所示。另外,vector 和 deque 容器的迭代器还支持表 9.22 中的运算。

表 9.21　迭代器常用运算

运　算	描　　述
* iter	返回 iter 指向的元素的引用
iter—>mem	获取 iter 指向的元素的成员 mem
++iter/iter++	指向容器中的下一个元素
--iter/iter--	指向容器中的前一个元素(forward_list 迭代器不支持)
iter == iter2 iter1 ! = iter2	比较两个迭代器是否相等,即它们是否指向容器中的同一个元素

表 9.22　vector 和 deque 容器的迭代器支持的运算

运　算	描　　述
iter + n/iter - n	将产生指向容器后面(前面)第 n 个元素的迭代器
iter1 += iter2 iter1 -= iter2 iter1 - iter2	两个迭代器进行相加、相减操作 注意：两个迭代器必须指向同一个容器
>, >=, <, <=	比较两个迭代器的位置,位置在前面的迭代器要小于位置在后面的迭代器

通过迭代器操作,可以定位和遍历容器内的元素,并进行各种操作,若操作过程中不修改容器中的元素,建议使用 const_iterator。

【例 9-2】 利用迭代器在 list 中查找元素以及遍历 list。

```cpp
//ch9-2.cpp usage of iterator and const_iterator
#include <iostream>
#include <list>
#include <string>
using namespace std;
class Mydata {
string str;
public:
    Mydata(string s ="C++"){ str =s; }
    string getString(){ return str; }
};
int main(){
    list<int>ilst ={1, 2, 3, 4, 5, 6, 7, 8};
    int findx;
    cin >>findx;
    auto cit =ilst.cbegin();
    while(cit !=ilst.cend()){
        if(*cit ==findx){  break;  }
        cit++;
    }
    if(cit !=ilst.cend())
        cout <<"Location: " <<distance(ilst.cbegin(), cit) <<endl;
    else
        cout <<findx <<": No exist!" <<endl;
    list<Mydata>dl(2, Mydata());
    for(auto it =dl.begin(); it !=dl.end(); it++)
        cout <<it->getString() <<"\t";
    cout <<endl;
    list<int>empty;
    auto first =empty.begin(), last =empty.end();
    if(first ==last)
        cout<<"container is empty"<<endl;
    return 0;
}
```

程序中用到的函数 distance 用于计算两个迭代器之间的距离。程序运行时,若输入3,则输出结果如下:

```
Location: 2
C++   C++
container is empty!
```

9.3.2 与迭代器有关的容器操作

容器类上的插入和删除操作都有使用迭代器范围的版本。例如，通过容器提供的 insert 成员函数，可以在容器的指定位置插入元素。

【例 9-3】 利用迭代器向 vector 和 list 容器中插入元素。

```cpp
//ch9-3.cpp
#include <iostream>
#include <list>
#include <vector>
using namespace std;
int main(){
    vector<int>src;
    src.push_back(1);
    src.push_back(3);
    src.emplace(src.begin(), 7);
    list<int>dest;
    dest.push_back(5);
    dest.push_front(9);
    dest.insert(dest.begin(), 8);
    dest.insert(dest.begin(), 1, 6);
    auto srcfirst =src.begin(), srclast =src.end();
    dest.insert(dest.begin(), srcfirst, srclast);
    for(auto it =dest.cbegin(); it !=dest.cend(); it++)
        cout << * it <<"\t";
    cout <<endl;
    return 0;
}
```

程序的输出结果如下：

```
7    1    3    6    8    9    5
```

【例 9-4】 删除例 9-3 list 容器中指定位置的元素。

```cpp
//ch9-4.cpp
#include <iostream>
#include <list>
using namespace std;
int main(){
    list<int>ls ={7, 1, 3, 6, 8, 9, 5};
    ls.pop_front();
    list<int>::iterator iter =ls.begin(), b, e;
    b =++iter;
```

```
        e =++iter;
        e++;
        ls.pop_back();
        ls.erase(b, e);
        for (iter =ls.begin(); iter !=ls.end(); iter++)
            cout << * iter <<"\t";
        cout <<endl;
        return 0;
    }
```

程序的输出结果如下：

```
1     8     9
```

9.3.3 反向迭代器

除了 forward_list 之外的容器都有反向迭代器，反向迭代器就是在容器中从尾元素向首元素反向移动的迭代器。对于反向迭代器，递增以及递减操作的含义会颠倒：对反向迭代器 rit，递增（＋＋rit/rit＋＋）会移动到前面一个元素，递减（--rit/rit--）会移动到下一个元素。

通过调用容器的 rbegin、rend、crbegin 和 crend 成员函数获得反向迭代器的非 const 和 const 版本。

下面的循环是一个使用反向迭代器的例子，逆序打印 vec 中的元素：

```
vector<int>vec ={0, 1, 2, 3, 4, 5, 6, 7, 8, 9};
```

逆序输出 vector 中的元素，需要从尾元素到首元素的迭代，使用反向迭代器操作非常方便。

```
for(auto rit =vec.crbegin();rit !=vec.crend(); ++rit)
    cout << * rit <<" ";              //输出:9 8 7 6 5 4 3 2 1 0
```

反向迭代器让某些标准算法使用更加灵活。例如，算法 sort(b，e)对迭代器 b 和 e 之间的元素按升序排序，如果反向使用迭代器，则可以得到降序排列的序列。

```
sort(vec.begin(), vec.end());        //按升序对 vec 排序,最小元素在第一个
sort(vec.rbegin(), vec.rend());      //按反向升序排序,最小元素在末尾
```

迭代器使算法独立于特定的容器，泛型算法通常不直接操作容器，而是遍历由两个迭代器指定的一个元素范围来进行操作。

9.4 关 联 容 器

关联容器和顺序容器有本质的不同：顺序容器通过元素在容器中的位置来访问元素，而关联容器中的元素是按照关键字(key)来保存和访问的。

关联容器支持高效的关键字查找和访问,标准库中两个主要的关联容器类型是 map 和 set。map 中的元素是一些"关键字-值"(key-value)对:关键字起到索引作用,值则表示与该索引(关键字)关联的数据。set 中每个元素只包含一个关键字。set 支持高效的关键字查询——检查元素是否在 set 中。

标准库提供 8 个关联容器的类型,如表 9.23 所示。这 8 个容器的不同体现在 3 个维度:每个容器或者是一个 set,或者是一个 map;每个容器或者要求不重复的关键字,或者允许重复的关键字;按顺序保存元素,或无序保存。允许重复关键字的容器名字中包含 multi,不保存关键字按顺序存储的容器名字以单词 unordered_ 开头。因此,一个 unordered_multiset 是一个允许关键字重复、元素无须保存的集合,而一个 set 则是要求关键字不重复、有序存储的集合。

表 9.23　关联容器的类型

类　别	类　型	描　述
有序关联容器	map	关联数组;保存"关键字-值"对
	set	关键字即值,即只保存关键字的容器
	multimap	关键字可重复出现的 map
	multiset	关键字可重复出现的 set
无序关联容器	unordered_map	哈希函数组织的 map
	unordered_set	哈希函数组织的 set
	unordered_multimap	哈希函数组织的 map,关键字可以重复
	unordered_multiset	哈希函数组织的 set,关键字可以重复

类型 map 和 multimap 定义在头文件 map 中,set 和 multiset 定义在头文件 set 中。无序容器则分别定义在头文件 unordered_map 和 unordered_set 中。

无序容器使用哈希函数组织元素,在关键字类型的元素没有明显的序关系的情况下,无序容器非常有用。无序容器和有序容器提供相同的操作。无论是有序容器还是无序容器,具有相同关键字的元素都是相邻存储的。本书仅介绍有序关联容器。

关联容器对键的类型有一些限制。对于有序容器,键类型必须定义元素比较的方法。有序容器使用比较函数来比较键,默认情况下,使用关键字类型的<运算符来比较两个关键字。

9.4.1　pair 类型

pair 是由"关键字-值"构成的"键-值"对结构,map 的元素是 pair。标准库 pair 类型保存名为 first 和 second 的 public 数据成员,在头文件 utility 中定义。pair 类型是模板类,接受两个类型参数,作为其成员的类型。pair 上的操作如表 9.24 所示。

表 9.24 pair 上的操作

操　作	描　述
pair<T1，T2> p	p 是一个成员类型为 T1 和 T2 的 pair,成员 first 和 second 都进行了值初始化
pair<T1，T2> p(v1, v2) pair<T1，T2> p = {v1, v2} pair<T1，T2> p2 = p; pair<T1，T2> p2(p);	p 和 p2 是成员类型为 T1 和 T2 的 pair,成员 first 和 second 分别用 v1 和 v2 初始化;p2 用 p 初始化
p1 = p2 p1 = {v1, v2}	pair 的赋值操作,分别把 p2 的成员复制给 p1 的成员 用列表中的两个值分别复制给 p1 的 first 和 second
make_pair(v1, v2)	返回一个 v1 和 v2 初始化的 pair。pair 的类型从 v1 和 v2 的类型推断出来
p.first	返回 p 的 first 数据成员(public)
p.second	返回 p 的 second 数据成员(public)
p1 relop p2	关系运算符 relop(<、<=、>、>=)按字典序定义:当 p1.first < p2.first 或 !(p2.first < p1.first && p1.second < p2.second)成立时,p1 < p2 为 true。关系运算利用元素的<运算符实现
p1 == p2 p1 != p2	当 first 和 second 成员分别相等时,两个 pair 相等。相等性判断利用元素的==运算符实现

9.4.2 关联容器中的类型

除了表 9.3 中列出所有容器都定义的类型外,还定义了关联容器的类型别名,如表 9.25 所示。这些类型表示容器关键字和值的类型。

表 9.25 关联容器的类型别名

操 作 名 称	说　明
key_type	此容器类型的关键字类型
mapped_type	每个关键字关联的类型,只适用于 map
value_type	对于 set,与 key_type 相同; 对于 map,为 pair<const key_type, mapped_type>

对于 set 类型,key_type 和 value_type 相同;set 中保存的值就是关键字。在一个 map 中,元素是"关键字-值"对。也就是说,每个元素是一个 pair 对象,包含一个关键字和一个关联的值。一般程序中不能改变一个元素的关键字,因此这些 pair 的关键字部分是 const 的。与顺序容器一样,关联容器的这些类型也需要使用容器类型限定访问。

```
set<string>::key_type v1;              //v1 是一个 string
set<string>::value_type; v2;           //v2 是一个 string
map<string, int>::key_value v3;        //v3 是一个 string
map<string, int>::value_type v4;       //v4 是一个 pair<const string, int>
```

```
map<string, int>::mapped_type v5;        //v5 是一个 int
```

9.4.3　关联容器迭代器

解引用一个关联容器迭代器会得到一个类型为容器的 value_type 的值的引用。对 map 来说，value_type 是一个 pair 类型，其 first 成员保存了 const 的关键字，second 成员保存值，即对于 map 的 value_type 来说，可以改变 second 的值，但不能修改 first 的值。一个使用 map 的例子是关于计算机程序设计语言的主要发明者，一般每个人主要参与一种计算机语言的设计。

```
map<string, string>inventers ={{"Richards", "C"},
        {"Thompson", "C"}, {"Ritchie", "C"}, {"Bjarne", "C++"}};
auto m_it =inventers.begin();
if(m_it !=inventers.end())
    cout <<m_it->first <<" " <<m_it->second <<endl;
```

因为 map 为有序容器，默认按关键字的值升序排序，故这里定义的 inventers 的第一个元素为("Bjarne"，"C++")。

1. set 的迭代器是 const 的

虽然 set 类型同时定义了 iterator 和 const_iterator，但这两种类型都只允许只读访问 set 中的元素。与不能改变一个 map 元素的关键字一样，set 的迭代器是 const 的，不能通过迭代器修改对应的元素。

```
set<string>authors{"Richards", "Thompson", "Ritchie", "Bjarne"};
auto s_it =authors.begin();
if(s_it !=authors.end()) {
    * s_it ="Gates";                  //错误
    cout << * s_it <<endl;            //正确
}
```

2. 使用迭代器遍历关联容器

map 和 set 类型都支持表 9.9 中获取迭代器的操作。与顺序容器一样，可以使用迭代器遍历关联容器中的元素。例如，可以通过一个循环来输出上面定义的 inventers 中的所有元素。

```
auto m_it =inventers.cbegin();         //迭代器指向首元素
while(m_it !=inventers.cend()){        //判断是否结尾
    cout <<m_it->first <<" " <<m_it->second <<endl;
    ++m_it;                            //移动迭代器到下一元素
}
```

当然也可以使用范围 for 循环遍历关联容器。

```
for(auto e: inventers){
    cout <<e.first <<"\t" <<e.second <<endl;
}
```

9.4.4 向关联容器中添加元素

通过关联容器的成员函数 insert 可以向容器中添加一个元素或一个元素范围,其操作及说明如表 9.26 所示。由于 map 和 set(及其对应的无序类型)包含不重复的关键字,所以插入一个已经存在的元素对容器没有任何影响。

表 9.26 关联容器的添加操作

操 作 名 称	说 明
c.insert(v) c.emplace(args)	v 是 value_type 类型的对象;args 用来构造一个元素; 函数返回一个 pair,包含一个迭代器,指向具有指定关键字的元素,以及一个指示插入是否成功的 bool 值
c.insert(b, e) c.insert(il)	b 和 e 是迭代器,表示一个 c::value_type 类型值的范围; il 是一个初始化列表。函数返回 void
c.insert(p, v) c.emplace(p, args)	迭代器 p 指出从哪里开始搜索新元素以及应该存储的位置,返回一个迭代器,指向具有给定关键字的元素

对于 map 和 set,只有当元素的关键字不在 c 中时才插入元素,而 multimap 和 multiset 则会插入每一个给定的元素。

1. 向 map 中插入一个元素

因为 map 的元素是 pair 类型,通常,对于想要插入的数据并没有现成的 pair,这可以在 insert 的参数列表中创建一个 pair,如向 inventers 中添加一个元素("Gosling", "Java"),下面几种方式皆可。

```
inventers.insert({"Gosling", "Java"});
inventers.insert(make_pair("Gosling", "Java"));
inventers.insert(pair<string, string>("Gosling", "Java"));
inventers.insert(map<string, string>::value_type("Gosling", "Java"));
```

2. 检测插入是否成功

insert 或 emplace 插入是否成功可以通过这两个函数的返回值来检测,它们返回的值依赖于容器的类型和参数。对于不包含重复关键字的容器,添加一个元素的 insert 和 emplace 返回一个 pair,这个 pair 的 second 成员是一个 bool 值,用于指出元素是成功插入(true)还是已经存在于容器中(false)。

multimap 和 multiset 中的关键字是可以重复的,所以向 multimap 和 multiset 中添加元素总是成功的。

9.4.5 从关联容器中删除元素

关联容器定义了 3 个版本的 erase 函数,用于从容器中删除元素,关联容器的删除操作如表 9.27 所示。

表 9.27 关联容器的删除操作

操 作 名 称	说 明
c.erase(k)	从 c 中删除每个关键字为 k 的元素,返回一个 size_type 值,指出删除元素的数目
c.erase(p)	从 c 中删除迭代器 p 所指定的元素,p 必须指向 c 中的一个元素,不能是 c.end()。返回一个指向 p 下一元素的迭代器
c.erase(b,e)	删除由迭代器 b 和 e 所表示范围内的元素

与顺序容器一样,可以通过传递给 erase 一个迭代器或一对迭代器来删除一个元素或一个元素范围。操作结果是元素被删除,返回函数 void。

另一个 erase 函数接受一个 key_type 类型的参数,用于删除所有匹配给定关键字的元素,返回实际删除的元素数目。

对于保存不重复关键字的 map 和 set 容器,erase 的返回值总是 0 或者 1。若返回 0,则表示想要删除的元素不在容器中。对于允许重复关键字的容器,删除元素的数量可能大于 1。

9.4.6 map 的下标操作

map 和 unordered_map 容器提供了下标运算和一个对应的 at 函数,map 和 unordered_map 容器的下标操作如表 9.28 所示。

表 9.28 map 和 unordered_map 容器的下标操作

操 作 名 称	说 明
c[k]	返回关键字 k 所关联的值;如果 k 不在 c 中,则添加一个关键字为 k 的元素,并对其进行值初始化
c.at(k)	返回关键字 k 所关联的值,带参数检查;若 k 不在 c 中,抛出一个 out_of_range 异常

对于 set 来讲,不支持下标运算,因为 set 中没有与关键字关联的值,元素本身就是关键字。也不能对一个 multimap 和 unordered_multimap 进行下标运算,因为这些容器中可能存在多个值与一个关键字相关联。下标运算可能向容器中插入一个元素,所以不能对 const 约束的 map 执行下标操作。

```
inventers["Rossum"] ="Python";
```

上面的语句,将执行如下操作。

(1) 在 inverters 中搜索关键字为 Rossum 的元素,未找到。

（2）将一个新的"关键字-值"对插入 inverters 中。关键字是一个 const string，保存 Rossum。

（3）提取出新插入的元素，并将 Python 赋予它。

map 的下标运算与以前其他类型的下标运算的主要不同之处是其返回类型，对 map 进行下标运算，会返回一个 mapped_type 对象。与其他类型的下标运算相同之处是，map 的下标运算也返回一个左值，用它既可以读元素也可以写元素。

9.4.7 访问关联容器中的元素

关联容器提供多种查找一个指定元素的方法。关联容器的查找与统计操作如表 9.29 所示。

表 9.29 关联容器的查找与统计操作

操作名称	说明
c.find(k)	返回一个迭代器，指向第一个关键字为 k 的元素，若 k 不在容器中，则返回尾后迭代器
c.count(k)	返回关键字等于 k 的元素数目。对于不允许重复关键字的容器，返回值永远是 0 或 1
c.lower_bound(k)	返回一个迭代器，指向第一个关键字不小于 k 的元素
c.upper_bound(k)	返回一个迭代器，指向第一个关键字大于 k 的元素
c.equal_range(k)	返回一个迭代器 pair，表示关键字等于 k 的元素的范围。若 k 不存在，pair 的两个成员都是 c.end()

其中，lower_bound 和 upper_bound 不适用于无序容器。在一个不允许重复关键字的容器中查找一个元素非常简单——元素要么在容器中，要么不在；同样统计一个元素也相同。

```
set<int>set1 ={1, 2, 3, 4, 5, 6, 7, 8, 9, 0};
set1.find(3);                    //返回一个迭代器，指向 key ==3 的元素
set1.find(11);                   //返回一个迭代器，其值等于 set1.end()
set1.count(9);                   //返回 1
set1.count(11);                  //返回 0
```

但对于允许关键字可重复的容器来说，查找稍微复杂。由于在容器中可能有许多元素具有给定的关键字。在 multimap 和 multiset 中有多个元素具有相同的关键字，则这些元素在容器中是相邻存储的。

【例 9-5】 假设有 multimap 类型的容器 book_authors，容器中元素的关键字表示作者，关联的值表示该作者写的书名，假设容器中的元素已按如下方式插入。查找 Deitel 写的所有书目信息。

```
multimap<string, string>book_authors ={ {"Ritchie", "C"},
    {"Cadenhead", "Java"}, {"Deitel", "Java"} };
    book_authors.insert({"Deitel", "C++"});
```

```
book_authors.emplace("Miller", "C");
book_authors.insert({"Deitel", "C"});
book_authors.insert({"Deitel", "Python"});
book_authors.insert({"Lippman", "C++"});
```

方法 1：通过 find＋count 实现查找。

```
auto cnt =book_authors.count("Deitel");
auto it =book_authors.find("Deitel");
while(cnt--){
    cout <<it->second <<endl;
    it++;
}
```

方法 2：使用 lower_bound＋upper_bound 实现查找。

```
auto b =book_authors.lower_bound("Deitel");
auto e =book_authors.upper_bound("Deitel");
for(auto it =b; it !=e; it++)
    cout <<it->second <<endl;
```

方法 3：使用 equal_range 实现查找。

```
auto r =book_authors.equal_range("Deitel");
for(auto it =r.first; it !=r.second; it++)
    cout <<it->second <<endl;
```

方法 3 相对比较简单，但其原理和方法 2 是一样的。不同之处在于没有定义局部变量 b 和 e 来保存结果元素的范围，而是直接使用了 equal_range 返回的 pair。

9.5 泛型算法

泛型算法是基于模板技术实现的适用于各种容器的通用程序，常常通过迭代器间接地操作容器元素，而且常常会返回迭代器作为算法运算的结果。STL 提供了 100 多种算法，每个算法都是一个模板函数或者一组模板函数，能够在许多类型的容器上进行操作。STL 中的算法覆盖了在容器上实施的各种常见的操作，如遍历、查找、统计和排序等。STL 中的很多算法不但适用于系统提供的容器类型，而且适用于 C++ 数组或自定义容器。

算法的形参有一组规范。理解这些参数的含义，可以将注意力集中在算法所做的操作上。大多数算法具有如下四种形式之一：

```
alg(beg, end, other_args);
alg(beg, end, dest, other_args);
alg(beg, end, beg2, other_args);
alg(beg, end, beg2, end2, other_args);
```

其中，alg 是算法名字，迭代器 beg 和 end 表示算法所操作的输入范围。几乎所有算法都接受一个输入范围,是否有其他参数依赖于要执行的操作。

迭代器 dest 表示算法可以写入的目标位置。算法假定按其需要写入数据,不管写入多少个元素都是安全的。也就是说,算法假定目标空间足够容纳写入的数据。

单独的迭代器 beg2 或是迭代器对 beg2 和 end2 都表示第二个输入范围。使用这组参数的算法通常用第二个范围中的元素与第一个范围结合起来进行一些运算。

9.5.1　查找与统计

最常用的查找与统计的算法有 3 个,find 算法从一个容器中查找指定的值;search 算法则是从一个容器中查找由另一个容器所指定的查找序列;count 算法用于统计某个值在指定区间内出现的次数,用法如下:

```
find(beg, end, value);
search(beg1, end1, beg2, end2);
count(beg, end, value);
```

【例 9-6】 查找与统计示例。

```cpp
//ch9-6.cpp
#include <iostream>
#include <vector>
#include <list>
#include <algorithm>
using namespace std;
int main()
{
    int a1[] = {1, 2, 3, 2, 4, 3, 5, 2, 6, 7};
    int a2[] = {2, 4, 3, 5};
    auto ptr1 = find(a1, a1+10, 2);
    cout << "Number 2 at: " << ptr1 - a1 << endl;
    auto ptr2 = find(begin(a1), end(a1), 2);
    cout << "Number 2 at: " << distance(a1, ptr2) << endl;
    auto ptr3 = search(begin(a1), end(a1), begin(a2), end(a2));
    cout << "Sub Location: " << distance(a1, ptr3) << endl;
    cout << "Times of 2: " << count(a1, a1+10, 2) << endl;
    cout << "Times of 2: " << count(begin(a1), end(a1), 2) << endl;
    list<int>l1(begin(a1), end(a1));
    list<int>l2(begin(a2), end(a2));
    auto itl1 = find(l1.begin(), l1.end(), 2);
    cout << "Number 2 at: " << distance(l1.begin(), itl1) << endl;
    cout << "Times of 2: " << count(l1.begin(), l1.end(), 2) << endl;
    auto itl2 = search(l1.begin(), l1.end(), l2.begin(), l2.end());
    cout << "Sub Location: " << distance(l1.begin(), itl2) << endl;
    vector<int>v1(l1.begin(), l1.end());
```

```cpp
    vector<int>v2(l2.begin(), l2.end());
    auto itv1 =find(v1.begin(), v1.end(), 2);
    cout <<"Number 2 at: " <<distance(v1.begin(), itv1) <<endl;
    cout <<"Times of 2: " <<count(v1.begin(), v1.end(), 2) <<endl;
    auto itv2 =search(v1.begin(), v1.end(), v2.begin(), v2.end());
    cout <<"Sub Location: " <<distance(v1.begin(), itv2) <<endl;
    return 0;
}
```

本例中,用到了 find、search、count 和 distance 四个算法,分别在内置数组、list 和 vector 上执行了同样的操作。

9.5.2 排序

sort 可以对指定容器迭代器范围内的元素进行排序,默认排序方式是从小到大的升序排序,用法如下:

```cpp
sort(beg, end);                    //升序排序
sort(beg, end, greater<T>());      //降序排序
```

sort 仅支持对随机存取的容器进行排序,list 不是随机存取的,所有不能使用 sort 进行排序。

【例 9-7】 对内置数组和 array 进行升序排序和对 vector 进行降序排序。

```cpp
//ch9-7.cpp
#include <iostream>
#include <vector>
#include <array>
#include <algorithm>
using namespace std;
int main()
{
    int a[10] ={1, 2, 3, 2, 4, 3, 5, 2, 6, 7};
    array<int, 10>arr;
    vector<int>v(begin(a), end(a));
    for(int i=0; i<10; i++) arr[i] =a[i];
    sort(begin(a), end(a));
    for(auto e: a) cout <<e <<" ";
    cout <<endl;
    sort(arr.begin(), arr.end());
    for(auto e: arr) cout <<e <<" ";
    cout <<endl;
    sort(v.begin(), v.end(), greater<int>());
    for(auto e1: v) cout <<e1 <<" ";
    cout <<endl;
```

```
    return 0;
}
```

9.6 小 结

　　C++ 标准模板库提供了各种类模板和函数模板来实现常用的数据结构和算法。STL 的核心包括 3 个元素：容器、迭代器和算法。容器的基本目的是将多个对象保存在单个容器对象中并进行特定操作，按照存储和使用元素的方式将标准容器分为顺序容器和关联容器；迭代器是对应用在容器或其他序列上的指针的抽象；算法通过迭代器作用于容器，是实现容器常用算法的函数模板。

第10章

异 常 处 理

chapter 10

C++ 的异常处理机制允许对程序运行时出现的问题进行处理,从而能将异常检测与异常处理分离开。程序的一部分负责检测问题的出现,然后把解决问题的任务传递给程序的另一部分负责处理,增加了程序的清晰性和可读性,使程序员能够编写出清晰、健壮、容错能力更强的程序,适用于大型软件开发。

本章主要介绍 C++ 语言的异常处理机制,包括异常处理结构、抛出异常、捕获异常、异常与函数、异常类及其继承结构等。

10.1 异常处理机制

程序的健壮性是设计程序时对程序的重要要求之一。开发人员希望程序在运行时能够不出或者少出问题,但是在程序的实际运行时,总会有一些因素导致程序不能正常运行。异常就是程序在运行时可能出现的会导致程序运行终止的错误,如除数为 0、数组下标越界、运算溢出以及打开并不存在的文件等。对于计算机程序而言,错误或异常情况往往是无法避免的。为了要让所设计的程序能够顺利地执行,只有完善处理异常的程序,为此提出了异常处理(exception handling)的概念。

10.1.1 异常处理的概念

程序的错误可分为两种:一种是编译错误,即语法错误,如果使用了错误的语法、函数、结构和类,程序就不会生成运行代码,根本无法开始运行;另一种是在运行时发生的错误,它分为不可预料的逻辑错误和可以预料的运行异常。逻辑错误往往是开发人员在编写代码时由于设计不当造成的;这些错误的发现伴随着用户的特殊操作,然而操作无法被很好地全部预料到,只有发现一个就写上对应的一段专门处理该异常的代码。运行异常可以预料,但不能避免,它是由系统运行时环境造成的。例如,内存不足导致程序运行中分配不到空间产生异常;因文件已被删除而无法访问等。这些错误是可以提前预料到,通常加上预防性的代码即可避免异常出现。

当程序的某部分检测到一个它无法处理的问题时,需要用到异常处理。此时,检测出问题的部分应该发出某种信号以表明程序遇到了故障,无法继续下去了,而且信号的发出方无须知道故障将在何处得到解决。一旦发出异常信号,检测出问题的部分也就完成了任务。

如果程序中含有可能引发异常的代码,那么通常也会有专门的代码处理问题。例如,如果程序的问题是输入无效,则异常处理部分可能会要求用户重新输入正确的数据;如果从一个空栈中弹出元素,则会发出警示信息。

异常处理机制为程序中异常检测和异常处理两部分的协作提供支持。在 C++ 语言中,异常处理往往包括 3 部分内容。

1. throw 表达式

异常检测部分使用 throw 表达式来表示它遇到了无法处理的问题,也称 throw 引发了异常。

2. try 语句块

异常处理部分使用 try 语句块处理异常。try 语句块以关键字 try 开始,并以一个或多个 catch 子句结束。try 语句块中是可能抛出异常的代码,抛出的异常通常会被某个 catch 子句处理。因为 catch 子句处理异常,所以也称 catch 子句为异常处理代码。

3. 异常类

为了处理异常,往往会定义一套异常类,用于在 throw 表达式和相关的 catch 子句之间传递异常的具体信息。

10.1.2　异常处理的结构

C++ 语言中的异常处理机制提供了一个将控制权从程序的一部分传递到另一部分的途径,并引入了 3 个用于异常处理的关键字 try、throw 和 catch。其中,try 用于检测可能出现异常的代码段,throw 用于抛出异常,catch 捕获被抛出的异常并进行处理。try-throw-catch 构成了异常处理的基本结构,其形式如下:

```
try{                            //try块
    程序语句序列                //可能一处或多处使用 throw 抛出异常
}catch(异常声明 1){             //捕获某类型异常,并进行处理
    异常处理代码 1 序列
} catch(异常声明 2){            //捕获另一类型异常,并进行处理
    异常处理代码 2 序列
}
…//异常被捕获并处理后的操作
```

整个异常处理结构就是一个完整的 try 语句块。以关键字 try 开始,随后紧跟着一个程序块,这个块就和大多数程序中一样,是一个由花括号括起来的语句序列。

跟在 try 块之后的是一个或多个 catch 子句,用于异常的捕获与处理。所有 catch 子句中最多只有一个去匹配 throw 抛出的异常,当匹配了某个 catch 子句后,就执行与之对

应的块。catch 子句一旦完成,程序就跳转到 try 语句块最后一个 catch 子句后面的那条语句继续执行。

try 块中的程序语句序列组成程序的正常逻辑,像其他任何块一样,可以包含任何 C++ 语句。try 块也构成一个独立的块作用域,在 try 块内声明的变量也只能在此块内使用,即使是在后面的 catch 子句中也不能访问。

1. 使用 throw 表达式抛出异常

在程序设计过程中,为了使代码自身拥有异常处理能力,需要借助 try 块存放监控程序的代码段,try 块中存放可能会出现异常的代码段,对那些可能出现异常的语句进行检测,并据检测结果决定是否抛出(throw)异常。

在 C++ 语言中,通过抛出一个表达式来引发一个异常。被抛出的表达式的类型以及当前的调用链共同决定了处理该异常的 catch 子句。被选中的处理代码是在调用链中与抛出对象类型匹配的最近的处理代码。其中,根据抛出对象的类型和内容,程序的异常抛出部分将会告知异常处理部分到底发生了什么错误。

程序的异常检测部分使用 throw 表达式引发一个异常。throw 表达式包含关键字 throw 和紧跟其后的一个表达式,throw 语句的一般形式为

```
throw expr;
```

throw 语句用于抛出异常,expr 是由 throw 抛出的异常表达式,可以是任何数据类型的表达式,包括类对象。如果是类对象,则要求相应的类具有析构函数和复制构造函数(或移动构造函数)。throw 将利用 expr 生成一个临时的异常对象,然后将其抛出,该异常对象能够被 catch 捕获并处理。

2. 使用 catch 子句捕获异常并处理

try 块之后紧跟着异常处理代码,即 catch 子句。catch 子句包括 3 部分内容:关键字 catch、圆括号内一个被称作异常声明的(可能未命名的)对象的声明以及一个用于处理异常的代码块。关键字 catch 后面圆括号中的内容是异常声明,声明中只能有单个类型或单个对象声明:形式为 T args。T 是数据类型关键字,可以是系统内置的数据类型(如 char、double 等),也可以是自定义的数据类型,如类或结构。

在 catch 的参数表中,可以只有类型名而没有形参,如果不需要捕获由 throw 语句抛出的异常值,就可以不提供形参名称。一旦找到异常对应的 catch 块,就执行块中的处理代码,执行完成,程序会自动跳转至最后一个 catch 块后继续执行。若一直没找到对应的 catch 语句,C++ 将调用系统默认的异常处理程序处理该异常,其做法通常是直接终止程序的运行。

【例 10-1】 简单的异常处理过程。

```
//ch10-1.cpp
#include <iostream>
using namespace std;
```

```
int main() {
    cout <<"1. Before try block!" <<endl;
    try{
        cout <<"2. Inside try block!" <<endl;
        throw 1;
        cout <<"3. After throw 1!" <<endl;
        throw "1";
        cout <<"4. The second throw!" <<endl;
    }catch(const char* s) {
        cout <<"5. In catch block 1!" <<endl;
    }catch(int i) {
        cout <<"6. In catch block 2!" <<endl;
    }catch(double i) {
        cout <<"7. In catch block 3!" <<endl;
    }
    cout <<"8. After catch!" <<endl;
    return 0;
}
```

程序执行结果如图 10.1 所示。

程序运行结果表明,在 try 语句块之前的语句被正常执行,进入 try 块后,依次执行 try 块中的语句序列,直到遇到 throw,有异常被抛出,此时 try 块中剩余的语句将不再执行,从而跳转到捕获异常的 catch 子句。

```
1. Before try block!
2. Inside try block!
6. In catch block 2!
8. After catch!
```

图 10.1 简单异常处理过程

如果有多个 catch 子句,将依次使用异常声明和 throw 抛出的值的类型去匹配,遇到第一个匹配的 catch 子句为止,然后进行该 catch 块进行异常处理。本例中 throw 抛出的值为 1,匹配第二个 catch 子句,亦即第二个 catch 子句捕获了此异常信息。其后所有的 catch 子句均将被忽略。异常处理完成后,程序跳转到所有 catch 子句后面的第一条语句继续执行。

3. 未捕获的异常

catch 根据异常声明的类型捕获异常,如果异常不能被任何 catch 子句捕获,它将被传递给系统的异常处理模块,程序将被系统异常处理模块终止。

异常捕获的过程和函数参数传递的过程类似,如果 catch 异常声明中的类型是非引用类型,则采用值传递的方式,是将异常对象的值复制赋值给异常声明中的参数,在 catch 块内修改的不是异常对象本身;若参数是引用类型,则传递过来的就是异常对象的别名,修改参数就是修改异常对象本身。

在使用 catch 子句进行异常捕获时,除以下三种情况外,不进行其他任何形式的隐式类型转换,只有与异常对象类型精确匹配的 catch 子句才会被执行。

(1) 允许非常量向常量的转换,即从 T 类型到 const T 类型。

(2) 允许派生类向基类的类型转换。

(3) 数组被转换成指向数组元素的指针,函数转换为指向该函数的指针。

　　将例 10-1 中的第二个 catch 子句去掉,则没有 catch 子句能捕获 try 块中 throw 抛出的异常,程序最后将由系统的异常处理模块来处理,系统异常处理模块将终止程序的执行。

10.2　异常与函数

　　在定义的每一个函数中,都可以抛出异常。在函数内抛出的异常可以在抛出时即处理,也可以在发生函数调用时再处理。

10.2.1　在函数中处理异常

　　异常处理可以局部化在一个函数内部。也就是说,将完整的异常处理结构(try-throw-catch)置于函数内,每次进行该函数的调用时,异常将被重置。

　　【例 10-2】　printTime 是一个输出时间的函数,当时间不在有效范围内时产生异常,并输出异常信息。

```
//ch10-2.cpp
#include <iostream>
using namespace std;
void printTime(int h, int m, int s){
    try{
        if(h<0 || h>23)
            throw "hour out of range!";
        if(m<0 || m>59)
            throw "minute out of range!";
        if(s<0 || s>59)
            throw "second out of range!";
        cout <<h <<":" <<m <<":" <<s <<endl;
    }catch(const char * s){ cout <<s <<endl; }
}
int main(){
    printTime(16, 4, 13);
    printTime(33, 4, 20);
    printTime(16, 4, 110);
    return 0;
}
```

　　printTime 函数是一个具有异常处理能力的函数,当传过来的参数有一个不满足要求时就会产生一个字符串类型的异常,然后通过 catch 捕获此异常并进行处理。

　　在函数内部进行异常处理时,针对 try 块中抛出的所有异常都应该提供对应的 catch 子句进行处理;若在函数调用时发生了不能处理的异常,程序将会被终止。

　　虽然每一次函数调用都能进行相应的异常处理,但在函数内部处理异常是一种不明智的行为,主要原因是函数一般都有返回值,而在处理异常时,很难确定异常后应该返回的值是什么。

10.2.2 在函数调用时处理异常

如果异常在函数内部进行处理,那么函数的调用者并不能做出有关异常的任何处理。如果根据返回值进行检测是否出现异常,那么在函数内进行的异常处理就失去了它存在的意义。

针对 C++ 的异常处理机制,更常用的是将异常抛出与异常处理分开进行,即将产生异常的代码放在一个函数中,将异常处理的代码放在另一个函数中,这种处理方式能让异常处理更具灵活性和实用性,编写出更具容错性的程序。

当程序执行遇到一个 throw 时,跟在 throw 后面的语句将不再被执行。相反,程序的控制权将从 throw 转移到与之匹配的 catch,该 catch 可能是同一个函数中的局部 catch,也可能位于另一个函数中(此函数直接或间接调用了发生异常的当前函数)。程序控制权从一个地方转移到另一个地方,包括两方面的含义:一是沿着调用链的函数可能会提前退出;二是程序开始执行异常处理部分代码,沿着调用链创建的对象将被销毁。

1. 栈展开

当在一个函数中使用 throw 抛出了一个异常,则该异常有可能在当前函数内被处理,也可能被直接或间接调用当前函数的其他函数来处理。总结下来,整个 try-throw-catch 异常处理执行流程如图 10.2 所示。

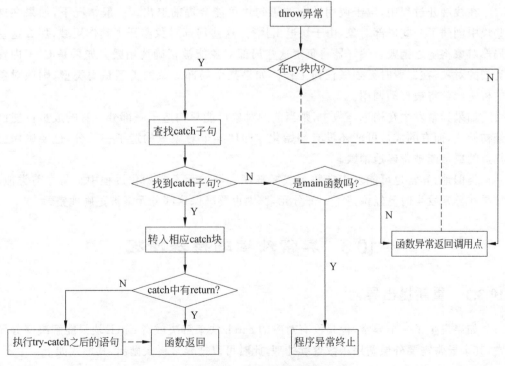

图 10.2 异常处理流程

当抛出一个异常后,程序暂停当前函数的执行过程并立即开始寻找与异常匹配的 catch 子句。当 throw 出现在一个 try 块内时,检测与该 try 块关联的 catch 子句。如果找到了匹配的 catch,就使用该 catch 处理异常。如果这一步没找到匹配的 catch 且该 try 块嵌套在其他 try 块内,则继续检查与外层 try 匹配的 catch 子句。如果还是找不到匹配的 catch,则退出当前函数,然后在它的外层主调函数中继续寻找。

如果对抛出异常的函数的调用位于一个 try 块内,则检查与该 try 块关联的 catch 子句。如果找到了匹配的 catch,就使用该 catch 处理异常。否则,如果该 try 块嵌套在其他 try 块中,则继续检查与外层 try 匹配的 catch 子句。如果仍然没有找到匹配的 catch,则退出当前这个主调函数,继续在调用了它的其他函数中寻找。

这个过程称为栈展开。栈展开过程沿着嵌套函数的调用链不断查找,直到找到了与异常匹配的 catch 子句为止;或者也可能一直没找到匹配的 catch,则退出主函数后查找过程终止。

如果找到了一个匹配的 catch 子句,则程序进入该子句并执行其中的代码。当执行完这个 catch 子句后,找到与 try 关联的最后一个 catch 子句之后的点,并从这里继续执行程序。

如果最终没找到匹配的 catch 子句,程序将退出。因为异常通常被认为是妨碍程序正常执行的时间,所以一旦引发了某个异常而没有被处理,程序将调用标准库函数 terminate,终止程序的执行。

2. 对象销毁

在栈展开过程中,位于调用链上的语句块可能会提前退出。一般情况下,如果在这些块中创建了一些局部对象,由于块退出执行,这些局部对象离开了其作用域,那么这些局部对象将随之销毁。编译器将负责这些局部对象能被正确地销毁。如果是 C++ 内置类型的对象,在销毁时无须做任何工作。如果某个局部对象的类型是类类型,则该对象的析构函数将被自动调用。

如果异常发生在构造函数中,则当前的对象可能只构造了一部分。有的成员可能已经初始化,而有的成员可能还没有初始化。即使某个对象只构造了一部分,也要确保已构造的成员能被正确地销毁。

类似地,异常也可能发生在数组或标准库容器的元素初始化过程中。与之前类似,如果在异常发生时已经构造了一部分元素,则也要确保这部分元素被正确地销毁。

10.3　异常处理的特殊情况

10.3.1　重新抛出异常

如果发生了一个异常,但是没有对应的 catch 块来解决或者 catch 块只能解决部分异常,其余异常需要外层调用函数继续处理,此时可以把异常再次抛出,其形式如下:

```
throw;
```

这种空的 throw 语句能够重新抛出异常,下一个封装的 try 语句将检测这个重新抛出的异常,而列在该封装的 try 语句块之后的一个 catch 块将会试图处理这个异常。

这种空的 throw 语句只能出现在 catch 语句或 catch 语句直接或间接调用的函数之内。如果在处理代码之外的区域遇到了空的 throw 语句,则程序将终止。

一个重新抛出异常的语句并不指定新的表达式,而是将当前的异常对象沿着调用链向上传播。

10.3.2　捕获所有异常

有时候,希望不论抛出的异常是什么类型的,程序都能统一捕获并处理它们。要想捕获所有可能的异常是比较困难的,毕竟很难遍历所有可能的异常类型。即使知道所有的异常类型,也很难为所有类型提供一个 catch 语句实现异常的捕获与处理。

C++ 的异常处理机制,支持捕获所有异常的操作,这样的 catch 子句需要使用省略号作为异常声明,形如 catch(…)。一条捕获所有异常的语句可以与任意类型的异常匹配。

catch(…)通常与重新抛出异常语句一起使用,其中 catch 执行当前局部能完成的工作,随后重新抛出异常。

```
void func( ){
    try{
        …                          //可能抛出异常的语句序列
    }catch(…){
        …                          //处理异常的某些特殊操作
        throw;
    }
}
```

catch(…)既能单独出现,也可以与其他几个 catch 子句一起出现。如果与其他 catch 子句一起出现,则 catch(…)出现在最后。

10.3.3　noexcept 异常说明

如果确定某个函数能够正常运行,不会产生任何问题,可以用 noexcept 声明它不会抛出异常。noexcept 有两种用法,一种是在函数声明紧跟参数列表后面加上关键字 noexcept。

```
T func( … ) noexcept;
```

noexcept 表示该函数不会抛出异常。没有用 noexcept 修饰的函数则有可能抛出异常。

noexcept 的第二种用法是 noexcept 接受一个常量表达式作为参数,一般形式如下:

```
T func( … ) noexcept(常量表达式);
```

其中,常量表达式的结果会被转换成一个 bool 类型的值。如果值为 true,则函数不会抛出异常;反之,则可能抛出异常。不带常量表达式的 noexcept 相当于声明了 noexcept(true),即不会抛出异常。

```
T func( … ) noexcept;              //不会抛出异常
T func( … );                       //可能抛出异常
T func( … ) noexcept(true);        //不会抛出异常
T func( … ) noexcept(false);       //可能抛出异常
```

1. 违反异常说明

如果一个函数使用了 noexcept,又在其函数体中使用 throw 抛出了异常,编译器可能不对 noexcept 进行检测,也能编译通过,但程序执行调用这样的函数时,系统会调用 terminate 终止程序的执行。

```
void f() noexcept{                 //承诺不会抛出异常
    throw 1;                       //违反了异常说明
}
```

2. noexcept 运算符

noexcept 除了是一个说明函数是否会抛出异常的声明符之外,也是一个可以用来判断函数是否会抛出异常的运算符。noexcept 是一个一元运算符,返回值是一个 bool 类型的右值常量表达式,用于表示给定的操作数是否会抛出异常,noexcept 并不会对操作数求值。noexcept 运算符的一般形式为

```
noexcept(e);
```

当 e 调用的所有函数都说明了 noexcept 且 e 本身不含有 throw 语句时,表达式为 true,否则返回 false。

```
void func(int) noexcept;
void g();
noexcept(func(i));                 //结果为 true
void f(int) noexcept(noexcept(g()));
```

上句中,如果函数 g 承诺了不抛出异常,则 f 也不会抛出异常;如果 g 没有异常说明符,或者 g 虽然有异常说明符但是允许抛出异常,则 f 也可能抛出异常。

10.4 标准异常及层次结构

10.4.1 标准库异常

C++ 标准库定义了一组类,用于报告标准库函数遇到的问题。这些异常类也可以在

用户编写的程序中使用,这些标准库的异常类层次结构如图 10.3 所示。

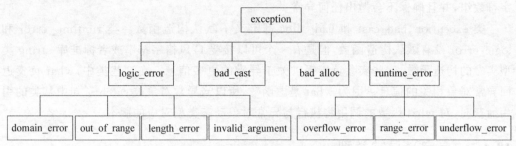

图 10.3　标准库的异常类层次结构

图 10.3 中的异常类分别定义在 4 个头文件中。

头文件 exception 定义了最通用的异常类 exception。它只报告异常的发生,不提供任何额外的信息。

头文件 new 定义了 bad_alloc 异常类型,在 new 分配动态内存失败时将抛出 bad_alloc 异常。

头文件 typeinfo 定义了 bad_cast 异常类型,在使用 dynamic_cast 进行显式类型转换,且目标类型是引用时,如果转换失败,运算符 dynamic_cast 将抛出一个 bad_cast 异常。

头文件 stdexcept 定义了其他几种常用的异常类。

所有标准库提供的异常类及其描述,如表 10.1 所示。

表 10.1　标准库异常类及其描述

异　常　类	描　述
exception	最常见的问题
runtime_error	运行时错误:仅在运行时才能检测到问题
range_error	运行时错误:生成的结果超出了有意义的值域范围
overflow_error	运行时错误:计算上溢
underflow_error	运行时错误:计算下溢
logic_error	逻辑错误:可在运行前检测到问题
domain_error	逻辑错误:参数的结果值不存在
invalid_argument	逻辑错误:不合适的参数
length_error	逻辑错误:试图生成一个超出该类型最大长度的对象
out_of_range	逻辑错误:使用一个超出有效范围的值
bad_alloc	new 运算符失败时抛出的异常类型
bad_cast	dynamic_cast 无效时抛出的异常类型

类型 exception 仅仅定义了复制构造函数、复制赋值运算符、一个虚析构函数和一个

名为 what 的虚函数。其中 what 返回一个 const char *，该指针指向一个存储字符串的字符数组，并且确保不会抛出任何异常。

　　类 exception、bad_cast 和 bad_alloc 都定义了默认构造函数。类 runtime_error 和 logic_error 没有默认构造函数，但是有一个可以接受 C 风格字符串或者标准库 string 类型实参的构造函数，这些实参负责提供关于异常的更多信息。在这些类中，what 负责返回异常对象相关的信息。因为 what 是虚函数，所以当异常对象被 catch 子句中基类的引用捕获时，对 what 函数的调用将执行与异常对象动态类型对应的版本。

10.4.2　自定义异常类型

　　异常可以是任意类型，包括自定义类。用来传递异常信息的类就是异常类。异常类可以非常简单，甚至没有任何成员；也可以与普通类一样复杂，有自己的成员函数、数据成员、构造函数、析构函数以及虚函数等；还可以通过派生方式构成异常类的继承层次结构。

　　在实际应用中，许多异常都不是 C++ 内置的数据类型，而是用户自定义的类类型。使用异常类的好处是可以通过它创建传递错误信息的类对象，异常处理程序可以利用这个对象获得错误信息，以便进行有针对性的处理。

　　【例 10-3】　设计一个简单循环队列，当入队元素超出了队列长度时就抛出一个队列已满的异常，并能获取未入队元素的信息；若队列已空，还要从队列中出队元素，就抛出一个队空的异常。

```cpp
//ch10-3.cpp
#include <iostream>
using namespace std;
const int LEN =4;
class Full{
    int a;
public:
    Full(int i) : a(i) { }
    int getVal() const { return a; }
};                                      //队满的异常类
class Empty{ };                         //队空的异常类
class Queue{
    int que[LEN];
    int front, rear;
public:
    Queue(){front =0; rear =0; }
    void EnQueue(int i){
    if((rear+1)%LEN ==front) throw Full(i);    //队满,抛出异常
        que[rear] =i;
        rear =(rear+1)%LEN;
```

```
        }
        int DeQueue(){
            if(front ==rear) throw Empty();          //队空,抛出异常
            int val =que[front];
            front =(front+1)%LEN;
            return val;
        }
    };
    int main(){
        Queue q;
        try{
            q.EnQueue(1); q.EnQueue(2);
            q.EnQueue(3); q.EnQueue(4);
        }catch(Full& e){
            cout <<"Exception: Queue is full!" <<endl;
            cout <<"The value not entered is: " <<e.getVal() <<endl;
        }
        try{
            int val =q.DeQueue(); cout <<val <<"\t";
            val =q.DeQueue(); cout <<val <<"\t";
            val =q.DeQueue(); cout <<val <<"\t";
            val =q.DeQueue(); cout <<val <<"\t";
        }catch(Empty&){
            cout <<"Empty..." <<endl;
        }
        return 0;
    }
```

程序运行结果如图 10.4 所示。

由于循环队列 q 长度为 4,只能放 3 个元素,所以在第 4 个元素入队时,函数 EnQueue 抛出队满的异常,throw Full(i)将调用 Full 类的构造函数创建一个临时

```
Exception: Queue is full!
The value not entered is: 4
1       2       3       Empty...
```

图 10.4 异常类的应用

对象,其中 i 的值为 4。throw 语句随后抛出该临时对象。由其后的 catch 捕获,此时 catch 块的异常声明是一个引用类型的参数,C++ 将把该引用绑定到 throw 抛出的临时对象上。这种情况下,不会调用异常类的复制构造函数来初始化 catch 子句的异常对象,可以提高程序的效率。

该程序中定义了两个异常类,其中队空的异常类非常简单,没有任何成员;队满的异常类则复杂得多,既有数据成员和构造函数,也有成员函数。

10.4.3 处理派生类的异常

编译器按照 catch 子句在 try 块后出现的顺序检查处理异常的 catch 子句。一旦编

译器为一个异常找到一个 catch 子句,就不会再检查后续的 catch 子句。所以,在 catch 的搜索过程中,最终找到的 catch 未必是处理异常的最佳匹配。当程序使用具有继承关系的多个异常时,派生类的异常对象可能被基类的 catch 子句捕获,所以需要对 catch 子句的顺序进行组织和管理,使得派生类异常的处理代码出现在基类异常的处理代码之前。

在一个 try 块之后,catch 子句的排列为从特殊到一般(从派生类到基类)。

```
try{ … }
catch(派生类类型){ … }
catch(基类类型){ … }
catch(…){ … }
```

可以将各类型的异常处理代码集中在一起,从特殊到一般,处理各种异常情况。也可以在程序中的不同位置分层处理异常。在这种情况下,应该将派生类类型的异常处理放在内层,基类类型的异常处理放在外层,最外层使用 catch(…),捕获遗漏的异常。

在实际应用中,往往通过定义用户自己的异常类及其继承体系或定义 exception 的派生类以扩展标准库异常的继承体系。

异常类中应该包含可访问的构造函数、复制构造函数和析构函数。异常类层次中也可以定义虚函数,在针对基类的 catch 子句中,通过传递异常对象的引用,可以多态地调用虚函数,执行特定派生类中的操作。例如,一个远程访问服务器的程序,其可能的异常层次结构如图 10.5 所示。其中两个异常类 FileException(文件类型异常)和 SecurityException(安全类型异常)均从标准库异常基类 exception 派生。FileException 包括 FileNotFoundEx(文件未找到异常)和 FileCorruptedEx(文件已损坏异常)两类; SecurityException 包括 UserNotExistedEx(用户不存在异常)和 InvalidPwdEx(无效密码异常)。

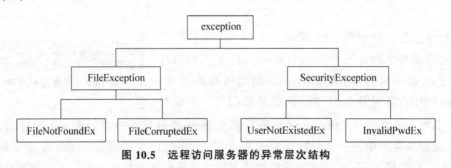

图 10.5 远程访问服务器的异常层次结构

图 10.5 中仅列出了远程访问服务器的部分异常,除此之外还有大量的其他类型的异常。

【例 10-4】 设计如图 10.5 所示的异常继承体系。

```
//ch10-4.cpp
#include <iostream>
#include <exception>
```

```
using namespace std;
class FileException: public exception{
public:
    const char* what() const noexcept {
        return "File Exception..."; }
};
class SecurityException: public exception{
public:
    const char* what() const noexcept {
        return "Security Exception..."; }
};
class FileNotFoundEx: public FileException{
    const char* what() const noexcept {
        return "File Not Found Exception..."; }
};
class FileCorruptedEx: public FileException{
    const char* what() const noexcept {
        return "File Corrupted Exception..."; }
};
class UserNotExistedEx: public SecurityException{
    const char* what() const noexcept {
        return "User Not Existed Exception..."; }
};
class InvalidPwdEx: public SecurityException{
    const char* what() const noexcept {
        return "Invalid Password Exception..."; }
};
int main(){
    try{
        ...                                 //程序代码
        throw UserNotExistedEx();
    }catch(exception& e){
        cout <<e.what() <<endl;
    }                                       //输出:User Not Existed Exception...
    cout <<endl;
    return 0;
}
```

在每一个派生类中，都实现了异常基类 exception 的虚函数 what，且都承诺自己的 what 函数不抛出任何异常。因为本例异常处理的 catch 子句使用了 catch(exception& e)，只要抛出的异常是位于图 10.5 中异常类对象或标准库异常类对象，都能被捕获，并能调用到异常对象正确的 what 函数。

10.5　小　　结

　　C++ 的异常处理机制可以将程序的异常检测与异常的捕获和处理分离开来,通过关键字 try、throw 和 catch 实现。当程序抛出一个异常时,当前正在执行的程序将暂时中止,开始查找最邻近的与异常匹配的 catch 语句。作为异常处理的一部分,如果查找 catch 语句的过程中退出了某些函数,则函数中定义的局部变量(对象)将随之销毁。

参 考 文 献

[1] LIPPMAN S B, LAJOIE J, MOO B E. C++ Primer 中文版[M]. 王刚，杨巨峰，译. 5 版. 北京：电子工业出版社，2013.

[2] PRATA S. C++ Primer Plus 中文版[M]. 张海龙，袁国忠，译. 6 版. 北京：人民邮电出版社，2013.

[3] DEITEL S, DEITEL H. C++ 大学教程[M]. 张引，等译. 9 版. 北京：电子工业出版社，2016.

[4] LIPPMAN S B. Essential C++ 中文版[M]. 侯捷，译. 北京：电子工业出版社，2013.

[5] LIPPMAN S B. 深度探索 C++ 对象模型[M]. 侯捷，译. 北京：电子工业出版社，2012.

[6] JOSUTTIS N M. C++ 标准库[M]. 侯捷，译. 2 版. 北京：电子工业出版社，2015.

[7] ECKEL B, ALLISON C. C++ 编程思想[M]. 刘宗田，等译. 北京：机械工业出版社，2011.

[8] BOOCH G, MAKSIMCHUK R A，等. 面向对象分析与设计[M]. 王海鹏，译. 北京：电子工业出版社，2016.

[9] 陈维兴，林小茶. C++ 面向对象程序设计[M]. 3 版. 北京：中国铁道出版社，2017.

[10] 陈维兴. C++ 面向对象程序设计[M]. 北京：人民邮电出版社，2010.

[11] 王静. C++ 面向对象程序设计[M]. 武汉：华中科技大学出版社，2017.

[12] 杜茂康. C++ 面向对象程序设计[M]. 3 版. 北京：电子工业出版社，2017.

[13] 谭浩强. C++ 面向对象程序设计[M]. 2 版. 北京：清华大学出版社，2014.

[14] 程磊. 面向对象程序设计(C++ 语言)[M]. 2 版. 北京：清华大学出版社，2018.

[15] 皮德常. 面向对象 C++ 程序设计[M]. 北京：清华大学出版社，2017.

[16] 雷大正，王啸楠，丁德成，等. 面向对象程序设计 C++ 实现[M]. 北京：机械工业出版社，2017.

[17] 麻志毅. 面向对象分析与设计[M]. 2 版. 北京：机械工业出版社，2013.

[18] 钱能. C++ 程序设计教程[M]. 3 版. 北京：清华大学出版社，2019.